舰艇静力学

高霄鹏 黄政 刘志华 叶青 编著

国防工业出版社

·北京·

内 容 简 介

本教材以"舰艇"为主要对象,内容主要包括船体几何形状、浮性、初稳性、舰艇浮性与初稳性曲线及图谱(计算)、初稳性应用、大角稳性、不沉性、舰船下水计算、潜艇的浮性、潜艇的初稳性、潜艇的大角稳性、潜艇的不沉性、舰艇静力学性能计算软件及应用方法介绍等,结合了作者多年从事舰艇静力学教学和相关科学研究的经验,介绍了静力学性能实验和软件使用,区分水面舰船和潜艇,为读者提供系统的、面向工程应用的知识体系,更加适应于舰艇静力学课程教学的需要。

本教材可供高等学校本科船舶与海洋工程专业的教师和学生学习使用,可作为舰艇静力学课程的教材,也可作为水面舰船、潜艇、水下航行器及海上无人装备等设计、建造、使用和维修的参考书籍。

图书在版编目(CIP)数据

舰艇静力学 / 高霄鹏等编著. -- 北京:国防工业出版社,2025.1. -- ISBN 978-7-118-13334-9

Ⅰ.U674.7

中国国家版本馆 CIP 数据核字第 2025TM4030 号

※

国防工业出版社出版发行

(北京市海淀区紫竹院南路 23 号　邮政编码 100048)
北京凌奇印刷有限责任公司印刷
新华书店经售

*

开本 787×1092　1/16　印张 19¾　字数 450 千字
2025 年 1 月第 1 版第 1 次印刷　印数 1—1000 册　定价 98.00 元

(本书如有印装错误,我社负责调换)

国防书店:(010)88540777　　书店传真:(010)88540776
发行业务:(010)88540717　　发行传真:(010)88540762

前　言

　　舰艇静力学是一门基于流体静力学的理论和方法，研究舰艇浮性、稳性和不沉性的学科，它与舰艇动力学（包括快速性、操纵性、耐波性）共同构成舰艇总体性能的两大部分。浮性、稳性和不沉性是舰艇最基本的性能，也是舰艇生命力的基本保障，主要解决舰艇在不同装载状态、各种自然环境及战损条件下的生存问题，即"不倒、不翻和不沉"。浮性是舰艇在一定装载情况下浮于一定水面的能力；稳性是在外力作用下，舰艇发生倾斜而不致倾覆，当外力作用消失时，仍能回复到原来平衡位置的能力；不沉性是当舰艇破损，海水进入舱室时，舰艇仍能保持一定的浮性和稳性而不致沉没或倾覆的能力；此外，舰艇下水本是一个动力过程，涉及舰艇下水速度、加速度和水动力计算等复杂内容，但实践经验证明，可采用舰艇静力学的观点来处理，其结果与实际情况很接近，且计算比较简单，因此也纳入舰艇静力学部分。舰艇的静力性能贯穿舰艇设计、建造、使用和维修的整个过程，为了充分发挥舰艇的各种效能，并确保舰艇在各种条件下的安全性，熟悉和掌握舰艇静力学的基本理论和方法，对于从事舰艇设计、建造、使用和维修的技术和管理人员来说是至关重要的。

　　本教材以"舰艇"为主要对象，结合作者多年从事舰艇静力学教学和相关科学研究的经验，力求在体系结构和叙述方式上对现有相关教材进行完善和改进，使之更加适应于舰艇静力学课程教学的需要，内容主要涉及船体几何形状、浮性、初稳性、大角稳性、不沉性、舰艇下水等。船体几何形状主要讲述主尺度、船形系数、型线图等，浮性主要讲述浮态、平衡、重量重心、载重标志等；初稳性主要讲述稳性的概念、小角度倾斜假设、初稳性公式、静水力曲线、初稳性应用及影响因素、初稳性试验等；大角稳性主要讲述静稳性曲线、外力作用下舰艇的倾斜、大角稳性影响因素、抗风浪计算、静稳性曲线计算等；不沉性主要讲述浸水舱的分类及渗透系数、舱室浸水后舰艇浮态和稳性的计算、抗沉原则等；舰艇下水主要讲述纵向下水装置、下水阶段的划分和分析、下水曲线计算、下水后舰艇浮态和稳性等。

　　本教材的特色是，根据综合培养的要求，比较系统地介绍了潜艇静力学基本概念与工程处理方法，并通过水面舰艇和潜艇的比较，使读者加深对相关概念的理解；结合作者多年教学改革和科研经验，对船模静力学实验做了较为系统的介绍，方便读者掌握并拓展舰艇静力学相关试验；针对目前舰艇静力性能计算大多采用计算机软件完成的情况，本教材专门介绍了一种舰艇静力学计算软件的操作方法及详细步骤，增强了实用性。这些方面的改进更适合船舶与海洋工程专业教师和学生的教学相长，为读者提供全面系统、面向工程应用的知识体系。

　　自海军工程大学成立之初便建设形成舰艇静力学课程，历时约 70 年，凝聚着课程团队老中青三代人的知识结晶。课程知识和教学团队长期服务于定型水面舰艇和潜艇的浮态、稳性、不沉性复算工作，以及舰艇论证和评估相关科研工作，培养出大批舰艇总体技术人才。本课程的教学目标是解决如何参数化表达船体的几何形状、怎样描述舰艇的漂浮姿态、如何分析舰艇倾斜后的回复能力、怎样保证舰艇破损后不沉、怎样保证舰艇下水不出事故等问题，在静力学方面培养学生懂船、会画船、能计算船、总体分析船的能力。舰艇静力学是一门专业性强、工程应用型的力学类课程，承担舰艇的流体、结构、操控运用等各项性能承前启后的角色。可以说，舰艇静力学是船舶与海洋工程专业课程的敲门砖，通过本课程的参与性学习，为后续舰艇阻力、推进、操纵、耐波奠定专业知识基础，让学员对专业有更深的理解，知其然知其所以然，从而更加热爱专业、热爱岗位。

本教材是军队"2110工程"三期建设教材。本教材的编写过程得到了学校同行专家的帮助和支持，熊鹰教授主审全稿，对教材的质量提出了严格的要求与富有建设性的意见，高霄鹏、黄政、刘志华、叶青等对全稿的改编、校核与制图做了大量工作，在此，对给予本教材帮助的全体同志表示真挚的谢意。本教材的编写出版和与之相配套的课程建设，是"舰艇静力学"课程教学内容和教学方法改革的结晶，恳请使用教材的广大师生积极提出宝贵意见，以便不断改进。

作者

2024年7月

目 录

第1章 船体几何形状 ·· 1
  1.1 三个基本投影面 ·· 1
  1.2 主尺度 ·· 3
  1.3 船形系数与主尺度比 ·· 5
      1.3.1 船形系数 ·· 5
      1.3.2 主尺度比 ·· 7
  1.4 型线图 ·· 8
      1.4.1 三组剖面和基本型线 ··· 8
      1.4.2 型线图的组成 ··· 10
      1.4.3 型值表 ·· 10
  1.5 潜艇外形与主尺度 ··· 11
      1.5.1 潜艇主尺度、艇型系数 ·· 11
      1.5.2 潜艇型线图 ·· 13

第2章 浮性 ··· 18
  2.1 舰船浮态 ··· 18
      2.1.1 坐标系 ·· 18
      2.1.2 舰船浮态表示法 ·· 19
  2.2 舰船平衡条件及平衡方程式 ·· 21
      2.2.1 舰船平衡条件 ··· 21
      2.2.2 平衡方程 ·· 22
  2.3 舰船重量和重心的计算 ·· 23
      2.3.1 计算重量和重心坐标的一般公式 ·· 23
      2.3.2 增减载荷时新的重量和重心计算公式 ·································· 24
      2.3.3 移动载荷时重心位置的改变 ··· 24
      2.3.4 舰船载重状态的区分——排水量的分类 ······························ 25
      2.3.5 舰船重量和重心的计算 ··· 26
  2.4 储备浮力及载重标志 ·· 28
      2.4.1 储备浮力 ·· 28
      2.4.2 载重标志 ·· 28
      2.4.3 潜艇的吃水标志 ·· 29

第3章 初稳性 ·· 31

3.1 概述 ··· 32
   3.1.1 稳性的定义 ·· 32
   3.1.2 稳性的几点说明 ·· 33
3.2 等体积倾斜与等体积倾斜轴 ·· 34
   3.2.1 等体积倾斜水线 ·· 34
   3.2.2 浮心的移动 ·· 35
   3.2.3 稳心及稳心半径 ·· 37
3.3 初稳性公式 ·· 38
   3.3.1 舰船平衡位置稳定性判断 ··· 38
   3.3.2 初稳性公式 ·· 39
   3.3.3 关于初稳性公式的说明 ··· 40
3.4 舰船浮性与初稳性曲线图谱介绍 ··· 43
   3.4.1 舰船静水力曲线图 ··· 43
   3.4.2 舰船邦戎曲线和费尔索夫图谱 ·· 45
   3.4.3 费尔索夫图谱 ··· 47
3.5 纵倾状态下舰船初稳性高的计算 ··· 48

第4章 舰艇浮性与初稳性曲线及图谱（计算） ·· 50
4.1 船体近似计算方法 ·· 50
   4.1.1 梯形法 ··· 51
   4.1.2 辛普森法 ··· 52
   4.1.3 乞贝雪夫法 ·· 55
   4.1.4 样条函数法 ·· 57
   4.1.5 提高计算精度措施 ··· 59
4.2 舰船静水力曲线的计算 ·· 62
   4.2.1 水线元计算 ·· 62
   4.2.2 体积元计算 ·· 65
   4.2.3 静水力曲线绘制及有关问题 ·· 65
4.3 邦戎曲线的计算 ··· 66
   4.3.1 邦戎曲线的计算 ·· 66
   4.3.2 邦戎曲线绘制 ··· 67
4.4 费尔索夫图谱计算 ·· 69

第5章 初稳性应用 ·· 73
5.1 小量载荷的移动对舰船浮态及初稳性的影响 ·· 74
   5.1.1 载荷的铅垂移动 ·· 74
   5.1.2 载荷的水平横向移动 ··· 75
   5.1.3 载荷的水平纵向移动 ··· 76
   5.1.4 载荷的任意移动 ·· 78
5.2 装卸载荷对舰船浮态及初稳性的影响 ·· 80

		5.2.1 装卸小量载荷对舰船浮态和初稳性的影响	80
		5.2.2 装卸大量载荷对舰船浮态和初稳性的影响	84
	5.3	悬挂载荷对舰船浮态及初稳性的影响	85
	5.4	自由液面对舰船初稳性的影响	87
	5.5	进出坞与搁浅	90
		5.5.1 进坞时舰船承受的最大反作用力和初稳性	90
		5.5.2 搁浅时舰船承受的最大反作用力和初稳性	91
	5.6	舰艇在各种装载情况下浮态及初稳性的计算	92
	5.7	实船倾斜实验	94
		5.7.1 倾斜实验的原理	95
		5.7.2 实验方法	95
		5.7.3 实验注意事项	96
		5.7.4 倾斜实验实例	97
	5.8	船模倾斜实验	101
		5.8.1 实验目的及要求	101
		5.8.2 实验内容	101
		5.8.3 主要设备	102
		5.8.4 实验原理	102
		5.8.5 实验步骤	102
		5.8.6 实验数据及分析	103
	5.9	自由液面对船模初稳性高影响实验	104
		5.9.1 实验目的及要求	104
		5.9.2 实验内容	104
		5.9.3 主要设备	104
		5.9.4 实验原理	105
		5.9.5 实验步骤	105
		5.9.6 实验数据及分析	106
第6章	大角稳性		108
	6.1	静稳性曲线	109
		6.1.1 静稳性曲线	109
		6.1.2 船形稳性力臂插值曲线	111
	6.2	外力作用下舰船的倾斜	112
		6.2.1 静倾斜力矩作用下舰船倾斜角确定	113
		6.2.2 动倾力矩作用下舰船倾斜角确定	114
		6.2.3 动稳性曲线及其应用	115
	6.3	静稳性曲线的特征	120
		6.3.1 静稳性曲线特征	120
		6.3.2 初稳性与大角稳性的关系	122

6.4 载荷情况对大角稳性的影响 ························ 123
6.4.1 载荷的移动 ························ 123
6.4.2 载荷的增减 ························ 124
6.4.3 自由液面的影响 ························ 125
6.5 船型要素对大角稳性的影响 ························ 126
6.5.1 干舷高度对稳性的影响 ························ 126
6.5.2 船宽对稳性的影响 ························ 127
6.5.3 进水角对稳性的影响 ························ 127
6.5.4 其他船形要素对稳性的影响 ························ 128
6.6 提高舰船稳性的措施和方法 ························ 129
6.6.1 改善舰船稳性的措施 ························ 129
6.6.2 保证舰船稳性的方法 ························ 129
6.7 舰船抗风浪性计算 ························ 131
6.7.1 风对舰船的作用 ························ 131
6.7.2 风浪联合作用 ························ 134
6.7.3 舰船稳性规范的稳性校核方法 ························ 135
6.8 舰船静稳性曲线的计算法 ························ 138
6.8.1 舰船等排水量稳性计算法 ························ 138
6.8.2 舰船变排水量稳性计算法 ························ 143

第7章 不沉性 ························ 149
7.1 浸水舱的分类及渗透系数 ························ 150
7.1.1 浸水舱的分类 ························ 150
7.1.2 渗透系数 ························ 151
7.1.3 计算不沉性的两种基本方法 ························ 151
7.2 舱室浸水后舰船浮态与稳性的计算 ························ 152
7.2.1 第一类舱室浮性与初稳性计算 ························ 152
7.2.2 第二类舱室浮性与初稳性计算 ························ 154
7.2.3 第三类舱室 ························ 155
7.2.4 舱组浸水 ························ 158
7.2.5 逐步近似法 ························ 159
7.2.6 舰船不沉性规范简介 ························ 162
7.3 可浸长度与许用舱长 ························ 164
7.3.1 计算可浸长度的基本原理 ························ 164
7.3.2 可浸长度曲线的计算 ························ 165
7.3.3 许用舱长 ························ 168
7.4 舰船破损后应采取的措施 ························ 169
7.4.1 限制水的漫延——抗沉原则之一 ························ 169
7.4.2 破损舰船的扶正——抗沉原则之二 ························ 170

7.4.3　舰船负初稳性的处理——抗沉原则之三 ·················· 174
第8章　舰船下水计算 ·· 176
　8.1　舰船纵向下水装置 ··· 177
　8.2　下水阶段的划分与分析 ····································· 178
　　8.2.1　第一阶段 ··· 178
　　8.2.2　第二阶段 ··· 179
　　8.2.3　第三阶段 ··· 180
　　8.2.4　第四阶段 ··· 181
　8.3　下水曲线计算 ··· 182
　　8.3.1　舰船规范中下水计算内容简介 ··························· 182
　　8.3.2　舰船下水曲线图 ······································· 183
　　8.3.3　下水曲线计算 ··· 184
　8.4　下水后舰船浮态的确定和稳性校核 ··························· 186
　　8.4.1　下水后舰船浮态的确定 ································· 186
　　8.4.2　下水后舰船稳性校核 ··································· 188
第9章　潜艇的浮性 ·· 190
　9.1　潜艇上浮和下潜原理 ······································· 191
　　9.1.1　潜艇的有关基本知识 ··································· 191
　　9.1.2　作用在潜艇上的力 ····································· 193
　　9.1.3　潜艇的上浮和下潜 ····································· 194
　9.2　潜艇的浮态及其表示法 ····································· 195
　　9.2.1　坐标系 ··· 195
　　9.2.2　浮态及其表示法 ······································· 196
　9.3　潜艇的平衡方程 ··· 198
　　9.3.1　潜艇的平衡条件 ······································· 198
　　9.3.2　水上状态平衡方程式 ··································· 198
　　9.3.3　水下状态平衡方程式 ··································· 199
　9.4　排水量分类与静水力曲线 ··································· 200
　　9.4.1　潜艇排水量的分类 ····································· 200
　　9.4.2　潜艇静水力曲线 ······································· 202
　　9.4.3　排水量和浮心坐标的计算——查静水力曲线法 ············· 202
　9.5　潜艇固定浮容积及容积中心位置的计算 ······················· 203
　　9.5.1　耐压艇体容积及容积形心计算 ··························· 203
　　9.5.2　耐压附属体 ··· 204
　　9.5.3　非耐压附属体 ··· 204
　9.6　储备浮力和下潜条件 ······································· 205
　　9.6.1　储备浮力 ··· 205
　　9.6.2　潜艇的潜浮和下潜条件 ································· 207

9.7 剩余浮力及载荷补偿 209
  9.7.1 潜艇的剩余浮力和剩余力矩 209
  9.7.2 影响剩余浮力变化的因素 210
  9.7.3 载荷补偿和艇内载荷变化 212
9.8 均衡计算 215
  9.8.1 均衡计算原理、目的和时机 215
  9.8.2 均衡计算的具体方法 215
  9.8.3 均衡计算表中附注栏的意义 219
9.9 潜艇定重实验 219
  9.9.1 定重目的 219
  9.9.2 定重实验的一般方法 220
  9.9.3 定重实验实例 222
9.10 邦戎曲线和浮心稳心曲线 223
  9.10.1 邦戎曲线及用法 224
  9.10.2 浮心曲线及其用法 225
  9.10.3 稳心曲线及其应用 226

第10章 潜艇的初稳性

10.1 潜艇稳性的基本概念 229
  10.1.1 横稳性与纵稳性 230
  10.1.2 初稳性与大角稳性 230
10.2 潜艇稳定中心高及其计算 231
  10.2.1 潜艇稳定中心高及其表示式 231
  10.2.2 计算稳定中心半径的公式 231
  10.2.3 关于潜艇稳定中心高的说明 233
10.3 潜艇水下状态的稳性 234
  10.3.1 潜艇水下稳定平衡条件 234
  10.3.2 水下稳度的计算 235
10.4 潜艇潜坐海底与增加液体载荷时的稳性 237
  10.4.1 潜艇潜坐海底时的稳性 237
  10.4.2 增加液体载荷时潜艇稳定中心高的计算 238
10.5 潜艇下潜和上浮时的稳度 240
  10.5.1 潜浮稳度曲线图 242
  10.5.2 潜浮稳度的"颈"区 243

第11章 潜艇的大角稳性

11.1 复原力矩及其力臂的表示式 245
11.2 静稳性曲线及其应用 246
  11.2.1 潜艇静稳性曲线的特性 246
  11.2.2 水下状态静稳性曲线 248

  11.2.3 两种力矩作用下潜艇的倾斜 ································ 248
  11.2.4 潜艇动稳度（臂）曲线及应用 ······························ 249
 11.3 表示潜艇稳性的特征值 ·· 252
  11.3.1 稳度臂 l_θ 曲线的初切线的斜率 ··························· 253
  11.3.2 最大稳度臂 $l_{\theta\max}$（最大复原力矩 $m_{\theta\max}$） ················· 253
  11.3.3 最大稳度角 $\theta_{m_\theta\max}$ ···································· 253
  11.3.4 稳度消失角 θ_x ··· 254
  11.3.5 静稳度曲线包围的面积 ···································· 254
 11.4 潜艇耐风性计算 ··· 254
  11.4.1 潜艇的抗风能力 ·· 254
  11.4.2 实例 ·· 256
 11.5 大纵倾概述 ··· 257
  11.5.1 形成纵倾的一般方法 ······································ 257
  11.5.2 纵倾状态下的平衡方程和初稳定中心高公式 ················· 257

第12章 潜艇的不沉性 ·· 260
 12.1 潜艇水面不沉性 ··· 260
  12.1.1 失事潜艇的浮态和稳性的计算 ······························ 260
  12.1.2 失事潜艇的扶正 ·· 262
 12.2 潜艇水下不沉性 ··· 263
  12.2.1 潜艇水下抗沉的基本措施 ·································· 264
  12.2.2 潜艇从水下自行上浮的条件 ································ 264

第13章 舰艇静力学性能计算软件及应用方法介绍 ····················· 266
 13.1 Maxsurf 软件简介 ··· 266
  13.1.1 Maxsurf 软件特点 ·· 266
  13.1.2 Maxsurf 在船舶设计与性能计算中的应用 ··················· 267
  13.1.3 Maxsurf 软件构架与功能模块 ······························ 268
  13.1.4 应用 Maxsurf 软件设计船舶的一般流程 ····················· 272
  13.1.5 Maxsurf 软件界面 ·· 272
 13.2 Maxsurf 船体三维建模 ··· 274
  13.2.1 三维曲面表示方法 ·· 274
  13.2.2 船体曲面建模基本流程 ···································· 276
  13.2.3 曲面建模规划 ·· 277
  13.2.4 生成 Marker 点 ·· 278
  13.2.5 导入 Marker 点 ·· 278
  13.2.6 插入基本面 ·· 282
  13.2.7 添加站线、水线与纵剖线 ·································· 283
  13.2.8 插入控制点 ·· 285
  13.2.9 固定与移动控制点 ·· 286

    13.2.10 球鼻艏的处理 ………………………………………………… 287
    13.2.11 折角线的处理 ………………………………………………… 288
    13.2.12 建模精度检查 ………………………………………………… 289
    13.2.13 三维模型的导出 ……………………………………………… 292
  13.3 静水力计算 …………………………………………………………… 292
    13.3.1 静水力计算的主要内容 ……………………………………… 292
    13.3.2 静水力计算模块及界面 ……………………………………… 292
    13.3.3 导入计算模型与剖面切分 …………………………………… 293
    13.3.4 基本参数设置 ………………………………………………… 294
    13.3.5 正浮下的静水力曲线计算 …………………………………… 296
    13.3.6 初始倾角下的静水力曲线计算 ……………………………… 298
    13.3.7 大角稳性曲线计算 …………………………………………… 299

参考文献 ……………………………………………………………………………… 303

第 1 章　船体几何形状

船体几何形状整体上是一个具有双重曲度的复杂流线形体，对舰船航海性能具有很大的影响。在研究舰船性能之前，首先需了解船体形状的表达方法，即如何去描述其外形，主要包括主尺度、船形系数和图形表达方法。

本章目的：
舰艇外形决定其航海性能的优劣，在正式进入静力学的学习之前，必须对研究对象予以专业的外形描述，而船体形状对舰船航海性能也有决定性影响。

本章学习思路：
船体几何形状的描述，可归结以下三类思路。

1. 主尺度
以长、宽、高三个方向的主要特征尺度来度量船体几何外形。
2. 船形系数
以无因次系数来描述船体外形。
3. 型线图
对船体真实外形进行详尽描述的三维投影图，其实质是船体表面的三组剖线的三视图，是针对船体外形特征设计的专用的舰艇制图。

本章难点：
（1）船形系数及其物理意义；
（2）潜艇外形与主尺度。

本章关键词：
型线图；船形参数；船形系数；舰艇主尺度等。

1.1　三个基本投影面

船体外形由纵横骨架和外壳板共同组成，骨架的外缘是最先经过水动力学光顺设计的，其与外壳板的内表面进行装配，是一个平滑的曲面，在水动力外形设计之后要进行壳板的强度设计，为了保证强度，一般而言会在底部、舭部和水线处适当加厚（图1-1）。从水动力外形设计角度，船体外形的描述一般针对的是舰船的型表面，船体型表面为不包括附体在内的船体外形设计表面，对于金属船体，系指船体骨架的外表面，或指外壳板的内表面。

舰船的型表面整体上是一个具有双重曲度的复杂流线形体，数学描述时该曲面上各点连续，但局部有导数不连续。由于船体外形的复杂性，除特殊形状（如数学船形）外，一般不能用简单的解析方法表达。

(a) 船体型表面　　　　　　　　　　　　(b) 壳板厚度分布

图 1-1　船体外形

船体的外形是用投影到三个相互垂直的基本平面来表示的。这三个基本平面也称主坐标平面（图 1-2）。

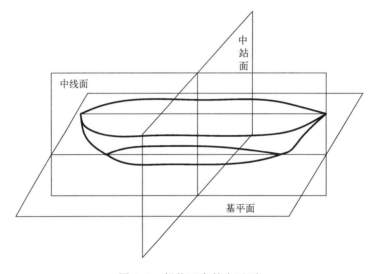

图 1-2　船体三个基本平面

1．对称面（中线面）

通过船宽中央的纵向垂直平面（即对称面），把船体分为相互对称的左、右两部分（图 1-3）。

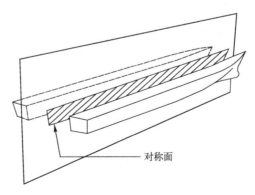

图 1-3　对称面

2．中船横剖面（中站面）

通过船长（垂线间长或设计水线长）中点（常用符号"☒"表示）的横向垂直平面，中船横剖面把船体分为艏、艉两部分（图1-4）。

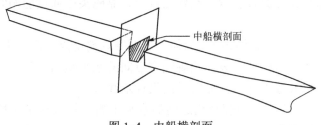

图1-4 中船横剖面

3．设计水线面

通过舰船设计水线（设计状态下船体型表面与水平面的交线）处的水平面，设计水线面将船体分为水上和水下两部分（有时采用基平面，即通过船长中点龙骨板上缘的平行于设计水线面的平面）。它与中线面、中站面相互垂直（图1-5）。

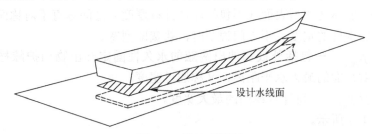

图1-5 设计水线面

船体外形曲面与中线面的截面称为中纵剖面，与中站面的截面称为中横剖面。

1.2 主 尺 度

舰船的大小通常是由船长、船宽、型深、吃水等主要特征尺寸来度量的，这些特征尺寸定义如图1-6所示。

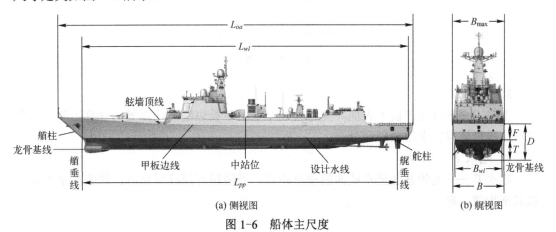

(a) 侧视图　　(b) 艉视图

图1-6 船体主尺度

3

1．船长 L

通常选用的船长有三种，即总长、设计水线长和垂线间长。

总长 L_{oa}——自船首最前端至船尾最后端（包括壳板等凸出体）平行于设计水线面的最大水平距离。总长又称通过长度，在舰船进坞、靠码头或通过船闸时应该注意它的总长 L_{oa}。

设计水线长 L_{wl}——设计水线面与船体型表面艏艉端交点之间的水平距离。平行于设计水线面的任一水线面与船体型表面艏艉端交点间的水平距离为任一水线长。在分析舰艇静水力、阻力、耐波等水动力性能时常用设计水线长 L_{wl}。

垂线间长 L_{pp}——艏垂线与艉垂线之间的水平距离。艏垂线是艏柱前缘与设计水线交点处的垂线，艏柱则为船首最前端用于封闭左右舷侧板的连接结构；艉垂线是舵柱后缘与设计水线交点处的垂线，对于无舵柱舰艇则为舵杆中心线。军舰一般较少使用垂线间长 L_{pp}，民船则通常在舰艇静水力计算中使用。

在本书中除特别说明外，船长均指设计水线长，并用符号 L 表示。

2．船宽 B

型宽 B——船体两侧型表面（不包括船体外板厚度）之间垂直于对称面的最大水平距离，一般指船中处的宽度。不专门说明时，船宽即型宽。

最大船宽 B_{max}——包括外板和伸出两舷的永久性固定凸出物如护舷材、舷伸甲板等，并垂直于对称面的最大水平距离，又称通过宽度。

设计水线宽 B_{wl}——设计水线面的最大宽度。

船宽如图 1-7 所示。

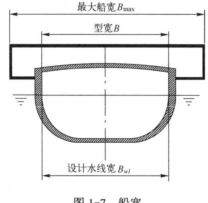

图 1-7　船宽

3．型深 D

型深 D——自龙骨板上表面（龙骨基线）至上甲板边线最低点处的垂直距离。通常甲板边线最低点在中船横剖面处。

4．吃水 T

吃水 T——龙骨基线至水线面的垂直距离。当舰船有设计纵倾时，艏艉吃水不同，取其平均值，即

$$T = \frac{1}{2}(T_f + T_a) \tag{1-1}$$

式中：T 为平均吃水，是中船横剖面处的吃水；T_f 为艏吃水，沿艏垂线自水线面至龙骨基线的延长线之间的距离；T_a 为艉吃水，沿艉垂线自水线面至龙骨基线的延长线之间的距离。

5. 干舷 F

干舷 F——自水线至上甲板上表面的垂直距离。一般舰船在船的首、中和尾部处的干舷是不同的。如无特别注明时，是指中船横剖面处的干舷。所以，干舷等于型深与吃水之差再加上上甲板厚度，即 $F = D - T + t_{甲板}$（图 1-8）。

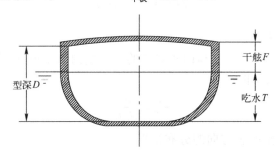

图 1-8　型深、吃水和干舷

1.3　船形系数与主尺度比

1.3.1　船形系数

船形系数是表示船体水下部分面积或体积肥瘦程度的无因次系数，这些系数对分析船型和舰船航海性能有很大的用处。以下给出各系数的定义。

1. 水线面面积系数 C_{wp}

与基平面相平行的任一水线面的面积 A_w 与由相应的船长 L、船宽 B 所构成的长方形面积之比，即

$$C_{wp} = \frac{A_w}{LB} \tag{1-2}$$

式中：C_{wp} 为水线面的肥瘦程度。

2. 中船横剖面面积系数 C_m

中船横剖面在水线以下的面积 A_m 与由船宽 B、吃水 T 所构成的长方形面积之比，即

$$C_m = \frac{A_m}{BT} \tag{1-3}$$

式中：C_m 为水线以下的中船横剖面的肥瘦程度。

3. 方形系数 C_b

船体水线以下的排水体积 V 与由船长 L、船宽 B、吃水 T 所构成的长方体体积之比（图 1-9），即

$$C_b = \frac{V}{LBT} \tag{1-4}$$

式中：C_b 为船体水线以下体积的肥瘦程度。

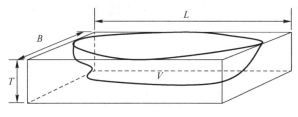

图 1-9　方形系数

4．纵向棱形系数 C_p

船体水线以下的排水体积 V 与由相对应的中船横剖面面积 A_m、船长 L 所构成的棱柱体体体积之比（图 1-10），即

$$C_p = \frac{V}{A_m L} \tag{1-5}$$

式中：C_p 为排水体积沿船长方向的分布情况。

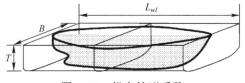

图 1-10　纵向棱形系数

5．垂向棱形系数 C_{vf}

船体水线以下的排水体积 V 与由相对应的水线面面积 A_w、吃水 T 所构成的棱柱体体积之比（图 1-11），即

$$C_{vf} = \frac{V}{A_w T} \tag{1-6}$$

式中：C_{vf} 为排水体积沿吃水方向的分布情况。

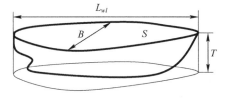

图 1-11　垂向棱形系数

上述各系数的定义，如无特别指明，通常都是就设计水线处而言的。由上述各系数的定义不难得到如下关系：

$$C_p = \frac{C_b}{C_m}, \quad C_{vf} = \frac{C_b}{C_{wp}}$$

下面举列说明船形系数的物理意义。

如图 1-12 所示，其中 a 船的水下形状为一个三棱柱体，b 船的水下形状为一个艏艉尖瘦的棱形体，两船的长、宽、吃水均相同，其排水体积也相同。

根据定义可知：

a 船：$C_{wp}=1.0$，$C_m=0.5$，$C_b=0.5$，$C_p=1.0$ 及 $C_{vf}=0.5$；

b 船：$C_{wp}=0.5$，$C_m=1.0$，$C_b=0.5$，$C_p=0.5$ 及 $C_{vf}=1.0$。

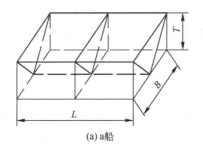
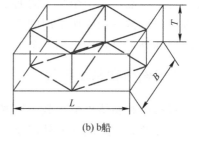

(a) a 船　　　　　　　　　　　　(b) b 船

图 1-12　特殊棱柱体

从上述两船的立体图形和船形系数中可以明显看出：方形系数 C_b 为船体水下体积的肥瘦程度，C_b 越小，水下体积越尖瘦；反之，C_b 越大，水下体积越丰满。a、b 两船虽然水下形状不同，但它们的 C_b 值是相同的，这说明两船的水下体积肥瘦程度相同，而水下体积的分布情况可以由纵向棱形系数和垂向棱形系数来说明。纵向棱形系数反映水下排水体积沿纵向分布的情况，如 C_p 较小，水下体积较多集中在船中部，艏艉两端较尖瘦；如 b 船（$C_p=0.5$）；反之，C_p 较大，水下体积沿船长方向分布较均匀，而艏艉两端较丰满，如 a 船（$C_p=1.0$）。C_{vf} 反映船体水下体积沿吃水方向分布情况，C_{vf} 较小，船体水下体积多集中在上部，横剖面成 V 形剖面，如 a 船（$C_{vf}=0.5$）；C_{vf} 较大，表示其排水体积上下分布较均匀，如 b 船（$C_{vf}=1.0$），水下部分横剖面趋于 U 形剖面。

1.3.2　主尺度比

舰船各主要尺度间的比值也是船体几何特征的重要参数。常用的尺度比有长宽比（L/B）、宽吃水比（B/T）、型深吃水比（D/T）及长型深比（L/D）等。L/B 通常表示船的瘦长程度，也可用瘦长度系数 $\psi = L/\sqrt[3]{V}$ 来表示船的瘦长度，它是船长 L 与水下排水体积 V 的立方根之比；B/T 表示船的扁平程度；D/T 表示船相对吃水大小。它们与舰船性能、强度及经济性等有密切的关系。各类舰船船形系数和主尺度比的大致范围见表 1-1。

表 1-1　各类舰船船形系数和主尺度比的大致范围

舰船类型	船形系数			尺度比值			
	C_b	C_{wp}	C_m	L/B	B/T	D/T	ψ
巡洋舰	0.45～0.65	0.65～0.72	0.76～0.89	8～11	2.6～3.6	1.7～2.0	7.5～8.5
驱、护舰	0.4～0.54	0.7～0.78	0.7～0.86	9～12	2.6～4.2	1.7～2.0	8.0～9.0
潜艇	0.4～0.55	—	—	8～13	1.4～2.0	—	—
猎潜艇	0.45～0.5	0.74～0.78	0.75～0.82	7.9～8.5	2.6～3.2	1.6～2.0	7.5～8.0
扫雷舰	0.5～0.6	0.68～0.75	0.8～0.88	7.0～8.0	2.8～4.0	—	6.5～7.5

1.4 型线图

在舰船的设计、计算和建造中，采用船体型线图来表示船体外形。船体型线图所表示的是不包括附体的裸船体的船体型表面。金属船体的船体型表面为外板的内表面，这是因为船体外板的厚度在整个船上的分布是不相同的，其外表面不是一个平滑的曲面，而内表面要与骨架装配，是一个平滑的曲面。水泥船和木船的船体型表面为船壳的外表面。船体型线图与机械制图中所采用的三个视图——主视图、侧视图、俯视图的表示方法类似，即将船体外形分别投影到三个视图中。

1.4.1 三组剖面和基本型线

三个基本投影面和船体外形相截所得的剖面图形（船体轮廓外形）只能初步地表示船体外形。为了完整地表示船体的外形及其在长、宽、高三个方向的变化，还需要补充若干个平行于三个基本投影平面的剖面，这些剖面和船体外形相截得到的曲线，分别投影到三个基本投影面上构成三个剖面投影图，它们总称为船体型线图（图 1-13）。以下介绍这三组剖面投影图。

1．横剖线图（船体图）

平行于中站面的各横向平面（称横向剖面）剖切船体表面所得到的交线称为横剖线或肋骨线，横剖线所包围的船体平面称横剖面。通常把船长等分为 20 个间距（称为站距），得到 21 个横向剖面。将各横向剖面所截得的横剖线或肋骨线投影到中船横剖面上，即得横剖线图。各横剖线从船首至船尾依次编号（称为站号），0～10 站为艏半段，10～20 站为艉半段，第 10 站即中船横剖面（民船上习惯从艉向艏编号，即 0～10 站为艉半段，10～20 站为艏半段）。由于船体左右对称，每根横剖线只需要画出半边即可。通常将舰船艏半段横剖线画在右边，艉半段横剖线画在左边。

在横剖线图上还需画出上甲板边线、舷墙顶线。它们就是将各站处横剖面的甲板边缘点、舷墙顶点用光顺曲线连接起来。

2．水线图

沿吃水方向平行于设计水线面，取若干等间距的水平剖面，将各水平剖面所截得的船体型表面曲线投影到同一水平面上，即得水线图。各水线自龙骨基线向上依次编号。由于船体左右对称，每根水线只需要画出半边即可，故也称半宽水线图。

在半宽水线图上还需画出上甲板边线、艏艉楼甲板边线和舷墙顶线等的水平投影，以反映它们的俯视轮廓。

3．纵剖线图

沿船长方向平行于对称面，取若干个纵向剖面，将各纵向剖面所截得的船体型表面曲线（称为纵剖线）投影到对称面上，即得纵剖线图。各纵剖线自对称面开始往舷侧依次编号（Ⅰ、Ⅱ、Ⅲ、Ⅳ等）。

在纵剖线图上还需画出龙骨线、艏艉轮廓线、甲板边线、甲板中心线和舷墙顶线等的侧投影。

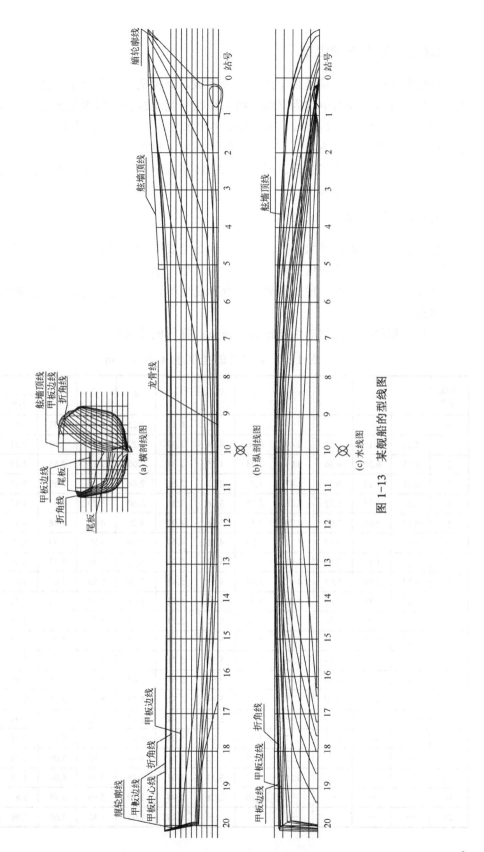

图 1-13 某舰船的型线图

1.4.2 型线图的组成

型线图（图 1-13）就是由上述三个图组成，每种剖线仅在一个视图中保持其真实形状，而在另外两个视图中均为直线（纵剖线在半宽水线图和横剖线图上为直线，水线在纵剖线图和横剖线图上是直线，横剖线在半宽水线图和纵剖线图上是直线），只有上甲板边线在三个视图中才为曲线。正确绘制的型线图，每条曲线都应是光顺的，曲线上任何点在三个视图上应当相互配合。但应注意型线图表示的船体外形是不包括外壳板和突出部分在内的船体理论外形。

1.4.3 型值表

型值表是船体表面形状的数值表达，也是型线图的数值表达。表 1-2 所示为某舰船的型值表，表中给出的型值表示其所在行列之相应水线面和横剖面处的船体表面实际半宽，以及上甲板边线在各横剖面处的半宽和高度等。在有的型值表中附有舰船的主要尺寸等数据。

型线图和型值表是舰船性能计算、建造放样等的主要依据。

表 1-2 某舰船的型值表（单位：m）

水线\肋骨	0	1/2	1	2	3	4	5	6	7	8	主甲板 半宽	主甲板 高
0	—	—	—	—	—	—	0.11	0.25	0.38	0.51	1.09	8.97
1	0.11	0.19	0.28	0.47	0.66	0.84	1.02	1.22	1.41	1.59	2.31	8.63
2	0.11	0.35	0.56	0.93	1.25	1.55	1.82	2.09	2.31	2.55	3.23	8.31
3	0.11	0.57	0.95	1.47	1.93	2.31	2.61	2.86	3.08	3.30	3.93	8.04
4	0.12	0.75	1.32	2.10	2.65	3.06	3.36	3.60	3.79	3.97	4.42	7.80
5	0.13	0.95	1.67	2.75	3.37	3.78	4.07	4.29	4.44	4.58	4.85	7.55
6	0.15	1.19	2.17	3.32	4.00	4.38	4.64	4.80	4.92	5.00	5.22	7.29
7	0.15	1.41	2.63	3.93	4.59	4.93	5.09	5.22	5.30	5.37	5.46	7.07
8	0.14	1.68	3.03	4.41	5.03	5.29	5.41	5.50	5.56	5.60	5.62	6.89
9	0.12	1.83	3.52	4.82	5.33	5.53	5.62	5.68	5.70	5.70	5.71	6.73
10	0.11	2.03	3.76	5.13	5.56	5.70	5.73	5.73	5.73	5.73	5.75	6.70
11	0.11	2.07	3.87	5.19	5.64	5.75	5.75	5.75	5.75	5.75	5.75	6.70
12	0.11	1.80	3.54	5.06	5.57	5.70	5.71	5.71	5.71	5.71	5.75	6.68
13	0.11	1.39	2.80	4.75	5.40	5.61	5.63	5.64	5.65	5.65	5.66	6.66
14	0.11	0.96	2.10	4.16	5.10	5.44	5.51	5.53	5.56	5.56	5.60	6.65
15	0.11	0.63	1.45	3.43	4.68	5.18	5.34	5.40	5.42	5.43	5.48	6.67
16	—	0.04	0.64	2.37	3.95	4.74	5.06	5.22	5.27	5.30	5.35	6.74
17	—	—	—	1.23	3.15	4.26	4.63	4.89	5.02	5.09	5.10	6.85
18	—	—	—	0.10	1.87	3.37	4.03	4.38	4.56	4.64	4.65	6.97
19	—	—	—	—	0.10	2.08	2.95	3.39	3.63	3.75	3.82	7.12
20	—	—	—	—	—	—	0.10	1.05	1.42	1.69	1.96	7.27

1.5 潜艇外形与主尺度

1.5.1 潜艇主尺度、艇型系数

潜艇外形与水面舰船相似，除了可用线型图完整地表示，还可用艇体主尺度和艇型系数粗略地表示潜艇的大小和外形的主要特征，并且可用它来近似地估算出潜艇某些航海性能的指标，熟知主尺度有益于安全、灵活地操控潜艇。

1．主尺度

潜艇的主尺度通常包括艇长、艇宽（及回转体直径）、艇高和吃水等，它们可粗略地表示潜艇的大小（图1-14）。

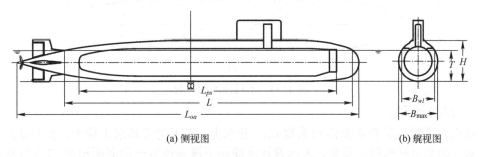

(a) 侧视图　　　　　　　　　　(b) 艉视图

图 1-14　潜艇主要尺寸

1）艇长

艇长有总长、水密艇体长和巡航水线长度之分。

总长 L_{oa}——从艏至艉（包括壳板在内）的最大长度，故称最大长度，或简称艇长（有时记为 L_{max}）。

水密艇体长 L_{wt}——艇体最前和最后一个水密舱壁理论线之间的距离，或简记为 L。

巡航水线长 L——巡航状态水线艏艉吃水垂线间长度，即设计水线长。

此外，还有耐压艇体长 L_{ps}，表示首端耐压舱壁和尾端耐压舱壁肋骨理论线之间的距离。

2）艇宽

艇宽 B——艇体最大横剖面两舷型表面各对称点之间的最大距离，即不包括壳板在内的艇体最大宽度处的尺寸，故也称最大宽度（常记为 B_{max}）。

巡航水线宽 B_{wl}——巡航水线吃水处的最大宽度。

此外，还有回转体直径 D，表示回转体型表面的理论直径；稳定翼宽 B_{sw}，表示水平稳定翼左右舷两端点之间的距离。

3）艇高

艇高 H——在艇舯肋骨处，由基平面到上甲板下表面之间铅垂距离，或称型深。

最大艇高 H_{max}——由基平面到指挥室围壳或升降装置导流罩型表面顶点之间的垂直距离。

4）吃水

吃水 T——在艇舯肋骨面处，由基平面到巡航水线之间的铅垂距离。

2．艇型系数

潜艇的艇型系数与水面舰船的船形系数相类似，但在概念细节上有些许差别，是用来概略表示艇体外形特征的一些比例系数，它们对潜艇的各种航海性能有较大影响，经常在一些近似公式中应用。常见的有如下几个。

1）水线面面积系数

水线面面积系数 C_w 是潜艇巡航水线面面积 A_w 与该面积外切矩形面积之比值（图1-15），即

$$C_w = \frac{A_w}{(LB)_{wl}} \quad (1\text{-}7)$$

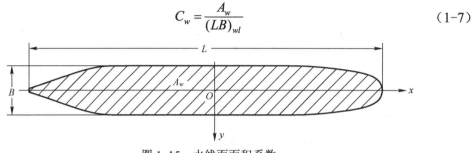

图1-15 水线面面积系数

2）横剖面系数

横剖面系数也称肋骨面面积系数 C_m，分水上、水下舯部和水上最大、水下最大横剖面系数。如水上舯横剖面系数，表示设计水线面下裸艇体舯横剖面面积 $\omega_\uparrow$ 与该面积的外切矩形面积的比值（图1-16），即

$$C_{m\uparrow} = \frac{\omega_\uparrow}{BT_{wl}} \quad (1\text{-}8)$$

式中：C_w、C_m 分别为水线面、舯肋骨面的肥瘦程度。

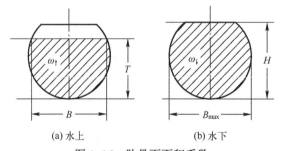

(a) 水上　　　(b) 水下

图1-16 肋骨面面积系数

3）方形系数

方形系数 C_b 是艇体浸水部分体积和该体积的外切平行六面体积之比值，其大小说明艇体浸水部分的肥瘦程度。根据潜艇水上和水下所处位置不同可分为以下两种。

（1）水上方形系数：

$$C_{b\uparrow} = \frac{V_\uparrow}{(LBT)_{wl}} \quad (1\text{-}9)$$

（2）水下方形系数：

$$C_{b\downarrow} = \frac{V_\downarrow}{LBH} \quad (1\text{-}10)$$

式中：$V_\uparrow$ 为潜艇水面排水量（巡航排水量）（m^3）；$V_\downarrow$ 为潜艇水下排水量（m^3）。

4）纵向棱形系数

纵向棱形系数 C_p 分水上和水下状态。

水上纵向棱形系数表示潜艇设计水线面下裸船体体积与最大横剖面型面积 ω_{max} 和该水线面下的最大水线长的乘积（柱体体积）的比值，即

$$C_{p\uparrow} = \frac{V_\uparrow}{\omega_{max} L_{wl}} \quad (1-11)$$

式中：C_p 为潜艇排水体积沿艇长方向的分布情况。

5）垂向棱形系数

垂向棱形系数 C_{vf} 分水上和水下状态。

水上垂向棱形系数 $C_{vf\uparrow}$ 表示设计水线面下裸艇体体积与该水线面下的最大水线面型面积和设计吃水的乘积之比值，即

$$C_{vf\uparrow} = \frac{V_\uparrow}{ST} \quad (1-12)$$

式中：C_{vf} 为潜艇体积的垂向分布情况。

此外，在航海性能计算中常用的艇型系数还有：

（1）舯纵剖面系数——裸艇体舯纵剖面（对称面）型面积与艇长和舷高乘积的比值。

（2）水平投影面系数——裸船体水平投影面积与艇长和艇宽乘积的比值。

（3）长宽比 L/B——艇长与艇宽之比，表示潜艇的细长/粗短程度。相应地，还有长径比 L/D，即艇长与潜艇外型直径的比值。

（4）宽吃水比 B/T——艇宽与吃水之比，表示潜艇的宽浅/窄深程度。

在艇体外形上有水滴型（纵剖面形似水滴形、横剖面呈圆形）、常规型（具有楔形艏和扁平型艉）和过渡型（通常具有直艏和回转型尖艉，介于水滴形和常规型之间的线型）三种典型艇型，在航海性能和附体配置上各有特点。

1.5.2 潜艇型线图

潜艇航海性能的优劣与艇体的尺度和形状有密切的关系，完整地表示潜艇的艇体几何形状和尺度的图是型线图，它是潜艇性能计算、建造放样、数字化建模和解决潜艇使用管理中各种艇体问题的基本输入。

1. 艇体的三个主要平面

与水面舰船相类似，潜艇艇体外形也是通过在其三个互相垂直的主要平面的投影来表示的，如图 1-17 所示。三个投影平面包括基平面、对称面和舯横剖面。

（1）基平面（也称基面）：通过龙骨中段直线部分的水平面。当龙骨线不水平或为曲线时取切平面。

最大水线面：通过艇体最宽处平行于基平面的水平面，将艇体分成上、下两部分。相应地，水面舰船则用设计水线面（图 1-18），即通过设计水线处的水平面，将船体分成水下和水上两部分。

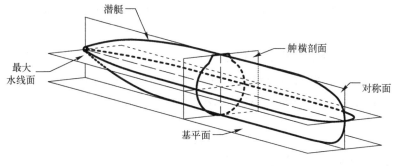

图 1-17 三个主投影面

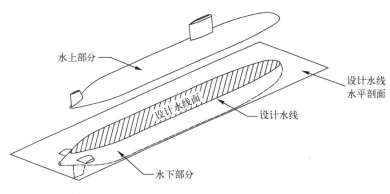

图 1-18 设计水线面

（2）对称面（也称纵舯剖面、中纵剖面）：与基平面垂直，从艏至艉通过潜艇正中、将艇体分成左、右对称两部分的纵向平面（图 1-19）。

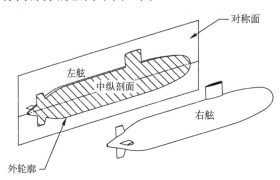

图 1-19 对称面

（3）舯横剖面（也称舯船肋骨面、中横剖面）：通过艇体水密长度中点，并与基平面、对称面互相垂直的横向平面（图 1-20）。

2．艇体的三种剖线和三个视图

用最大水线面、对称面和舯船横剖面三个主要平面与艇体表面相截而得的截面图，如图 1-21 所示，可以粗略地表示艇体的外形。但由于艇体外形是一个具有双曲率的复杂三维形体，要想完整、精确地表示其几何形状，还需要更多的平行于主要平面的平面去截割艇体。

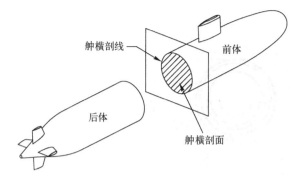

图 1-20　舯横剖面

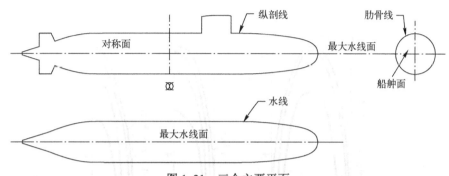

图 1-21　三个主要平面

1）三种剖线

纵剖面：平行于对称面的平面，它和艇体表面的交线称为纵剖线。

水线面：平行于最大水线面的平面，它和艇体表面的交线称为水线。

横剖面：平行于舯船横剖面的平面，或称肋骨面；它和艇体表面的交线称为横剖线，也称肋骨线。

以上三种剖线统称为型线。

2）三个视图

潜艇型线图的布局与水面舰船的相类似，针对潜艇艇体的构型特征，有以下细节需说明。

纵剖线图——根据艇宽的不同，潜艇常取 2～4 个纵剖面，从对称面向两舷侧依次采用罗马数字编号 Ⅰ、Ⅱ、Ⅲ、Ⅳ。此外，在侧面图上还画有艇体外廓的投影。

半宽水线图——为使水线在半宽图上不至于重叠不清，通常将潜艇的最大水线面上下水线分画成两个半宽图。水线数目根据艇型而定，一般水线间距为 0.5m 左右，自基平面向上依次采用阿拉伯数字编号 0，1，2，…。

横剖线图——一般习惯将潜艇的后半段艇体画在对称面左边，前半段艇体画在右边。横剖面的数量通常按水密艇体部分长度取 20 等分，得 21 个肋骨面（又称理论肋骨面或"站"），自首向尾依次编号 0，1，2，…，20。0～10 号为前体，10～20 号为后体。第 10 号（或第 10 站）肋骨面即舯船肋骨面（或称舯船横剖面）。

3．潜艇的型线图

潜艇的型线图由上述三个视图组成，其示例如图 1-22 所示。

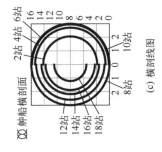
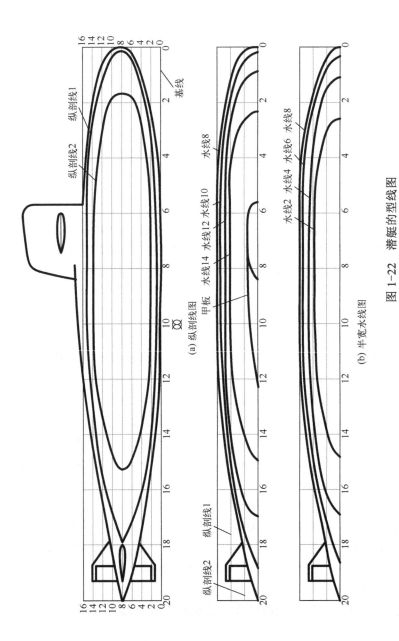

图 1-22 潜艇的型线图

应注意型线图表示的艇体外形是不包括外壳板和凸出物（如声呐舷侧阵）的艇体理论外形（图1-23）。

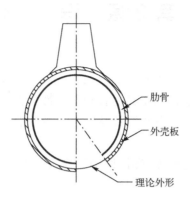

图1-23 艇体的理论外形

此外，潜艇型线图上还要画出耐压艇体在三个视图中的投影，也就是耐压艇体的内表面位置。鱼雷发射管及螺旋桨的位置一般都要在型线图上画出，但水声设备的位置有时不要求画出。

4．潜艇的型值表

与水面舰船的型值表相类似，潜艇的型值表是艇体表面形状的数字表达，表中给出的型值表示其所在行（站号）、列（水线号）相应肋骨和水线处的艇体表面的实际半宽，以及上甲板边线在各肋骨处的半宽和高度。型值表是潜艇性能计算和建造放样的基本输入。

思考题：

（1）何谓船体型表面？

（2）船长、船宽均有不同具体概念的定义，其应用情况如何？

（3）方形系数、纵向棱形系数与垂向棱形系数均反映了水线下排水体积的分布情况，这三者的物理含义有何区别？

（4）型线图具体表达了船体型表面的外形，其绘图是在利用三组剖面截割船体以获得三组剖线基础上制成的，具体是哪三组剖面？

（5）试搜集资料，要想完整描述水面舰艇和潜艇的所有外形，除了型线图，列举出其他组成部分。

第 2 章 浮 性

浮性是舰船在一定装载情况下具有漂浮在水面（或浸没水中）保持平衡的能力，它不仅是舰船最基本的航海性能，也是其他各种航海性能得以存在和发挥的基础。本章将叙述舰船在静水中的平衡条件、各种漂浮状态，以及舰船重量重心计算的原理和方法。

本章目的：

浮性为舰艇最基本的航海性能，浮性讨论了静水中舰艇漂浮的平衡条件与平衡方程，这与舰艇的浮态密切相关。

本章学习思路：

舰艇静水中平衡方程的建立必须首先确定浮态，只有将水线相对于船体的位置确定下来，即确定了水线下船体的形状（研究对象），才可建立平衡方程，讨论舰艇的浮性。

本章内容可归结为以下核心内容。

1. 浮态的描述

确定水线相对于船体的位置，以便进一步建立平衡方程。

2. 平衡条件与平衡方程

对静水中漂浮的舰艇进行受力分析，讨论平衡条件，建立平衡方程。

3. 重量与重心合成

解决静水中舰艇受力中的一个力——重力问题，即舰艇的重量大小（力的大小）与重心位置（力的作用点）。

本章难点：

（1）平衡方程的建立；

（2）重量与重心合成。

本章关键词：

浮性；浮态；重心；排水量等。

2.1 舰船浮态

舰船的浮态是指舰船和静水表面的相对位置，或者说是舰船漂浮于水面时所处的姿态。为描述舰船的浮态，需先确定坐标系。

2.1.1 坐标系

舰船静力学中的坐标系取在船体上，坐标系为 $O-xyz$，如图 2-1 所示。以基平面、对称面和中船横剖面之交点为坐标原点 O，Ox 轴是基平面与对称面的交线，指向船艏为正；Oy 轴是基平面与中船横剖面的交线，指向舰船右舷为正；Oz 轴是对称面与中船横剖面的交线，向上为正。因此，xOy 平面是基平面，xOz 是对称面，yOz 是中船横剖面。

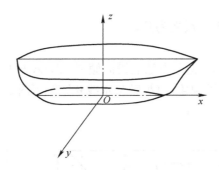

图 2-1 舰船坐标系

2.1.2 舰船浮态表示法

舰船的浮态可以由吃水和绕 Ox 轴、Oy 轴倾斜角的大小来确定。舰船可能的漂浮状态有以下四种。

1. 正浮状态

舰船无艏艉的纵向倾斜，也无左右舷的横向倾斜。此时，xoy 平面与水面平行[图 2-2(a)]，即 Ox 轴和 Oy 轴与水线面平行[图 2-2(b)]。

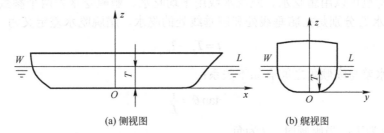

(a) 侧视图　　　　　　　　　(b) 艉视图

图 2-2 舰船正浮状态

由于基平面与水线面平行，这时只要用一个参数吃水 T（可表达正浮状态水线 WL 的位置）即水线面与 Oz 轴交点之坐标。

2. 横倾状态

舰船无艏艉的纵向倾斜，但有左右舷的横向倾斜。即 Ox 轴与水线 WL 平行[图 2-3(a)]；Oy 轴与水线 WL 之间有一夹角 φ，此时 φ 称为横倾角[图 2-3(b)]。

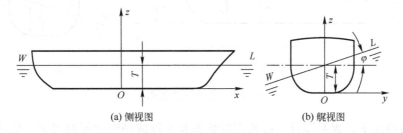

(a) 侧视图　　　　　　　　　(b) 艉视图

图 2-3 舰船横倾状态

这时要确定舰船的漂浮状态，需要用两个参变数，即吃水 T 和横倾角 φ。规定舰船向右舷倾斜时横倾角 φ 为正,反之为负。

3．纵倾状态

舰船有艏艉的纵向倾斜,无左右舷的横向倾斜。即 Ox 轴与水线 WL 之间有一夹角 θ,此时 θ [图 2-4（a）]；称为纵倾角,Oy 轴与水线 WL 平行[图 2-4（b）]。

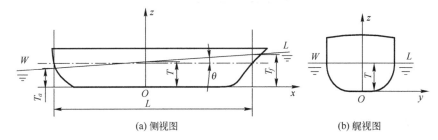

(a) 侧视图　　　　　　　　　(b) 艉视图

图 2-4　舰船纵倾状态

这时要确定舰船的漂浮状态,需要用到两个参变数,即吃水 T 和纵倾角 θ,这里吃水是指中船处的吃水,即平均吃水 $T=(T_f+T_a)/2$（式中：T_f 为艏吃水；T_a 为艉吃水）。规定舰船向首倾斜时纵倾角 θ 为正,反之为负。

纵倾状态也可以用艏吃水、艉吃水或用平均吃水、艏艉吃水差两个参数表达。艏吃水 T_f 和艉吃水 T_a 分别是指艏垂线处和艉垂线处的吃水,艏艉吃水差定义为

$$t=T_f-T_a \tag{2-1}$$

艏艉吃水差与纵倾角之间有如下关系：

$$\tan\theta=\frac{t}{L} \tag{2-2}$$

当艏倾时,t 为正；当艉倾时,t 为负。

4．任意状态

舰船既有艏艉的纵向倾斜又有左右舷的横向倾斜,如图 2-5 所示。显然要表达这种状态需要吃水 T、横倾角 φ 和纵倾角 θ 三个参数。

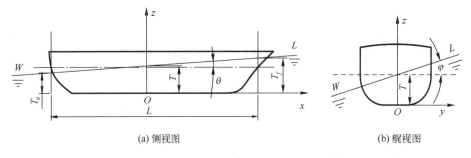

(a) 侧视图　　　　　　　　　(b) 艉视图

图 2-5　舰船任意状态

大多数情况下,舰船漂浮于静水面的状态是正浮或稍带艉倾的状态。横倾状态、大纵倾状态和任意状态对舰船的航行性能和战斗性能都是不利的,因此设计上或装载使用过程中不允许出现,这些状态往往只在舰船破损进水时才出现。

2.2 舰船平衡条件及平衡方程式

2.2.1 舰船平衡条件

舰船在某一装载状态下,漂浮于水面(或浸没于水中)一定位置时,是一个处于平衡状态的浮体。这时,作用于舰船上的力,有船体本身的重力及静水压力所形成的浮力。

作用于舰船上的重力是由舰船本身各部分的重量所组成的,如船体、机电设备、武器装备、弹药、人员及各种载荷等。这些重量形成一个垂直向下的合力,该合力就是舰船的重力 P,合力的作用点 G 称为舰船的重心,重心坐标位置用 $G(x_g, y_g, z_g)$ 表示。

当舰船漂浮于水面一定位置时,船体浸水表面的每一个点都受到水的静水压力,这些静水压力都是垂直于船体表面的,其大小与浸水深度成正比。从图 2-6 中可以看出,舰船水下静水压力的水平分力相互抵消,垂直分力则形成一个垂直向上的合力,此合力就是支持舰船漂浮于一定位置的浮力 $\rho g V$。合力的作用点 B 称为舰船的浮心,浮心坐标位置用 $B(x_b, y_b, z_b)$ 表示。

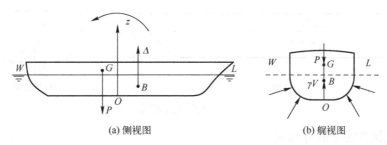

图 2-6 舰船重力与浮力

根据阿基米德原理,物体在水中受到的浮力等于该物体所排开的水的重量。因此,舰船所受到的浮力就等于舰船所排开的水的重量(通常称为排水量),记为

$$\Delta = \rho g V \tag{2-3}$$

式中:ρ 为水的质量密度(t/m³),一般可取淡水 $\rho=1.0$ t/m³,海水 $\rho=1.025$ t/m³;g 为重力加速度(m/s²);Δ 为舰船的排水量(kN)(习惯上用 t 表示),所以 $\Delta = \rho g V$(kN)$= \rho V$(t);V 为舰船排水体积(m³);$\rho g V$ 为浮力(kN)。

舰船的排水体积中心 B 就是舰船的浮心。

因此,舰船静止漂浮于一定位置时可以认为只受到两个力的作用,作用于重心 G 点铅垂向下的重力 P 和作用于浮心 B 点铅垂向上的浮力 $\rho g V$。所以舰船的平衡条件应该是:

(1)重力与浮力的大小相等方向相反,即

$$P = \Delta = \rho g V \tag{2-4}$$

(2)重心 G 与浮心 B 在同一铅垂线上。

图 2-6(a)所示舰船的重力 P 和浮力 $\rho g V$ 相等,因此不会上浮或下沉,但重心 G 与浮心 B 并未处在同一铅垂线上,会产生逆时针的力矩,使该状态下的舰船发生纵向倾斜,

即该状态并不满足舰船的平衡条件。

2.2.2 平衡方程

将舰船的平衡条件用数学方程式的形式表达就是平衡方程式。以下对舰船的四种漂浮状态写出其平衡方程式。

1. 正浮状态的平衡方程式

如图 2-7 所示，可列出舰船正浮状态的平衡方程：

$$\begin{cases} P = \rho g V \\ x_g = x_b \\ y_g = y_b = 0 \end{cases} \quad (2\text{-}5)$$

由于船体左右对称，舰船正浮时，浮心必在对称面上，根据平衡条件，重心坐标 y_g 也必然在对称面上。

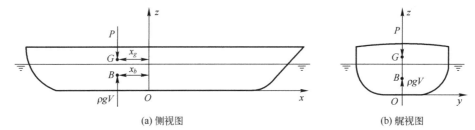

(a) 侧视图　　　　　　　　　　　(b) 艉视图

图 2-7　舰船正浮状态

2. 横倾状态的平衡方程式

如图 2-8 所示，可列出舰船横倾状态的平衡方程：

$$\begin{cases} P = \rho g V \\ (y_b - y_g) = (z_g - z_b)\tan\varphi \\ x_g = x_b \end{cases} \quad (2\text{-}6)$$

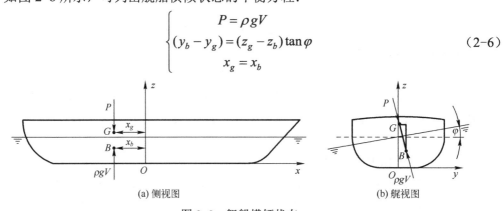

(a) 侧视图　　　　　　　　　　　(b) 艉视图

图 2-8　舰船横倾状态

3. 纵倾状态的平衡方程式

同理，不难从图 2-9 中导出：

$$\begin{cases} P = \rho g V \\ (x_b - x_g) = (z_g - z_b)\tan\theta \\ y_g = y_b = 0 \end{cases} \quad (2\text{-}7)$$

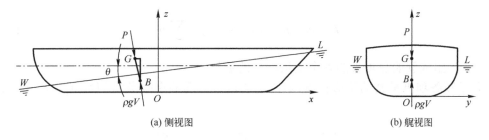

(a) 侧视图　　　　　　　　　　　　(b) 艉视图

图 2-9　舰船纵倾状态

4. 任意状态的平衡方程式

如图 2-10 所示，任意状态的平衡方程式可以直接从式（2-6）和式（2-7）得出

$$\begin{cases} P = \rho g V \\ (y_b - y_g) = (z_g - z_b)\tan\varphi \\ (x_b - x_g) = (z_g - z_b)\tan\theta \end{cases} \quad (2-8)$$

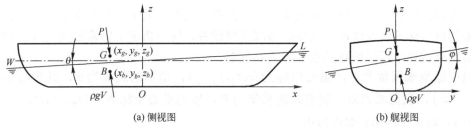

(a) 侧视图　　　　　　　　　　　　(b) 艉视图

图 2-10　舰船纵倾状态

一般横倾状态和任意状态在实际中较少使用。利用平衡方程式，可以检查某已知水线（吃水、横倾、纵倾均为已知）是否为平衡水线（该已知的漂浮状态是否为平衡状态）。为此，需求出舰船的重量、重心坐标、水下体积（浮力）和浮心坐标，只要把这些值代入以上平衡方程式中看是否满足即可判定。

由舰船的平衡条件或平衡方程式可知，舰船重量、重心、浮力和浮心四个量决定了舰船的漂浮状态，在后续章节讨论的稳性问题也是重量和浮力的相互作用问题。因此，舰船静力学始终围绕这四个量讨论其变化规律和计算方法。

2.3　舰船重量和重心的计算

以下先讨论舰船重量重心的计算方法，对于舰船的浮力和浮心计算的讨论，在讨论了舰船初稳性之后与初稳性的有关量一并进行讨论。

2.3.1　计算重量和重心坐标的一般公式

舰船重量是舰船上各项重量的总和。若已知各个项目的重量为 p_i，则舰船总重量 P 可按下式求得：

$$P = p_1 + p_2 + p_3 + \cdots + p_n = \sum_{i=1}^{n} p_i \qquad (2\text{-}9)$$

式中：n 为组成舰船总重量的各个重量项目的数目。

若已知各项重量 p_i 的重心位置为 (x_i, y_i, z_i)，则舰船的重心坐标 $G(x_g, y_g, z_g)$ 可按下式求得

$$x_g = \frac{\sum_{i=1}^{n} p_i x_i}{\sum_{i=1}^{n} p_i}, \quad y_g = \frac{\sum_{i=1}^{n} p_i y_i}{\sum_{i=1}^{n} p_i}, \quad z_g = \frac{\sum_{i=1}^{n} p_i z_i}{\sum_{i=1}^{n} p_i} \qquad (2\text{-}10)$$

为了避免舰船处于横倾状态，在舰船的设计建造和使用过程中，总是设法使其重心位于对称面上，即 $y_g = 0$。

2.3.2 增减载荷时新的重量和重心计算公式

一方面，舰船上的一部分载重如油水、弹药、粮食、人员等是变动的；另一方面，在舰船的现代化改装或修理中往往要增减某些设备。这种情况下常常要用式（2-10）计算载荷增减或移动后舰船新的重量和重心位置。

设舰船原来重量为 P，重心坐标为 $G(x_g, y_g, z_g)$，增加的载荷为 q，其重心坐标为 $K(x_q, y_q, z_q)$，载重增加后，舰船新的重量为 P_1，新的重心坐标为 $G_1(x_{g1}, y_{g1}, z_{g1})$，则由式（2-9）和式（2-10）即可写出

$$\begin{cases} P_1 = P + q \\ x_{g1} = \dfrac{Px_g + qx_q}{P+q}, \quad y_{g1} = \dfrac{Py_g + qy_q}{P+q}, \quad z_{g1} = \dfrac{Pz_g + qz_q}{P+q} \end{cases} \qquad (2\text{-}11)$$

式中，若对应于舰船增加载荷，则载荷 q 为正值；若对应于减载，则载荷 q 为负值。有时需要计算载荷增减后，舰船重心坐标的改变量 δx_g，δy_g，δz_g。这时可按下式计算：

$$\delta x_g = \frac{q(x_q - x_g)}{P+q}, \quad \delta y_g = \frac{q(y_q - y_g)}{P+q}, \quad \delta z_g = \frac{q(z_q - z_g)}{P+q} \qquad (2\text{-}12)$$

2.3.3 移动载荷时重心位置的改变

设舰船原来的重量为 P，重心坐标为 $G(x_g, y_g, z_g)$，若有载荷 q 自 $K_1(x_{q1}, y_{q1}, z_{q1})$ 移动至 $K_2(x_{q2}, y_{q2}, z_{q2})$，舰船重心坐标也将相应地从 $G(x_g, y_g, z_g)$ 移至 $G_1(x_{g1}, y_{g1}, z_{g1})$。由图 2-11 可知，载荷从 K_1 点移至 K_2 点，等效于在 K_1 点减去载荷 q，同时在 K_2 点增加载荷 q，于是，便将载荷移动问题转化成增减载荷问题，这样便可以用式（2-11）求移动后的重心位置，即

$$\begin{cases} x_{g1} = \dfrac{Px_g + qx_{q2} - qx_{q1}}{P+q-q} \\ y_{g1} = \dfrac{Py_g + q(y_{q2} - y_{q1})}{P} \\ z_{g1} = \dfrac{Pz_g + q(z_{q2} - z_{q1})}{P} \end{cases} \qquad (2\text{-}13)$$

由移动载荷所引起的重心位置的改变不难得到

$$\delta x_g = \frac{q(x_{q2}-x_{q1})}{P},\quad \delta y_g = \frac{q(y_{q2}-y_{q1})}{P},\quad \delta z_g = \frac{q(z_{q2}-z_{q1})}{P} \tag{2-14}$$

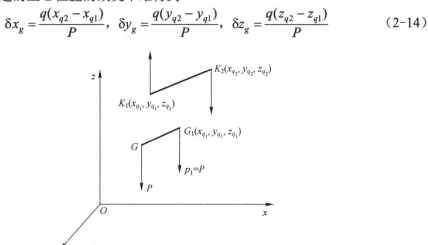

图 2-11　载荷移动

从式（2-14）可以看出，"若把物体系中的一个物体向某方向移动一段距离，则整个物体系的重心必定向同一方向移动，且移动的距离与该移动物体的重量和移动的距离成正比，而与物体系的总重量成反比"。这就是重心移动定理。

重心移动定理不仅适用于重物的移动，也适用于面积和体积移动时求面积中心和体积中心的改变。

2.3.4　舰船载重状态的区分——排水量的分类

舰船的重量应等于其排开水的重量，即重量排水量。舰船在实际使用过程中载重量是变化的，其排水量也相应变化。通常定义舰船若干典型的装载情况及相应的排水量。

按照相关规范规定，舰船典型排水量分为以下五种。

（1）空载排水量：全舰建造完毕，各种装置设备安装齐全的舰，不计入人员、行李、食品、淡水、液体负荷、弹药、供应品、燃油、滑油、给水、喷气燃料、特殊装载和超载等部分重量时的排水量。

（2）标准排水量：空载排水量加上全部人员、行李、食品、淡水、液体负荷、弹药和供应品等部的重量，不计入燃油、滑油、给水、喷气燃料、特殊装载和超载等部分重量时的排水量。

（3）正常排水量：标准排水量加上保证 50%规定的续航力所需的燃油、滑油、给水、喷气燃料及特殊装载时的排水量。

（4）满载排水量：标准排水量加上保证 100%规定的续航力所需的燃油、滑油、给水、喷气燃料及特殊装载时的排水量。

（5）最大排水量：满载排水量加上超载部分重量时的排水量。

舰船重量种类较多，在舰船设计的各个阶段把舰船重量分为 16 个分项，即船体结构，推进系统，电力系统，电子信息系统，辅助系统，船体属具与舱室设施，武器发射装置与保障系统，供应品，弹药，人员、行李、食品、淡水，燃油、滑油、给水、喷气燃料，储备排水量，液体负荷，特殊装载，压载，超载。分项下再细分为节、组、项。水面舰船典型排水量所含重量分项见表 2-1，表中"√"表示有该项，"—"表示无该项，"⊙"表示可能有该项。

表 2-1　各类排水量所包含的内容及各"分项"序号的规定

序号	重量分类	排　水　量				
		空载	标准	正常	满载	最大
1	船体结构	√	√	√	√	√
2	推进系统	√	√	√	√	√
3	电力系统	√	√	√	√	√
4	电子信息系统	√	√	√	√	√
5	辅助系统	√	√	√	√	√
6	船体属具与舱室设施	√	√	√	√	√
7	武器发射装置与保障系统	√	√	√	√	√
8	供应品	—	√	√	√	√
9	弹药	—	√	√	√	√
10	人员、行李、食品、淡水	—	√	√	√	√
11	燃油、滑油、给水、喷气燃料	—	—	50%装载	√	√
12	储备排水量	√	—	—	—	—
13	液体负荷	—	√	√	√	√
14	特殊装载	—	√	√	√	√
15	压载	⊙	⊙	⊙	⊙	⊙
16	超载	—	—	—	—	√

2.3.5　舰船重量和重心的计算

对于舰船各种典型的载重状态的重量和重心计算原则上用式（2-9）和式（2-10）计算，方法比较简单。由于在求取总和中涉及的被加数项目太多，都需一一测算，工作相当繁琐，故在计算时要认真仔细，以免发生差错。一般舰船的重量和重心位置的计算通常是将全部载重归纳为节、组、项，再汇总到分项表中。

表 2-2 所示为某舰船在各个装载情况下的重量和重心位置计算分项汇总表。表中的储备排水量是舰船设计时预先计入在排水量中的，主要用于设计建造和现代化改装的一项备用重量。

例 2-1　求某驱逐舰在后甲板上装水雷后，新的重量和重心位置。已知增加水雷前驱逐舰之重量排水量 P=2318t，重心坐标：x_g=-2.10m，z_g=4.65m，水雷总重 q=40.0t，重心坐标：x_q=43.5m，y_q=0m，z_q=7.80m。

解：根据式（2-11），装载水雷后舰船的重量为

$$P_1=P+q=2318+40.0=2358(t)$$

新重心位置为

$$x_{g1} = \frac{Px_g + qx_q}{P+q} = \frac{2318 \times (-2.10) + 40 \times (-43.5)}{2358} = -2.80 \text{(m)}$$

$$y_{g1} = 0 \text{(m)}$$

$$z_{g1} = \frac{Pz_g + qz_q}{P+q} = \frac{2318 \times 4.65 + 40 \times 7.8}{2358} = 4.70 \text{(m)}$$

例 2-2 试直接求出上题中因装载水雷而引起的重心位置的改变量。

解：根据式（2-12）

$$\delta x_g = \frac{q(x_q - x_g)}{P+q} = \frac{40 \times [(-43.5) - (-2.10)]}{2358} = -0.702 \text{(m)}$$

$$\delta z_g = \frac{q(z_q - z_g)}{P+q} = \frac{40 \times (7.8 - 4.65)}{2358} = 0.053 \text{(m)}$$

表 2-2 舰船载重表

序号	项目名称	重量/t	纵向		横向		垂向	
			重心纵坐标/m	纵向力矩/(t·m)	重心横坐标/m	横向力矩/(t·m)	重心垂向坐标/m	垂向力矩/(t·m)
1	船体	1307.5	-4.9	-6394.8	0	0	6.1	7942.0
2	舰艇装置和设备	416.6	1.3	544.5	-0.1	-27.4	7.6	3168.4
3	武器与防护	142.7	5.0	709.0	-0.4	-63.1	8.5	1217.4
4	机械	512.9	-14.8	-7605.1	0	-21.1	3.9	1987.8
5	舰艇系统	166.0	-1.1	-188.7	0.7	114.9	6.1	1017.6
6	舰艇电气	268.5	-3.7	-1005.4	0	9.1	6.3	1698.6
7	指挥、控制和观通	76.2	-0.3	-22.6	0.2	15.4	10.5	797.4
8	人员、行李、食品、淡水	68.6	25.7	1765.2	0	1.1	4.3	293.4
9	液体负荷	124.4	2.2	276.8	-0.1	-15.3	1.7	209.9
10	弹药	58.5	9.3	540.6	-0.4	-22.3	7.5	438.7
11	供应品	23.0	1.3	29.4	0	0	8.5	196.0
	燃油、滑油、给水和喷气燃料							
12	正常排水量部分	205.2	9.9	2039.1	0.1	10.7	1.4	294.6
	满载排水量部分	410.4	-4.2	-1704.7	0	10	1.7	712.6
13	超载部分	257.3	-3.1	-794.5	0	0.2	2.8	712.6
14	储备排水量	130.0	0	0	0	0	11.5	1495.0
15	结冰重量	91.5	18.0	1643.4	0	0	10.9	996.5
	载重求和							
I	空载排水量	3111.8	-4.0	-12319.8	0	27.8	6.5	20320.6
II	标准排水量	3386.3	-2.9	-9707.8	0	-8.7	6.3	21458.6
III	正常排水量	3591.5	-2.1	-7668.7	0	2.0	6.1	21753.1
IV	满载排水量	3796.7	-3.0	-11412.4	0	1.3	5.8	22171.2
V	最大排水量（含结冰重量）	4054.0	-3.0	-12206.9	0	1.4	5.6	22883.8

2.4 储备浮力及载重标志

2.4.1 储备浮力

舰船在水面的漂浮能力是由储备浮力来保证的。所谓储备浮力，是指水线以上到上甲板以下的全部水密体积所提供的浮力，它表示从水线 WL 开始继续增加载荷而还能保持漂浮的能力。储备浮力对稳性、不沉性有很大的影响。船体损坏后，海水进入舱室，必然增加吃水，如果舰艇具有足够的储备浮力，则仍能浮于水面而不致沉没。因此，储备浮力是确保舰船安全航行的一个重要指标。

储备浮力的大小通常以正常排水量的百分数来表示，水面战斗舰船一般都在 100% 左右，随舰种而不同，如驱逐舰为 100%～150%、巡洋舰为 80%～130%，潜艇则相对较小，为 16%～50%。

民船的储备浮力比较小，其大小根据舰艇类型、航海区域及载运货物的种类而定。内河驳船的储备浮力为 10%～15%，海船为 20%～50%。

2.4.2 载重标志

对于民用舰艇，主要是在一些运输船上，船东一方总是希望尽可能多地运载货物从而产生超载情况，导致舰艇干舷高度和储备浮力的减小，可能影响航行安全。为此，国际上曾于 1930 年制定了《国际载重线公约》，并于 1966 年又作了修订。我国于 1959 年颁布了《海船载重线规范》，1975 年又作了修改。对内河舰艇的载重线也有类似的规范规定。规范规定在船舯两舷部画有载重线标志，表明该船在不同航区、不同季节中航行时所允许的最大吃水线，以此规定舰艇安全航行所需的最小储备浮力。图 2-12（a）所示为国际航行舰艇的载重线标志，它由外径为 300mm、内径为 250mm 的一条圆环，横贯圆环中心的长为 450mm、宽为 25mm 的一条水平线，以及在圆环前方 540mm 处的长为 230mm、宽为 25mm 的若干水平线段组成。各水平线段表示舰艇按其航行的区域和季节而定的载重线，其表示意义如下（括号内为英文符号）：

（1）BDD（WNA）——冬季北大西洋载重线；
（2）D（W）——冬季载重线；
（3）X（S）——夏季载重线；
（4）R（T）——热带载重线；
（5）Q（F）——夏季淡水载重线；
（6）RQ（TF）——热带淡水载重线。

圆环两侧的字母"Z""C"表示勘定干舷的主管机关是"中华人民共和国舰艇检验局"。

图 2-12（b）为长江航区的钢船载重线标志，图中字母"ZC"表示"中华人民共和国舰艇检验局"。

若舰艇的实际吃水超过规定的载重线，则表明该船已处于超载状态，其结果造成储备浮力减小，航行的安全性得不到保障，港务监督机构可以不准其出港。

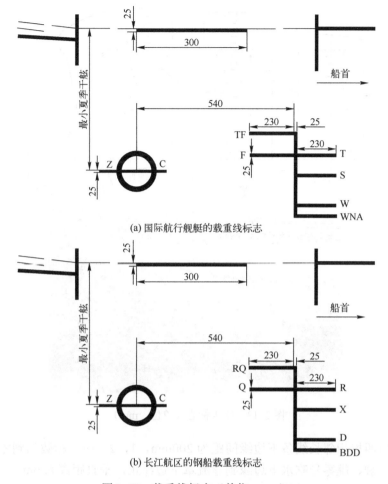

图 2-12 载重线标志（单位：mm）

关于航区的划分、最小干舷的确定等，可以参阅有关规范的规定。

2.4.3 潜艇的吃水标志

潜艇的吃水标志是用来确定潜艇吃水的。潜艇吃水有两种：一是由基平面起算的吃水，称为理论吃水，用来进行浮性、稳性等性能计算，并用 T_B、T、T_s 分别表示潜艇的艏吃水、舯吃水（常称平均吃水）和艉吃水；二是实艇标志吃水 $T_{标}$，由艇底最低点（如声呐导流罩下边缘起算的吃水），用于潜艇航海。

各类潜艇的吃水标志在《浮力与初稳度技术条令》中都有说明。

如某艇吃水标志如图 2-13 所示。

（1）吃水标志绘于艏（8号、9号肋骨）、舯（68号肋骨向艏200mm）、艉（128号肋骨）；

（2）艏、艉两端吃水标志的间距为 68.4m；

（3）艏、舯、艉吃水标志中最长的长线条为零号，长度为 1m，自其下边缘向上或向下测量；

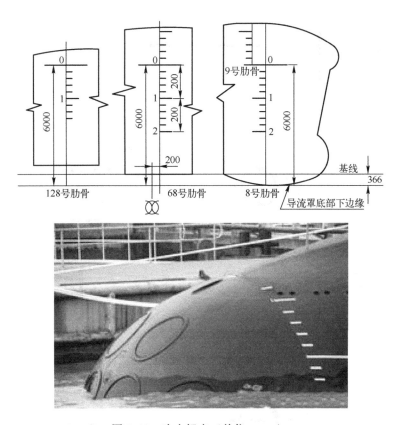

图 2-13 吃水标志（单位：mm）

（4）任意两根相邻长线条下边缘间距为 200mm，1，2，…，标数为到零号的距离；

（5）艏、舯、艉零号吃水下边缘到导流罩下边缘止，垂直距离为 6m；

（6）导流罩下边缘距基线 -0.37m，计算实际吃水时可取 -0.37m。

（7）用吃水标志求潜艇实际吃水时，应求出水线距零号扁条下边缘的距离。

思考题：

（1）水面舰船的四种浮态分别需要不同参数对其进行描述，其目的是确定不同浮态时水线相对于船体的位置，试对其进行归纳。

（2）舰船平衡条件是什么？试写出任意浮态时舰船的平衡方程。

（3）利用重量重心合成公式分别写出移动载荷与增减载荷后新的重心表达式。

（4）按有关规范规定，水面舰船的典型排水量有哪几种？有何区别？

（5）何谓储备浮力？为何舰船在设计使用时必须保证其有一定的储备浮力？

第3章 初 稳 性

稳性的讨论分初稳性与大角稳性分别展开，问题的讨论由简到繁、由线性问题到非线性问题、由列公式计算到作图处理。在初稳性的学习中，理解在小角度假设前提下构建的线性公式，掌握稳性问题的基本概念，以及稳性处理的基本思路。

本章目的：

稳性为舰艇第二大航海性能，关系到舰船静水中某一平衡位置能否不翻，是舰艇生命力的重要保证。对于稳性的讨论分初稳性和大角稳性分别展开，本章阐述舰艇的初稳性问题。

本章学习思路：

稳性问题的物理根源关系到一对力偶，即重力与浮力组成的力偶。舰船倾斜后由于水下排水体积形状的改变，导致浮心位置较正浮状态发生迁移，原来重力与浮力这样一对平衡力转化为一对力偶，这对力偶的力偶矩即回复力矩，稳性问题的解决关键在于对这对力偶的分析，其实质为力偶臂大小的获取，即浮心移动轨迹与新的浮心位置。

本章内容可归结为以下核心内容。

1. 等体积倾斜与等体积倾斜轴

确定舰艇小角度等体积倾斜时的倾斜轴位置，即确定舰艇此时的水下排水体积形状，进而分析其浮心位置的迁移特征。

2. 小角度倾斜时浮心移动轨迹

在小角度假设的前提下，浮心移动轨迹经证明为一段圆弧，这就解决了舰艇小角度倾斜时新的浮力作用线的问题，即浮力作用线始终过这段圆弧的圆心。

3. 初稳性公式

找出近似视为圆弧的浮心移动轨迹的圆心位置与半径，分析重力和浮力这对力偶的力偶臂与力偶矩，构建初稳性公式，形成稳性判据。

4. 静力学相关图谱

静水力曲线、邦戎曲线、费尔索夫图谱的组成要素、应用前提与应用方法。

本章难点：

（1）小角度假设前提下等体积倾斜的倾斜轴过水线面漂心；

（2）小角度假设前提下舰艇做等体积倾斜，其浮心移动轨迹近似为一段圆弧；

（3）初稳性公式与初稳性判据；

（4）静水力曲线、邦戎曲线、费尔索夫图谱的组成与应用。

本章关键词：

稳性；初稳性；稳心；初稳性高；静水力曲线等。

3.1 概　　述

3.1.1 稳性的定义

舰船在外力作用下偏离其平衡位置而倾斜，当外力消失后，能自行回到原来平衡位置的能力，称为舰船稳定性（常简称稳性）。

由上一章可知，舰船静止漂浮于水中某一位置而处于平衡状态时，舰船受到浮力与重力的作用，这两个力大小相等、方向相反，且作用于同一铅垂线上。但舰船在海上航行时，经常受到风浪流等各种外力的干扰，使其产生倾斜，这样就破坏了原来的平衡状态，或者说偏离了平衡位置。外力下舰船继续倾斜是否会倾覆？外力作用消失后舰船能否回到原来的平衡位置？这时就需要研究舰船的稳性问题。

这里将通过图示来说明舰船平衡位置的稳定性概念。图 3-1 所示为舰船正浮平衡于 WL 水线，受到外力干扰（如人为地作用一个顺时针力矩）作用后水线为 W_1L_1，即舰船右倾。下面分析当外力作用消失后舰船的运动情况，图 3-1（a）的情况是重力与浮力形成的力偶矩方向为逆时针，能使舰船自行回复到原来的平衡位置，此时称舰船原来的平衡位置具有稳定性；图 3-1（b）的情况是重力与浮力所形成的力偶矩方向为顺时针，会使舰船继续倾斜而偏离原来的平衡位置，此时称舰船原来的平衡位置不具有稳定性。

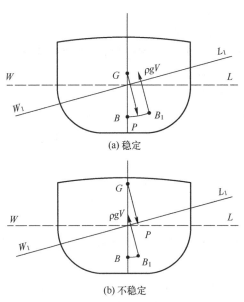

图 3-1　舰船平衡位置稳定性概念

显然，尽管重力和浮力大小没有改变，当舰船在外力干扰作用下偏离平衡位置后，一旦外力作用消失，舰船能否自行回复到原平衡位置，取决于某些因素的制约。这正是本章要讨论的问题。

3.1.2 稳性的几点说明

关于稳性，有以下几点说明。

1．稳性是平衡位置的特性

稳性是对于舰船的某一平衡位置（或装载状态）而言的，它是平衡位置的一种固有属性，也是用来描述不同平衡位置之间区别的特征量。同一艘船的不同平衡位置（不同的装载状态）有不同的稳性，若未处在平衡位置，则无从谈及稳性问题。

2．稳性与稳度

稳性是指外力作用消失后舰船自行回复到原来平衡位置的能力。对于某个平衡位置而言，在外力作用下发生倾斜而偏离原平衡位置，当外力作用消失后，若能自行回复到原平衡位置，则称该平衡位置为稳定的，否则是不稳定的。能否自行回复到原平衡位置的能力是稳定与否的问题；而回复到原平衡位置能力的大小是稳定程度的问题，即稳度问题。所以，一般首先应当判断平衡位置是否稳定，然后衡量稳度的大小。

3．横稳性与纵稳性

舰船在外力作用下而偏离平衡位置，可能有各种各样的情况，但概括起来，无非是沿铅垂轴和水平轴的平移，或是绕铅垂轴和水平轴的转动。然而，实际工程中重点关注的是舰船绕水平轴的转动：舰船的横向倾斜，即向左舷或右舷一侧的倾斜（简称横倾）；纵向倾斜，即向船首或船尾的倾斜（简称纵倾）。对于水面舰船，尤其值得注意的是绕纵向水平轴的转动，也就是横倾，因为翻船通常总是发生在横向。

研究舰船横倾条件下重新回复到原来平衡位置的能力叫作横稳性，目的是评估抗倾斜能力和极限工况；而研究舰船纵倾条件下的上述能力叫作纵稳性，研究水面舰船纵稳性的目的主要是确定纵倾角。

4．初稳性与大角稳性

根据从原平衡位置产生偏离的大小不同，把稳性分为初稳性（小角稳性）和大角稳性。初稳性仅适用于横倾角≤15°（或上甲板不入水，舭部不露出水面）的情况。大角稳性则全面关注舰船在横倾角为 10°，20°，30°，…，以至到 90°时回复到原平衡位置的能力，评判的是舰船达到某大角度倾斜时所经历过程中的稳性，其涵盖初稳性范围，分析方法不同于初稳性，但其结论在横倾角≤15°范围内应仍然适用。一般大角度倾斜只发生在横倾时，所以大角稳性只研究横倾的情形。至于纵倾，通常角度都很小，仅在初稳性中加以研究。

初稳性只能说明平衡位置的最初特性，或者说受到外界小扰动情况下的稳性。它不能反映后续的、偏离较大的条件下舰船的稳性。全面表征舰船某一平衡位置的横稳性则是大角稳性，所以大角稳性包括初稳性在内。特别是当涉及舰船是否会倾覆等问题时，不能仅根据初稳性做出判断，必须考察其大角稳性。

将大角稳性和初稳性分开讨论研究，是因为小角度倾斜时，可以采用一些简化假设，得到简单的数学关系式，在处理有关小角度倾斜的实际问题时比较方便。另外，在舰船的服役过程中，或由于载荷分布上的左右不对称（包括人员的走动、一舷舱室破损进水等情况），或由于不大的风压的长期作用，要确定这些情况下横倾角的大小只需要知道初稳性的规律即可。特别是由舰上装载的变动（包括载荷增加、减少、移动）引起的浮态和稳性的改变，在日常使用、改装、维修等领域大量出现，而在许多情况下往往只要估计其初稳性的变化即可，所以初稳性的研究具有实用的意义。

3.2 等体积倾斜与等体积倾斜轴

舰船在外力干扰作用下产生倾斜，当外力消失后，舰船上的作用力仍只有重力和浮力，此时其水下部分体积大小未变，只是体积形状一般有变化，体积形心（浮心）位置也随之移动，舰船这种重量和浮力大小不变的倾斜叫作等体积倾斜。分析舰船稳性问题时我们总是假定舰船做等体积倾斜。舰船等体积倾斜时，通常重力和浮力不在同一条铅垂线上，构成一个力偶矩，该力偶矩称为复原力矩（也称回复力矩或恢复力矩），若复原力矩与倾斜方向相反，则使舰船扶正；否则使舰船继续扩大倾斜。通常确定重力作用线时总假定重心位置在倾斜中不变，而要确定浮力作用线时首先要确定倾斜水线的位置，然后计算倾斜后的浮心变化，再找出复原力矩。

3.2.1 等体积倾斜水线

如图 3-2 所示，设舰船平衡位置的水线为 WL，在外力作用下横向倾斜一小角度 φ 后的倾斜水线为 W_1L_1，水线 W_1L_1 为等体积倾斜水线，其中出水一端 WOW_1 称为出水楔形，入水一端 LOL_1 称为入水楔形。先计算入水楔形 LOL_1 和出水楔形 WOW_1 的体积。

首先假定在小角度 φ 倾斜条件下，船舷为直舷，即楔形体积断面为直角三角形。于是从图 3-2（a）中可以看出：三角形 LOL_1 的面积 $=\frac{1}{2}y_1^2\tan\varphi$，沿船长取一小段 $\mathrm{d}x$，其体积为

$$\mathrm{d}v_1 = \frac{1}{2}y_1^2\tan\varphi\mathrm{d}x$$

沿整个船长积分得到整个入水楔形的体积为

$$v_1 = \int_{-L/2}^{L/2}\frac{1}{2}y_1^2\tan\varphi\mathrm{d}x = \tan\varphi\int_{-L/2}^{L/2}\frac{1}{2}y_1^2\mathrm{d}x$$

同理，可以求出整个出水楔形体积为

$$v_2 = \int_{-L/2}^{L/2}\frac{1}{2}y_2\tan\varphi\mathrm{d}x = \tan\varphi\int_{-L/2}^{L/2}\frac{1}{2}y_2^2\mathrm{d}x$$

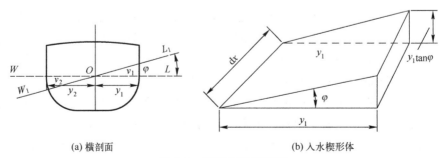

(a) 横剖面　　　　　　　　　　　(b) 入水楔形体

图 3-2 舰船等体积倾斜

在等体积倾斜的条件下,出水楔形体积和入水楔形体积相等,即 $v_1=v_2$。由此可得

$$\int_{-L/2}^{L/2} \frac{1}{2} y_1^2 \mathrm{d}x = \int_{-L/2}^{L/2} \frac{1}{2} y_2^2 \mathrm{d}x \quad (3-1)$$

式（3-1）等号左、右两端的积分分别表示水线面 WL 在倾斜轴线（平衡位置水线面与倾斜水线面的交线）O-O 两侧的面积对于轴线 O-O 的面积静矩,如图 3-3 所示。因此,式（3-1）表示水线面 WL 对于轴线 O-O 的面积静矩等于零,这就意味着倾斜轴线 O-O 通过原水线面 WL 的面积形心（或称漂心）。由此得出结论:等体积倾斜轴 O-O 必然通过原水线面 WL 的漂心。于是,当已知舰船的倾斜角度 φ 及原水线面 WL 的漂心位置时,立即可以确定倾斜角度 φ 以后的等体积水线 W_1L_1 的位置。

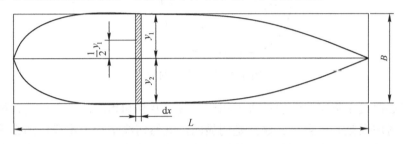

图 3-3 水线面面积静矩

上述讨论同样适用于舰船的纵倾情况。

需要指出的是,等体积倾斜时倾斜轴线通过原水线面漂心的结论仅适用于小角度倾斜,这是因为前面在计算出水和入水楔形体积时,是基于直舷假设的,即采用直角三角形求面积公式,当倾角增大时,直舷假设不再成立,即 O-O 轴两侧的出水和入水楔形的截面将不再是直角三角形,因而计算入水、出水楔形微元段公式的误差将随倾斜角度的增大而增大。

3.2.2 浮心的移动

如果使舰船在横剖面内做不同倾角的等体积倾斜,如 10°、20°、30° 等,由于水下体积形状的不断改变,浮心也将不断地改变自己的位置。若这种等体积倾斜进行了一周,即转动了 360°,那么浮心的移动轨迹将是一条封闭的空间曲线。由于舰船艏、艉的不对称性,当做横向的等体积倾斜时,浮心不仅在横剖面上移动,同时还将产生纵向的移动。

从理论上讲,研究舰船横倾时浮心移动的变化规律应当以浮心空间移动轨迹为对象,但为了简化问题,一般考虑浮心移动轨迹在横剖面上的投影取代其实际轨迹,即浮心曲线。这相当于忽略了浮心在纵向的移动,而浮心的纵向移动将引起舰船的纵倾,所以也就是忽略了由横倾引起的纵倾。考虑到浮心纵向移动所引起的纵倾通常都很小,所以这样做不会带来显著的误差。

关于浮心曲线有如下特性,参见图 3-4。

（1）浮心曲线在某点的切线平行于相应水线。这是因为当舰船自水线 WL 向某一方向倾斜（如右倾）一小角度时,根据重心移动定理,浮心自 B 移动到 B_1,BB_1 与 g_1g_2 平

行（分别是出入水楔形体积中心），所以浮心不仅向倾斜方向移动，并且兼有垂直方向（z轴方向）的移动，于是对于 WL 水线而言，B 和浮心曲线上左右邻近点相比当然是处于最低点位置，那么过 B 点作平行于水线 WL 的平行线必然是浮心曲线在点 B 的切线。该过程也可以理解为，B 点绕垂直方向某点做摆锤运动。

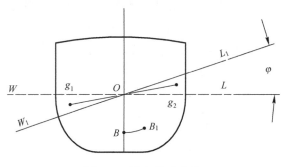

图 3-4 浮心移动曲线

（2）浮心曲线在某点的法线垂直于相应水线，并且和相应浮力作用线在横剖面上的投影（即仅考虑横倾）相重合。这点是明显的，既然切线平行于水线，那么法线必然垂直于水线，而浮力作用线在横剖面上的投影也必然通过该点并垂直于水线，所以该投影线与法线完全重合。

以下分析舰船倾斜后浮心移动距离 $\overline{BB_1}$ 的大小（图 3-4），设平衡漂浮时的水线为 WL，排水体积为 V，横倾一小角度 φ 后倾斜水线为 W_1L_1。令 v_1、v_2 分别表示出水及入水楔形的体积，g_1、g_2 分别表示出入水楔形的体积形心。由于 $v_1=v_2$，可以认为船在横倾至 W_1L_1 时的排水体积相当于把楔形 WOW_1 这部分体积移至楔形 LOL_1 处，其形心从 g_1 移至 g_2。利用浮心移动定理，可以求得浮心移动距离为

$$\overline{BB_1} = \overline{g_1g_2}\frac{v_1}{V} \tag{3-2}$$

且

$$\overline{BB_1} // \overline{g_1g_2}$$

由于 $v_1=v_2$，所以 $\overline{g_1O} = \overline{g_2O} = \frac{1}{2}\overline{g_1g_2}$，代入式（3-2）得

$$\overline{BB_1} = 2\overline{g_1O}\frac{v_1}{V} \tag{3-3}$$

上式右端 $v_1 \cdot \overline{g_1O}$ 是出水楔形体积对倾斜轴线 O-O 的静矩。从图 3-2、图 3-3 中可以看出

$$v_1 \cdot \overline{g_1O} = \int_{-L/2}^{L/2} \frac{1}{2}y^2 \tan\varphi \, \mathrm{d}x \cdot \frac{2}{3}y = \frac{1}{3}\tan\varphi \int_{-L/2}^{L/2} y^3 \mathrm{d}x$$

当 φ 为小角度时，$\tan\varphi \approx \varphi$，故

$$2v_1 \cdot \overline{g_1O} = \frac{2}{3}\varphi \int_{-L/2}^{L/2} y^3 \mathrm{d}x$$

积分式 $\frac{2}{3}\int_{-L/2}^{L/2} y^3 \mathrm{d}x$ 其实与水线面 WL 的面积对纵向中心轴线 O-O 的面积惯性矩

$$I_x = \int_{-L/2}^{L/2} dI_x = \int_{-L/2}^{L/2} \frac{dx \cdot (2y)^3}{12} = \frac{2}{3} \int_{-L/2}^{L/2} y^3 dx \text{ 相等，因此}$$

$$2v_1 \cdot \overline{g_1 O} = I_x \cdot \varphi \tag{3-4}$$

将式（3-4）代入式（3-3）中，得

$$\overline{BB_1} = \frac{I_x}{V} \varphi \tag{3-5}$$

由式（3-5）可见，浮心移动的距离 $\overline{BB_1}$ 与面积惯性矩 I_x、横倾角 φ 成正比，而与排水体积 V 成反比。

3.2.3 稳心及稳心半径

舰船在横倾角 φ 后，浮心自原来的位置 B 沿某一曲线移至 B_1，这时浮力的作用线垂直于 $W_1 L_1$，并与原浮力作用线相交于 M 点（图 3-5）。显然随着角度 φ 的变化，M 点也将改变，也即 $\overline{MB_1} = f(\varphi)$，现定义

$$r = \overline{MB} = \lim_{\varphi \to 0} f(\varphi)$$

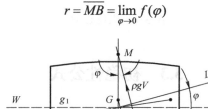

图 3-5 横稳心 M

为横稳性半径，对应的 M 点称为稳心（横稳心）。舰船在小角度倾斜过程中，近似认为浮心 B 沿着以 M 点为圆心，以 $r(\overline{MB})$ 为半径的圆弧移动，即曲线 $\widehat{BB_1}$ 近似为圆弧的一段。此时浮力作用线均通过 M 点。即

当 φ 为小角度时，$\overline{BB_1} \approx \widehat{BB_1} = \overline{MB} \cdot \varphi$，将它代入式（3-5），则得横稳心半径为

$$r = \frac{I_x}{V} \tag{3-6}$$

式（3-6）的导出是在研究等体积小角度倾斜时所得到的。然而，在实际解决初稳性问题时，可推广到倾斜角度小于 15°或上甲板入水之前的小角度的情况。这相当于假定舰船在等体积小角度倾斜过程中，浮心移动曲线是以稳心半径为半径的圆弧，稳心 M 位置保持不变，浮力作用线通过稳心 M。利用这个假定可使问题简化，使用时更加方便。

以上讨论同样适用于等体积纵倾的情况。现将要点归纳如下。

（1）等体积倾斜水线 $W_1 L_1$ 与平衡水线 WL 相交于通过漂心 F 的横向轴线（图 3-6）。

（2）浮心的移动距离为

$$\overline{BB_1} = \frac{I_{yf}}{V} \theta \tag{3-7}$$

（3）纵稳心以 M_L 表示，纵稳心半径用 R 表示（或以 $\overline{M_L B}$ 表示），计算公式与横稳

心半径的相似：

$$R = \frac{I_{yf}}{V} \tag{3-8}$$

式中：θ 为纵倾角；V 为排水体积；I_{yf} 为水线面面积对通过漂心的横向轴 y_f 的纵向惯性矩。

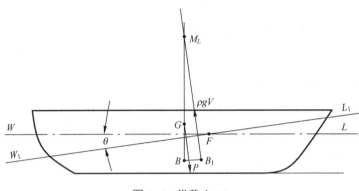

图 3-6 纵稳心 M_L

3.3 初稳性公式

3.3.1 舰船平衡位置稳定性判断

设舰船正直漂浮于水线 WL、重量为 P、重心在 G、浮力为 $\rho g V$、浮心在 B（图 3-7）。

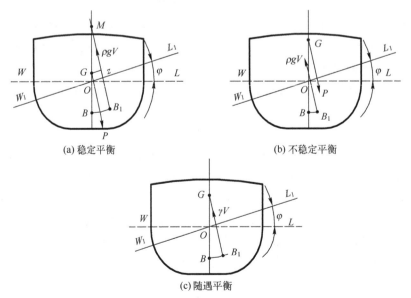

图 3-7 平衡位置稳定性判断

根据平衡条件，这时重量 P 等于浮力 $\rho g V$，重心 G 和浮心 B 在同一条铅垂线上。若舰船等体积倾斜一小角度 φ 达到水线 W_1L_1，这时认为舰船上的重力大小不变，重心位置不变，重力垂直于水线 W_1L_1。由于是等体积倾斜，浮力 ρgV 大小不变，浮心由 B 移动到 B_1，浮力作用线垂直于 W_1L_1 水线。

从图 3-7 中可以看出，虽然重力 P 和浮力 ρgV 仍然保持大小相等、方向相反，但由于浮心移动，二力作用线不在同一条铅垂线上，形成力偶矩，即复原力矩。对于图 3-7（a）该复原力矩的作用使舰船重新回到原来的平衡位置，根据平衡位置稳定性的定义，原平衡位置 WL 是稳定的。而图 3-7（b）情况相反，倾斜后重力和浮力所构成的复原力矩方向是和倾斜方向一致的，在此复原力矩的作用下，舰船将继续倾斜，不能回到原来平衡位置，因此原平衡位置 WL 是不稳定的。图 3-7（c）情况特殊，重力和浮力作用在同一条铅垂线上，舰船不会回到原平衡位置，也不会继续倾斜，对于原平衡位置来说是中性的，称为中性平衡，或称随遇平衡。

分析图 3-7（a）、图 3-7（b）两种情况的差别，将倾斜后浮力作用线延长，使其和原来的浮力作用线相交于 M 点（稳心），可以发现：

当稳心 M 在重心 G 之上，复原力矩和倾斜方向相反，舰船原平衡位置稳定；

当稳心 M 在重心 G 之下，复原力矩和倾斜方向相同，舰船原平衡位置不稳定；

当稳心 M 与重心 G 重合，复原力矩为零，舰船原平衡位置为随遇平衡。

因此，可以根据稳心 M 和重心 G 的相对位置判断舰船平衡位置的稳定性问题。舰船平衡位置的纵向稳定性问题与横向稳定性类似，这里不再赘述。

3.3.2 初稳性公式

稳心在重心之上的高度称为初稳性高。对于横稳性高和纵稳性高分别以 h（或 $\overline{GM}$）和 H（或 $\overline{GM_L}$）表示。由于稳心的概念只有在平衡位置的小角度倾斜的前提下才有意义（大角度倾斜时稳心会移动），稳性高主要用于研究初稳性的问题，因此也称 h（H）为初稳性高。

下面导出重力和浮力作用产生力偶矩的计算公式。设舰船等体积倾斜一小角度 φ 达到水线 W_1L_1，假定舰上没有载荷的移动，舰船重心位置 G 仍然保持不变，而浮心由 B 移动到 B_1，浮力作用线垂直于 W_1L_1。如图 3-7（a）所示，由图可见重力和浮力形成的复原力矩为

$$M_r = P \cdot \overline{GZ} = P \cdot \overline{GM} \cdot \sin\varphi \tag{3-9}$$

或写成

$$M_r = P \cdot h \cdot \sin\varphi \tag{3-10}$$

式中：M_r 为舰船复原力矩；$\overline{GZ}$ 为复原力臂；h（$\overline{GM}$）为横稳性高，或称初横稳性高。

不难从图 3-7（a）中得出

$$h = z_b + r - z_g \tag{3-11}$$

式中：z_b 为浮心垂向坐标；z_g 为重心垂向坐标；r 为横稳性半径。

当横倾角度较小时，$\sin\varphi \approx \varphi$，式（3-10）又可写成

$$M_r = P \cdot h \cdot \varphi \tag{3-12}$$

式（3-11）或式（3-12）称为初横稳性公式。

对于纵倾的情况与横倾相类似（图3-6）。初纵稳性公式为

$$M_{LR} = P \cdot H \sin\theta \tag{3-13}$$

或

$$M_{LR} = P \cdot H\theta \tag{3-14}$$

式中：H（$\overline{GM_L}$）为纵稳性高，且

$$H = z_b + R - z_g \tag{3-15}$$

式中：R 为纵稳性半径。

3.3.3 关于初稳性公式的说明

1. 平衡位置稳定性判别

由式（3-11）、式（3-12）可知，当稳心在重心之上时（$z_b + r > z_g$）稳性高为正值，这时复原力矩的方向和倾斜方向相反，舰船平衡位置是稳定的；反之，当稳心在重心之下时（$z_b + r > z_g$），稳性高为负值，这时复原力矩的方向与倾斜方向相同，舰船平衡位置是不稳定的。因此，常用稳性高 h 的正负号来判别平衡位置的稳定性。

2. 横稳性高与纵稳性高

一般舰船的横稳性高 h 较纵稳性高 H 小得多。比较式（3-12）与式（3-14）及式（3-6）与式（3-8）不难看出，二者的区别主要在于水线面积惯性矩 I_x 和 I_{yf} 不同，通常舰船水线面的形状是狭长的，其纵向的尺度远较横向的尺度为大，因此 I_{yf} 的值也大大超过 I_x 的值。现以一个长、宽、吃水分别为 L、B、T 的直角平行六面体为例，比较它们之间的差别。由图3-8可以计算：

$$r = \frac{I_x}{V} = \frac{LB^3/12}{LBT} = \frac{B^2}{12T}, \quad R = \frac{I_{yf}}{V} = \frac{L^3B/12}{LBT} = \frac{L^2}{12T}, \quad \frac{R}{r} = \frac{L^2}{B^2}$$

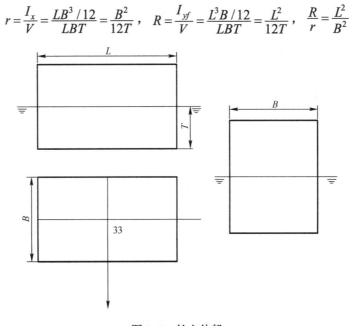

图3-8　长方体船

一般水面舰船的长宽比 L/B 在 6~11，这样 R 就可能比 r 大 40 倍到 120 倍。舰船的横稳性高大约在 1m 至数米，而纵稳性高与船长 L 为同一量级。因此，实际上要判断舰船的某个平衡位置是否稳定，只要看横稳性高 h 是不是正即可。"稳性高 $h>0$"就是舰船的稳定条件，纵稳性高 H 通常总是正值。至于在初稳性中讨论纵稳性高的主要目的不是考虑其纵向稳性问题，而是在实用中，通过纵稳性来决定由纵倾引起的艏艉吃水差，或以此求得舰船新的水线位置。

3．舰船初稳性表示形式

舰船初稳性可以用三种不同形式表征：复原力矩、稳性系数和稳性高。

复原力矩如式（3-9）和式（3-13）所示，显然复原力矩越大，舰船倾斜后回到原来平衡位置的能力就越大，或者说要使舰船离开平衡位置倾斜一定角度所需外力矩也越大，即舰船原来平衡位置就越稳定。从这个意义上讲，复原力矩是表示舰船初稳性的最根本的量。

但是，因为复原力矩是随着舰船的倾斜角度而变化的，所以用它来表示舰船的初稳性时必须注明它所对应的倾角。特别是当倾角为 0 时，它的值也是 0。实际上，任何平衡位置其复原力矩都是等于 0 的，必须通过倾斜才能显示出复原力矩的大小，这是用复原力矩作为稳性度量的不完善之处。

稳性系数是排水量与稳性高之积。即横稳性系数 $k=Ph$，纵稳性系数 $K=PH$。它也可以用来表示舰船的初稳性，当 $k>0$ 时，舰船的平衡位置是稳定的；反之，当 $k<0$ 时，则不稳定。k（K）越大，平衡位置就越稳定。由于稳性系数中不包含倾角的因素，对于任何一个平衡位置都有其确定的稳性系数的值。这就避免了用复原力矩表示初稳性时所具有的缺点。

稳性高的正负可以判断舰船的平衡位置是否稳定，即稳性高为正，表示稳心 M 在重心 G 之上，平衡位置稳定；稳性高为负，表示稳心 M 在重心 G 之下，平衡位置不稳定。同时，当排水量 P 一定时，稳性高越大，稳性系数就越大，一定倾角的复原力矩就越大，该平衡位置稳定的程度也就越高。所以稳性高也完全可以用来作为初稳性的一种度量。实际上，稳性高可以看作单位排水量的稳性系数。

用稳性高来表征舰船的初稳性，十分简明，正负、大小一目了然，也便于用来比较同类舰船间的初稳性，因而得到较为广泛的应用。它的缺点是有时对同一条舰船的同一平衡位置采用不同方法计算时可以得出不同的稳性高之值。而复原力矩和稳性系数就不存在这个情况，只要计算的是同一个平衡位置，那么不管用什么方法，其结果总是相同的（该问题将在舰船不沉性和潜艇稳性相关章节进一步讨论）。

4．复原力矩的物理意义

式（3-9）可以改写成如下形式：

$$M_r = P \cdot h \cdot \sin\varphi = P(r-a)\sin\varphi = P \cdot r \cdot \sin\varphi - P \cdot a \cdot \sin\varphi \tag{3-16}$$

式中：a 为重心距浮心的高度，$a = z_g - z_b$。

式（3-16）表明，复原力矩由两个力矩组成，第一个力矩 $P \cdot r \cdot \sin\varphi$ 总是正的，它总是使舰船重新回到原来的平衡位置，并且当重量 P 为定值时，它的大小取决于船形，故称为船形稳性力矩。第二个力矩是$(-Pa\sin\varphi)$，当$a>0$即重心在浮心之上时（水面舰船一般总是这样），这个力矩总是负的，它使舰船偏离平衡位置而继续倾斜，当重量为定值时，它的大小主要取决于重量在高度方向的分布即重心高度，故称为重量稳性力矩。

关于这两个力矩的作用可以从图上形象地表示出来。参看图3-9（a），在浮心B上加一对大小相等（大小为重量P）、方向相反、平行于重量P的力，其中标有"//"记号的是船形稳性力矩，另一对是重量稳性力矩。

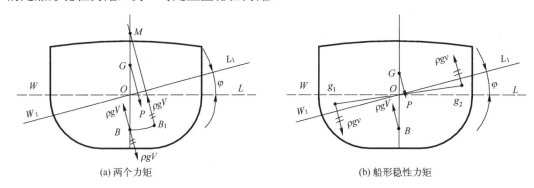

(a) 两个力矩　　　　　　　　　　(b) 船形稳性力矩

图3-9　船形稳性力矩与重量稳性力矩

从另一角度[图3-9（b）]可以看出船形稳性力矩的物理意义。实际上浮心从B移至B_1是出水楔形体积移到入水楔形体积的结果。由重心移动定理可知

$$\rho g V \cdot \overline{BB_1} = \rho g v \cdot \overline{g_1 g_2} \tag{3-17}$$

式中：g_1，g_2分别为出水和入水楔形体积的中心；V为全船的排水体积；v为出水和入水的楔形体积且二者相等。由图3-9（b）可以将船形稳性力矩写成

$$P \cdot r \cdot \sin\varphi \approx P \cdot r \cdot \varphi = P\overline{BB_1}$$

将式（3-17）代入上式，则

$$P \cdot r \cdot \sin\varphi = \rho g v \cdot \overline{g_1 g_2} \tag{3-18}$$

上式表明船形稳性力矩就是出水和入水楔形体积的浮力所构成的力矩，舰船倾斜后正是由于水密体积搬移产生复原力矩的，并且当排水量一定时，船宽越大，水线面面积惯性矩I_x越大，则船形稳性力矩越大，舰船稳性也就越好。

从式（3-9）或式（3-11）中可以看出，舰船在一定排水量下产生小横倾时，初稳性高越大，复原力矩就越大，也就是抵抗倾斜力矩的能力越强。因此，初稳性高是衡量舰船初稳性的主要指标，表3-1所示为《舰船通用规范》（GJB 4000—2000）要求的不同排水量舰船初稳性高的最小值。但是初稳性高过大的舰船，摇摆周期短，在海上遇到风浪时会产生急剧的摇摆；反之，初稳性高较小的舰船，虽然抵抗倾斜力矩的能力稍差，但摇摆周期长，摇摆缓和。所以初稳性高也是决定舰船横摇快慢的一个重要特征数。各类舰艇的初稳性高的数值，根据其用途、航行区域等因素的不同应在某一合适的范围。表3-2所示为各类舰艇在设计排水量时初稳性高的大体范围。

表 3-1 不同排水量舰船初稳性高最小值

舰船正常排水量 Δ/t	横稳性高 $\overline{GM}$ /m	舰船正常排水量 Δ/t	横稳性高 $\overline{GM}$ /m
$2500 \leqslant \Delta$	0.75	$50 \leqslant \Delta < 200$	0.60
$1000 \leqslant \Delta < 2500$	0.70	$\Delta < 50$	0.50
$200 \leqslant \Delta < 1000$	0.65		

表 3-2 不同种类舰船初稳性高范围

舰船种类	横稳性高 h/m	舰船种类	横稳性高 h/m
重巡洋舰	0.8~2.7	猎潜艇	0.7~1.2
轻巡洋舰	1.0~2.0	巡逻艇	0.8~1.5
驱逐舰	0.7~1.2	拖船	0.5~0.8
护卫舰	0.6~1.0	潜艇	0.38~0.8（水上） 0.20~0.4（水下）

3.4 舰船浮性与初稳性曲线图谱介绍

3.4.1 舰船静水力曲线图

舰船在服役过程中，由于载重状况的变化，相应的排水量、浮心位置等都要改变。为了迅速地查找出任意吃水条件下舰船的排水量、浮心位置及其他浮性和初稳性要素，需要作出相应的曲线，把反映舰船浮性和初稳性要素特征的一些曲线综合到一起，形成的曲线图称为静水力曲线图。图 3-10 所示为某驱逐舰的静水力曲线图。静水力曲线一般包括以下各曲线。

（1）体积排水量 $V=\int_0^T A_w \mathrm{d}z$ 曲线；

（2）重量排水量 $P=\rho g V$ 曲线；

（3）浮心纵向坐标 $x_b = \int_0^T x_f A_w \mathrm{d}z / V$ 曲线；

（4）浮心垂向坐标 $z_b = \int_0^T z A_w \mathrm{d}z / V$ 曲线；

（5）水线面面积 $A_w = 2\int_{-L/2}^{L/2} y \mathrm{d}x$ 曲线；

（6）水线面面积漂心坐标 $x_f = 2\int_{-L/2}^{L/2} xy \mathrm{d}x / A_w$ 曲线；

（7）水线面面积中心主轴惯性矩 $I_x = \frac{2}{3}\int_{-L/2}^{L/2} y^3 \mathrm{d}x$ 和 $I_{yf} = 2\int_{-L/2}^{L/2} x^2 y \mathrm{d}x - x_f^2 A_w$ 曲线；

（8）横稳性半径 $r = I_x / V$ 和纵稳性半径 $R = I_{yf} / V$ 曲线。

有的静水力曲线还包括各种船形系数等。所有上述曲线均作为吃水的函数，它们是根据舰船型线图，针对正浮状态的不同吃水计算出来的，所以也称型线图诸元曲线，其中 A_w，x_f，I_x 和 I_{yf} 均为某一吃水时水线面的元素，所以统称水线元，而 V，x_b 和 z_b 均是某一吃水时排水体积的元素，所以统称体积元。静水力曲线较全面地反映了舰船在静水中正浮时船形的几何特征，是确定舰船浮性和初稳性的基本资料，在解决有关浮性、初稳性的各种实际问题时有着广泛的应用。

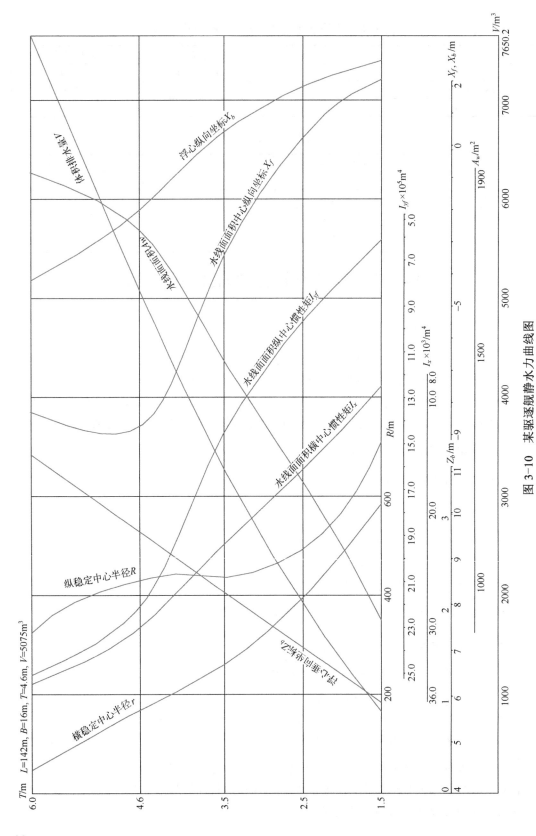

图 3-10 某驱逐舰静水力曲线图

每条曲线都有各自特定的缩尺，使用时应注意区分，仔细查对。为了使曲线图谱排版更易读，除了通过调整缩尺使其尽可能平行，还会让个别曲线的横坐标反向，避免错综复杂。还需指出，静水力曲线上的吃水通常是从线型图上的龙骨基线算起的（而民船是从船底最低点算起的）。出于保密需要，有些军舰的吃水标志从某一特定点算起，这种情况下不能根据实船吃水标志去查找静水力曲线上有关的量，需要将其换算成从龙骨基线量起的标准吃水。此外，实船的吃水标志在船长方向的位置通常也和线型图上艏艉垂线的位置不吻合，在换算时也应当注意。

例 3-1 试从图 3-10 的驱逐舰静水力曲线图上查出当吃水 T=3.60m 时舰船的 V，x_b，z_b，A_w，x_f 的值。

解：过 T=3.60m 处作一水平直线，根据该直线和各曲线的交点及各曲线自己的缩尺，可以读出

$$V \approx 3400 \text{m}^3$$
$$x_b \approx 0.20 \text{m}$$
$$z_b \approx 6.50 \text{m}$$
$$A_w \approx 1540 \text{m}^2$$
$$x_f \approx -4.60 \text{m}$$

例 3-2 试从图 3-10 的驱逐舰静水力曲线图上查出当排水量为 4200t 时，其吃水、体积排水量和浮心位置坐标。

解：由于 $P = \rho g V$，故

$$V = P/\rho g = 4200/1.025 \approx 4097.6 \text{m}^3$$

根据 $V \approx 4097.6 \text{ m}^3$，可从排水量曲线上查得相应的吃水 $T \approx 4.10\text{m}$。

根据 T=4.10m，查找浮心位置坐标为

$$x_b \approx -0.80 \text{m}$$
$$z_b \approx 9.10 \text{m}$$

3.4.2 舰船邦戎曲线和费尔索夫图谱

舰船静水力曲线图是舰船在正浮状态下关于浮性和初稳性要素随吃水变化的曲线，一般在舰船有不大的纵倾时，仍然可以使用静水力曲线来查找浮性和初稳性的有关要素。但是在舰船设计建造过程中，经常需要知道舰船在大纵倾状态下的排水量和浮心位置，这时可以用邦戎曲线或费尔索夫图谱来确定。

把型线图上各站号处的横剖面面积随吃水变化的曲线计算出来，然后在每个站号处以吃水为纵坐标、横剖面面积为横坐标，画出相应的 $A_s = f(z)$ 曲线，如图 3-11 所示，该组曲线称为邦戎曲线，方便根据艏艉吃水查得各站位不均等吃水的面积，进而得到大纵倾时的排水体积和浮心纵向坐标，这种查图的方式简单方便。该方法于 19 世纪末由法国人邦戎（Bonjean）最早制成使用而得名，后来在使用过程中，为了便于计算舰船在较大纵倾时的浮心垂向坐标，在邦戎曲线图上还画出各站位横剖面关于吃水的面积静矩曲线 $\omega = z_i f(z)$，其中 z_i 为各站位横剖面的形心垂向坐标。

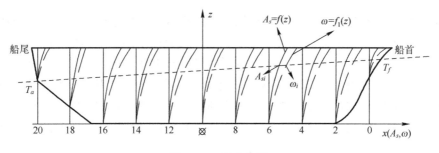

图 3-11 邦戎曲线

有了邦戎曲线，可以方便算出舰船任意状态下（包括正浮）的排水体积和浮心位置坐标。具体步骤如下。

（1）根据已知的艏艉吃水 T_f、T_a 在邦戎曲线图上做出纵倾水线 W_1L_1。

（2）从水线 W_1L_1 和各站号的交点作平行于基线的直线，分别与 $A_s=f(z)$ 曲线、$\omega=f_1(z)$ 曲线相交于 A_{si}，ω_i（图 3-12），其中 $i=0, 1, 2, \cdots, 19, 20$ 为各站号。

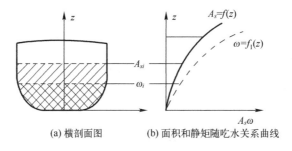

(a) 横剖面图　　(b) 面积和静矩随吃水关系曲线

图 3-12 横剖面面积和静矩

（3）根据该大纵倾水线 W_1L_1 时量出的数值，以船体纵向 x 为横坐标，绘制成各站位 i 横剖面面积曲线图 $A_{si}=g(x)$ 及横剖面静矩曲线 $\omega_i=g_1(x)$（绘出此图便于进行梯形法计算和端点修正）。

（4）根据横剖面面积曲线 $A_{si}=g(x)$，沿船体纵向积分得出该曲线下的面积，即纵倾水线 W_1L_1 下的舰船排水体积 V：

$$V=\int_0^{20}A_{si}\mathrm{d}x=\int_{-L/2}^{L/2}g(x)\mathrm{d}x$$

进一步，可以得到纵倾水线 W_1L_1 下的浮心纵向坐标 x_b，由各站位的横剖面面积 $A_{si}=g(x)$ 乘以距离船舯位置的 x，对各站位的该纵向面积静矩进行积分，再除以排水体积 V 便是

$$x_b=\frac{M_{yz}}{V}=\frac{\int_0^{20}xA_{si}\mathrm{d}x}{V}=\frac{\int_{-L/2}^{L/2}xg(x)\mathrm{d}x}{V}$$

（5）计算纵倾水线 W_1L_1 下的浮心垂向坐标 z_b，由于积分横剖面静矩曲线 $\omega_i\mathrm{d}x=g_1(x)\mathrm{d}x$ 是各站位对基平面的体积静矩 M_{xy}，对各站位的该垂向面积静矩进行积分，再除以排水体积 V 便是

$$z_b = \frac{M_{xy}}{V} = \frac{\int_0^{20} \omega_i \mathrm{d}x}{V} = \frac{\int_{-L/2}^{L/2} g_1(x)\mathrm{d}x}{V}$$

邦戎曲线在船体计算中非常有用,如稳性计算、舱容计算、可浸长度计算和舰船下水计算及船体总纵强度计算都要用到它。

3.4.3 费尔索夫图谱

为了更方便地通过艏艉吃水得到排水量 V 和浮心坐标 x_b,费尔索夫(Firsov)将其等值线绘成图谱如图 3-13 所示,它由两组等值曲线组成:一组是等排水量 V 曲线;另一组是等浮心坐标 x_b 曲线。该曲线表明了舰船在纵倾水线下的排水体积、浮心纵向坐标与艏、艉吃水之间的关系。图 3-13 中横坐标为艏吃水 T_f,纵坐标为艉吃水 T_a。

费尔索夫图谱用在需求大纵倾状态下的排水体积和浮心纵向坐标的情况,如舰船的不沉性计算、舰船下水计算。这类图谱多用于快艇、护卫艇之类的小艇上。

它的特点是,有了这样的图谱可以很方便地根据已知的艏艉吃水从中查找出舰船的体积排水量 V 及浮心坐标 x_b,不需要任何计算。

例如,已知某艇其费尔索夫图谱如图 3-13 所示,当该艇艏吃水 T_f=0.765m,艉吃水 T_a=0.800m,则在横坐标轴上相应于 0.765m 处作垂线,而在纵坐标轴上相应于 0.800m 处作水平线,根据上述两条直线的交点从等排水量曲线组中可查得 V=20.0m³,而从等浮心坐标曲线组中可查得 x_b=-0.40m。

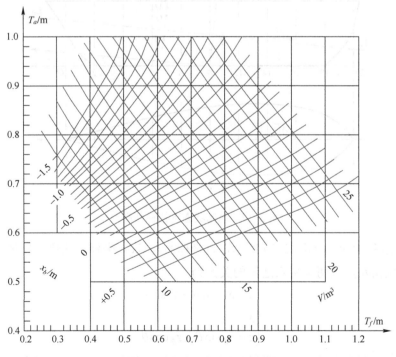

图 3-13 某艇费尔索夫图谱

3.5 纵倾状态下舰船初稳性高的计算

在某些情况下，需要知道舰船处于纵倾状态下的稳性，如舰船下水及舰船进出船坞等，通常要对其纵倾状态下稳性进行校核计算。以下讨论舰船处于纵倾状态时，其稳性高的计算方法和计算公式。

根据稳性高的定义，如图 3-14 所示，和正浮状态一样，纵倾状态的稳性高仍可表示如下：

$$\begin{cases} h_\theta = \overline{GM} = \overline{BM} - \overline{BG} \\ H_\theta = \overline{GM_L} = \overline{BM_L} - \overline{BG} \end{cases} \quad (3-19)$$

式中：h_θ，H_θ 分别为纵倾 θ 角时的横、纵稳性高；$\overline{BM}$，$\overline{BM_L}$ 分别为纵倾状态下横、纵稳性半径（r_θ 和 R_θ），且

$$\begin{cases} \overline{BM} = r_\theta = \dfrac{I_{x\theta}}{V} \\ \overline{BM_L} = R_\theta = \dfrac{I_{yf\theta}}{V} \end{cases} \quad (3-20)$$

式中：$I_{x\theta}$ 为纵倾水线 $W_\theta L_\theta$ 的水线面绕纵向倾斜轴的面积惯性矩。$I_{yf\theta}$ 为纵倾水线 $W_\theta L_\theta$ 的水线面绕通过漂心的横向倾斜轴的面积惯性矩。

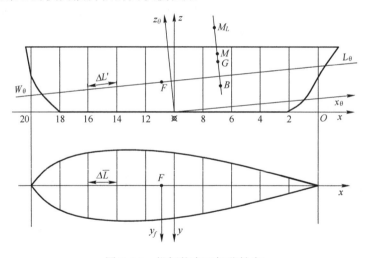

图 3-14 纵倾状态下初稳性高

现取坐标系 $ox_\theta y_\theta z_\theta$ 如图 3-14 所示，该坐标系与 $Oxyz$ 坐标系相比，只是将坐标平面 xOz 旋转纵倾角 θ，故两坐标系之间的关系为

$$\begin{cases} x = x_\theta \cos\theta - z_\theta \sin\theta \\ y = y_\theta \\ z = x_\theta \sin\theta + z_\theta \cos\theta \end{cases} \quad (3-21)$$

根据面积惯性矩的定义，纵倾水线 $W_\theta L_\theta$ 下对纵向倾斜轴的面积惯性矩积分式为

$$I_{x\theta} = \frac{2}{3}\int y_\theta^3 \mathrm{d}x_\theta \tag{3-22}$$

由式（3-21）的关系，同时注意在倾斜水线 $W_\theta L_\theta$ 下有 $\mathrm{d}z_\theta = 0$，所以

$$\begin{cases} \mathrm{d}x = \mathrm{d}x_\theta \cos\theta \\ y = y_\theta \end{cases} \tag{3-23}$$

将上式代入式（3-22）中，转换到 $oxyz$ 坐标系下计算面积惯性矩，则

$$I_{x\theta} = \frac{2}{3}\int y_\theta^3 \mathrm{d}x_\theta = \frac{2}{3}\int y^3 \mathrm{d}x / \cos\theta = \frac{I_x}{\cos\theta} \tag{3-24}$$

式中：I_x 为纵倾水线面在基平面上的投影面积对 ox 轴的惯性矩。若将上式展开成梯形近似积分表达式，则

$$\begin{aligned}I_{x\theta} &= \frac{2}{3}\int y_\theta^3 = \frac{2}{3}\Delta L_\theta \left(\frac{y_0^3}{2} + y_1^3 + \cdots + y_{19}^3 + \frac{y_{20}^3}{2}\right) \\ &= \frac{\Delta L}{\cos\theta}\frac{2}{3}\left(\frac{y_0^3}{2} + y_1^3 + \cdots + y_{19}^3 + \frac{y_{20}^3}{2}\right)\end{aligned} \tag{3-25}$$

此外，从图 3-14 中可以看出

$$\overline{BG} = \frac{z_g - z_b}{\cos\theta} \tag{3-26}$$

将式（3-24）、式（3-26）代入式（3-19）中，得到纵倾状态下初稳性高：

$$h_e = \frac{I_x}{V\cos\theta} - \frac{z_g - z_b}{\cos\theta} = r_\theta - \frac{z_g - z_b}{\cos\theta} \tag{3-27}$$

同理有

$$I_{yf\theta} = \frac{I_{yf}}{\cos^3\theta} \tag{3-28}$$

式中：I_{yf} 为纵倾水线面在基平面上的投影面积对 oy_f 轴的惯性矩，将式（3-26）、式（3-28）代入式（3-19）中，则

$$H_\theta = \frac{I_{yf}}{V\cos^3\theta} - \frac{z_g - z_b}{\cos\theta} = R_\theta - \frac{z_g - z_b}{\cos\theta} \tag{3-29}$$

舰船下水的稳性校核中，会遇到计算舰船纵倾条件下的横稳性高，纵稳性高的计算用到得较少。

思考题：

（1）何谓等体积倾斜？试证明水面舰船小角度倾斜时，其等体积倾斜轴过水线面漂心。

（2）稳心的实质是哪段圆弧的圆心？稳心半径的大小与哪些物理参数有关？

（3）试写出初稳性公式，并指出式中各项的物理含义。

（4）静水力曲线包含哪些曲线？它与邦戎曲线、费尔索夫图谱的使用前提有何区别？

（5）试分析为何水面舰船的纵稳性远优于横稳性。

（6）试梳理出初稳性推导过程中的几个近似假设，并思考当倾斜角度大于 15° 时，这些假设是否仍然成立。

第4章 舰艇浮性与初稳性曲线及图谱（计算）

舰船静水力曲线、邦戎曲线和费尔索夫图谱是根据舰船的型线图（型值表），按照浮性、初稳性要素的定义，将积分公式展开成数值近似计算公式，由近似计算结果绘制成的曲线或图谱。本章介绍了几种积分公式的数值近似计算方法，其中以梯形法最为简单，本书中除特别指明外，将均以梯形法来展开积分公式。本章同时介绍了如何利用舰船型值表计算浮性和初稳性要素的方法，并提出了计算中应该注意的问题。

本章目的：
介绍舰艇浮性与初稳性的相关曲线与图谱包括静水力曲线、邦戎曲线、费尔索夫图谱的计算方法。

本章学习思路：
舰艇浮性与初稳性的相关曲线与图谱解决了工程上舰艇在不同浮态下的相关浮性与初稳性参数快速获取的问题，采用这类方法，在工程应用中实际可操，满足工程应用精度需求。本章的学习重点在于如何利用舰船型值表计算浮性和初稳性要素的方法，并提出了计算中应该注意的问题。

本章内容可归结为以下核心内容。

1. 船体近似计算方法

根据船体近似计算的需求，利用微元化的思路对积分方程利用不同的近似方法进行离散计算。

2. 静水力曲线

应用相关科学计算方法，绘制静水力曲线。

3. 邦戎曲线与费尔索夫图谱

应用相关科学计算方法，绘制邦戎曲线与费尔索夫图谱。

本章难点：
（1）船体近似计算方法；
（2）静水力曲线的绘制。

本章关键词：
静水力曲线；邦戎曲线；费尔索夫图谱；静水力计算等。

4.1 船体近似计算方法

在舰船的性能计算中，经常需要计算横剖面及水线面的面积、排水体积，以及这些面积与体积的几何中心。为了计算舰船的稳性，还需要计算水线面面积的惯性矩等。这些计算有时称为舰船船体计算，是舰船设计中的基础工作之一。原则上，这些计算可以用定积分直接解决，但由于舰船型线通常不能用解析式表达，一般都是根据型线图（或型值表）用数值积分法来进行计算的。在舰船船体计算中，最常用的数值积分法有梯形法、辛普森法和乞贝雪夫法三种，其中梯形法和辛普森法适用于横坐标等间距的情形，乞贝雪夫法适用于横坐标不等间距的情形。随着计算机技术的发展，广泛使用计算机编程计算舰船的各种性能，一些适合编程的计算方法可以提高计算精度，且不增加计算难度。本节中主要讨论数值积分法的基本原理，除上述三种方法外，再介绍一种适合编程计算的 B 样条函数法。

4.1.1 梯形法

梯形法是一种最简便的数值积分方法，它的基本原理是：用若干直线段组成的折线近似取代曲线。或者说，以若干个梯形面积之和代替曲线下的面积（图 4-1）。

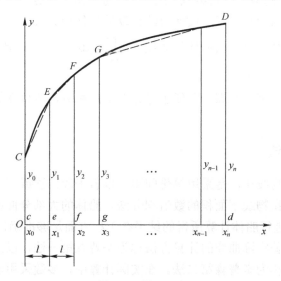

图 4-1 梯形近似

设曲线 CD 为船体上的某一段曲线，用梯形法计算其面积的步骤如下。

先将底边 CD 分成间距为 l 的 n 个等份，从等分点 x_0, x_1, $\cdots$, x_{n-1}, x_n 作垂线，并与曲线 CD 相交于 C, E, F, $\cdots$, D 等诸点，分别以 y_0, y_1, $\cdots$, y_{n-1}, y_n 表示所量得的纵坐标值。如将 CE, EF, $\cdots$ 连成直线，则从图 4-1 中可以看出，折线 $CEF\cdots D$ 与曲线 CD 很接近，且随 l 的减小而愈加接近。如果取足够的等份数，则曲线 CD 下的面积可近似地等于折线 $CEF\cdots D$ 下的面积。这样，曲线 CD 下的面积就可以近似地用 n 个梯形面积之和来表示，即

$$A = \int_0^d y \mathrm{d}x \approx \frac{1}{2}(y_0 + y_1)l + \frac{1}{2}(y_1 + y_2)l + \cdots \frac{1}{2}(y_{n-1} + y_n)l$$
$$= \frac{1}{2}l\left[(y_0 + y_1) + (y_1 + y_2) + \cdots + (y_{n-1} + y_n)\right] \quad (4-1)$$

或写成

$$A = \int_0^d y \mathrm{d}x \approx \frac{L}{n}\left[y_0 + y_1 + y_2 + \cdots + y_{n-1} + y_n - \frac{1}{2}(y_0 + y_n)\right] \quad (4-2)$$

式中：L 为所求面积底边的总长；n 为等份间距数；l 为等分点之间的距离，其值为 $l=L/n$。为了简化，可将上式改写为如下的符号形式：

$$A = \int_0^d y\mathrm{d}x \approx \frac{L}{n}\left[\sum_{i=0}^{n} y_i - \varepsilon\right] \quad (4\text{-}3)$$

式中：ε 为修正值，它等于两端纵坐标之和的一半，即

$$\varepsilon = \frac{y_0 + y_n}{2}$$

在具体计算时，因要计算一系列的面积，为了简化起见，通常都按表格形式进行。各纵坐标值相加所得的值称为"总和"，"总和"减去修正值 ε 称为"修正后之和"，也即式（4-3）中方括号内的数值，再乘以 l 或 L/n 即可算出面积 A。

式（4-1）和式（4-2）适用于按梯形法计算的任何积分式。假如纵坐标代表船体水线面面积 A_w，那么积分值将给出船体的体积 $V = \int_0^d A_w \mathrm{d}x$。同理，应用式（4-1）和式（4-2）还可以计算静矩、惯性矩等。

梯形法简单直观，可靠性高，且便于进行变上限积分，所以在舰船性能计算中得到了广泛的应用。

4.1.2 辛普森法

辛普森法也称抛物线法，是采用等份间距，以若干段二次或三次抛物线近似地代替实际曲线，计算各段抛物线下面积的数值积分法。船体的大部分曲线实际上是与抛物线相近的，应用此方法进行船体计算所得的结果在工程方面足够准确，故得到了广泛应用。以二次抛物线近似代替实际曲线的计算方法称为辛普森第一法，以三次抛物线近似代替实际曲线的计算方法称为辛普森第二法。在实际计算中，多数采用辛普森第一法。这里只介绍辛普森第一法，关于辛普森第二法可以参考有关书籍。

如图 4-2 所示，设曲线 CD 为船体上的某一段曲线，取等份间距为 l 的三个纵坐标，其值分别为 y_1，y_2，y_3。求其曲线下的面积 A。

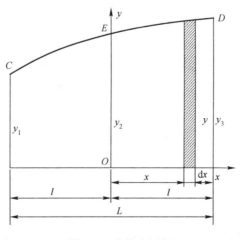

图 4-2 辛普森近似

为了方便起见，将原点选在曲线底边边长为 $2l$ 的中点。假定该曲线用二次抛物线表示，其方程为

$$y = f(x) = a_0 + a_1 x + a_2 x^2$$

式中：a_0，a_1，a_2 为常数。则曲线下的面积将由定积分公式给出：

$$A = \int_{-l}^{l} y\,dx = \int_{-l}^{l} (a_0 + a_1 x + a_2 x^2)\,dx = 2a_0 l + \frac{2}{3} a_2 l^3 \qquad (4\text{-}4)$$

同时，取面积表达式为

$$A = \alpha y_1 + \beta y_2 + \gamma y_3 \qquad (4\text{-}5)$$

令二次抛物线通过曲线上对应等份点的 C，E，D 三点，则得

当 $x = -l$ 时，$y_1 = a_0 - a_1 l + a_2 l^2$；

当 $x = 0$ 时，$y_2 = a_0$；

当 $x = l$ 时，$y_3 = a_0 + a_1 l + a_2 l^2$。

将 y_1，y_2，y_3 代入式（4-5），得

$$\begin{aligned} A &= \alpha(a_0 - a_1 l + a_2 l^2) + \beta a_0 + \gamma(a_0 - a_1 + a_2 l^2) \\ &= a_0(\alpha + \beta + \gamma) + a_1 l(-\alpha + \gamma) + a_2 l^2 (\alpha + \gamma) \end{aligned} \qquad (4\text{-}6)$$

由于式（4-4）与式（4-6）都代表同一面积，则两式恒等，其 a_0，a_1，a_2 各项系数应分别相等，即

$$\begin{cases} \alpha + \beta + \lambda = 2l \\ -\alpha + \gamma = 0 \\ \alpha + \gamma = \dfrac{2}{3} l \end{cases}$$

解上述联立方程，可得

$$\alpha = \gamma = \frac{1}{3} l \qquad \beta = \frac{4}{3} l$$

将 α，β，γ 诸值代入式（4-5），便得

$$A = \frac{l}{3}(y_1 + 4 y_2 + y_3) \qquad (4\text{-}7)$$

令 L 为曲线底边边长，$L=2l$，则式（4-7）可写作

$$A = \frac{L}{6}(y_1 + 4 y_2 + y_3) = \frac{L}{\sum S.M.}(y_1 + 4 y_2 + y_3) \qquad (4\text{-}8)$$

式中：括号内各纵坐标值前的系数[1，4，1]成为辛氏乘数，括号前分数的分子为曲线底边边长，分母恰等于括号内辛氏乘数之和，通常记作 $\sum S.M.$。式（4-7）或式（4-8）用于船体计算时，便称为辛普森第一法，又称辛普森[1，4，1]法。

必须指出的是，只有当曲线底边长度的等份数目为偶数时（纵坐标数目为奇数），才可采用辛普森第一法。

现将此法推广应用。如图 4-3 所示，将一个曲线图形的底边分成等份间距为 l 的 n 等份（n 必须为偶数），其纵坐标值分别为 y_0，y_1，y_2，$\cdots$，y_{n-1}，y_n，则在第 0 号和第 2

号纵坐标内的面积为

$$A_1 = \frac{1}{3}l(y_0 + 4y_1 + y_2)$$

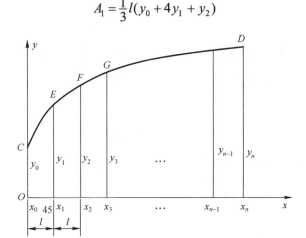

图 4-3 辛普森近似

在第 2 号和第 4 号纵坐标内的面积为

$$A_2 = \frac{1}{3}l(y_2 + 4y_3 + y_4)$$

在第 4 号和第 6 号纵坐标内的面积为

$$A_3 = \frac{1}{3}l(y_4 + 4y_5 + y_6)$$

以此类推，最后得到第 y_{n-2} 号和第 y_n 号纵坐标内的面积为

$$A_i = \frac{1}{3}l(y_{n-2} + 4y_{n-1} + y_n)$$

因此总面积就由下式表达：

$$A = \frac{1}{3}l(y_0 + 4y_1 + 2y_2 + 4y_3 + \cdots + 2y_{n-2} + 4y_{n-1} + y_n) \quad (4-9)$$

或

$$A = \frac{L}{\sum S.M.}(y_0 + 4y_1 + 2y_2 + 4y_3 + \cdots + 2y_{n-2} + 4y_{n-1} + y_n) \quad (4-10)$$

式中：l——等分间距（或称站距）；L——所求面积底边的总长，$L = nl$；$\sum S.M.$——括号内各纵坐标值前辛氏乘数的总和。

在实际计算中，也可将式（4-9）和式（4-10）写作

$$A = \frac{2}{3}l\left(\frac{1}{2}y_0 + 2y_1 + y_2 + 2y_3 + \cdots + y_{n-2} + 2y_{n-1} + \frac{1}{2}y_n\right)$$

或

$$A = \frac{2L}{\sum S.M.}\left(\frac{1}{2}y_0 + 2y_1 + y_2 + 2y_3 + \cdots + y_{n-2} + 2y_{n-1} + \frac{1}{2}y_n\right)$$

式（4-9）和式（4-10）是应用于求面积的辛普森第一法的一般形式。同样也可以应用于求体积、静矩和惯性矩等，例如，将求体积、静矩和惯性矩的问题化为求相应的曲线 $y=f(x)$，$M_y=f(x)$ 和 $I_x=f(x)$ 下的面积，即 $V=\int A\mathrm{d}x$，$M_y=\int xy\mathrm{d}x$，$I_y=\int yx^2\mathrm{d}x$ 和 $I_x=\frac{1}{3}\int y^3\mathrm{d}x$，这样将相应的辛普森乘数乘到被积函数 A，xy，x^2y 和 y^3 上就可以了。

在具体计算时，通常采用表格形式进行。与梯形法相比，辛普森法的计算较繁琐，但在相同的等份间距下，它的精度较高，所以在船体计算中也被广泛应用。

4.1.3 乞贝雪夫法

前面讨论的梯形法和辛普森法，都是采用等间距的纵坐标值乘以不同的系数相加，即得所求曲线下的面积。但是能否找到一个方法，即应用不等间距的各纵坐标值之和，再乘以一个共同的系数来得到曲线下的面积。乞贝雪夫法就是基于这个想法的。用 n 次抛物线代替实际曲线，采用不等间距的 n 个纵坐标，计算该抛物线下在给定区间内的面积，以此近似地代替曲线下的面积，这时曲线下面积 A 为 n 个纵坐标值之和，乘上一个共同系数 p，p 值为曲线底边边长 L 除以纵坐标数目 n，即 $p=L/n$，则

$$A=\frac{L}{n}(y_1+y_2+y_3+\cdots+y_n)=\frac{L}{n}\sum_{i=1}^{n}y_i \tag{4-11}$$

如果曲线 CD 用九次抛物线替代时，其九个纵坐标位置（表 4-1）的分布情况，如图 4-4 所示。

表 4-1 乞贝雪夫法纵坐标位置

纵坐标数	纵坐标位置（距底边中点的距离，以底边半长 l 的分数表示）					
n	x_1/l	x_2/l	x_3/l	x_4/l	x_5/l	x_6/l
2	0.5773					
3	0	0.7071				
4	0.1876	0.7947				
5	0	0.3745	0.8325			
6	0.2666	0.4225	0.8662			
7	0	0.3239	0.5297	0.8839		
8	0.1026	0.4062	0.5938	0.8974		
9	0	0.1679	0.5288	0.6010	0.9116	
10	0.0838	0.3127	0.500	0.6873	0.9162	
12	0.0669	0.2888	0.3667	0.6333	0.7112	0.9331

乞贝雪夫法的各纵坐标对称于原点布置，其数学分析可归结为寻找各个纵坐标距原点的距离和共同系数 p，如各纵坐标位置已确定，则可在曲线图形上量得各纵坐标的数值，相加后再乘上一个共同系数，即得出曲线 CD 下的面积。

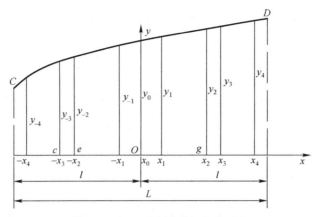

图 4-4 乞贝雪夫法坐标分布示意

由于所取的纵坐标数目不同，其相应的位置也不同。现在推导三个坐标的乞贝雪夫法。如图 4-5 所示，已知曲线 CD 及其底边长度 L，现取三个纵坐标，其值为 y_1，y_2 及 y_3，坐标原点放在曲线底边 cd 的中点 o。取曲线 CD 下面积的表达式为

$$A = p(y_1 + y_2 + y_3) \tag{4-12}$$

为了确定式（4-12）中三个纵坐标的位置（其中 y_2 在坐标原点处）和一个共同系数 p，假定曲线 CD 用三次抛物线方程替代，即

$$y = a_0 + a_1 x + a_2 x^2 + a_3 x^3$$

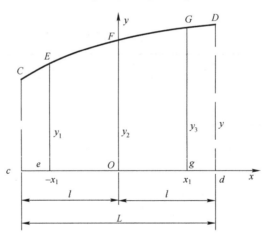

图 4-5 三个坐标点下乞贝雪夫法示意

式中：a_0，a_1，a_2，a_3 均为常数，则曲线 CD 下面积将由定积分公式给出：

$$A = \int_{-l}^{l} y \mathrm{d}x = \int_{-l}^{l} (a_0 + a_1 x + a_2 x^2 + a_3 x^3) \, \mathrm{d}x = 2a_0 l + \frac{2}{3} a_2 l^3 \tag{4-13}$$

所设三次抛物线必须通过各纵坐标与曲线 CD 相交的 E，F 和 G 三点，即

当 $x = -x_1$ 时， $y_1 = a_0 - a_1 x_1 + a_2 x_1^2 - a_3 x_1^3$；

当 $x = x_0$ 时， $y_2 = a_0$；

当 $x = x_1$ 时， $y_3 = a_0 + a_1 x_1 + a_2 x_1^2 + a_3 x_1^3$。

将上式代入式（4-12），得

$$A = p(3a_0 + 2a_2x_1^2) = 3pa_0 + 2px_1^2a_2 \tag{4-14}$$

由于式（4-13）与式（4-14）代表同一面积，两式 a_0，a_2 中各项系数应分别相等，即

$$\begin{cases} 3p = 2l \\ 2px_1^2 = \frac{2}{3}l^3 \end{cases}$$

解上述联立方程得到

$$p = \frac{2}{3}l, \quad x_1 = \pm\frac{1}{\sqrt{2}}l = \pm 0.7071l$$

上式结果说明，在离曲线 CD 的底边中点为 $\pm 0.7071l$（l 为曲线 CD 底边的半长）处，设立两个纵坐标 eE 及 gG，并量取它们的数值和中点处纵坐标 OF 的数值，然后将三个纵坐标的数值相加，再乘以共同系数 $\frac{2}{3}l$，即得曲线 CD 下的面积：

$$A = \frac{2}{3}l(y_1 + y_2 + y_3) \tag{4-15}$$

或

$$A = \frac{L}{3}(y_1 + y_2 + y_3) \tag{4-16}$$

式（4-15）或式（4-16）是三坐标的乞贝雪夫法，其中括号内为各纵坐标值的总和，括号外为共同系数，其分子为曲线底边的总长度，即 $cd=L=2l$；分母为所取的纵坐标数目 n。

同理，可事先推导出纵坐标数目 n 为 2，3，4，5，6，7，8，9，10 和 12 时的纵坐标位置（见表 4-1，可直接查用），其曲线下面积的一般表达式为

$$A = \frac{L}{n}(y_1 + y_2 + y_3 + \cdots + y_{n-1} + y_n) = \frac{L}{n}\sum_{i=1}^{n} y_i \tag{4-17}$$

为了保证计算的精确性，在舰船静力学计算中一般采用 9 个以上的纵坐标数。用乞贝雪夫法进行船体计算时，需要绘制乞贝雪夫横剖面图，且读取纵坐标数值比较烦琐，不如梯形法、辛普森法等方便，因此仅在手算大倾角稳性时应用。该方法也可以用作计算静矩和惯性矩等。

4.1.4 样条函数法

样条函数法就是用样条函数近似逼近船体型线。由于样条函数是用分段低次多项式去逼近函数的，并且要求节点处至少有一阶连续导数，能得到较好的计算精度。样条函数在船体外形设计工程问题中，在数值微分、数值积分、微分方程和积分方程数值解法，以及观测和实验数据处理等方面中都有重要的应用。与上述的船体近似方法比较，样条函数法显得较为复杂，但是样条函数法计算精度好，而且适合采用编程计算。

人工绘图时，用"样条"绘出曲线，称样条曲线，用函数形式表示该曲线，称样条函数。下面给出 3 次样条函数的定义。

设区间 $[a,b]$ 上给定的一个划分如下：

$$a = x_0 < x_1 < \cdots < x_n = b$$

如果函数 s 满足条件：

（1）$s \in C^2[a,b]$；

（2）在每个子区间 $[x_{i-1}, x_i]$ $(1 \leqslant i \leqslant n)$ 上，s 是次数 $\leqslant 3$ 的多项式；称 s 为关于区间 $[a,b]$ 上的 3 次样条函数。

关于 s 的可供利用的条件有 $4n$-2 个：

$$s(x_i) = y_i = f(x_i) \quad (i = 0,1,2,\cdots,n)$$

$$\begin{cases} s(x_i - 0) = s(x_i + 0) \\ s'(x_i - 0) = s'(x_i + 0) \quad (i = 0,1,2,\cdots,n) \\ s''(x_i - 0) = s''(x_i + 0) \end{cases} \tag{4-18}$$

式中：符号"′"和"″"分别为函数对变量的一阶和二阶求导。s 由 n 段次数为 3 的多项式组成，共有 $4n$ 个待定参数。因此，为了确定 s，还缺少 2 个条件。通常是在区间 $[a,b]$ 的端点 $a = x_0$，$b = x_n$ 上各附加一个条件。在区间端点上的条件称为边界条件。常见的边界条件为

$$s''(x_0) = f_0''$$
$$s''(x_n) = f_n''$$

其特殊情况：

$$s(x_0'') = s''(x_n) = 0$$

称为自然边界条件。以下推导 3 次样条函数的具体形式。为了保证满足插值条件，可以设样条函数为

$$s_i(x) = y_{i-1} + \frac{y_i - y_{i-1}}{x_i - x_{i-1}}(x - x_{i-1}) + [a_i(x - x_i) + b_i(x - x_{i-1})](x - x_{i-1})(x - x_i)$$

$$(i = 1, 2, \cdots, n) \tag{4-19}$$

式中：a_i，b_i 为待定常数。记

$$s''(x_i) = M_i \quad (i = 1, 2, \cdots, n) \tag{4-20}$$

对式（4-19）求一阶导数和二阶导数，得出

$$s_i'(x) = \frac{y_i - y_{i-1}}{x_i - x_{i-1}} + a_i[2(x - x_i) + (x - x_{i-1})](x - x_{i-1})$$
$$+ b_i[2(x - x_{i-1}) + (x - x_i)](x - x_i) \tag{4-21}$$

$$s_i''(x) = a_i[4(x - x_{i-1}) + 2(x - x_i)] + b_i[2(x - x_{i-1}) + 4(x - x_i)] \tag{4-22}$$

在式（4-22）中分别取 $x_i = x_{i-1}$ 与 $x = x_i$，得

$$\begin{cases} -2h_{i-1}a_i - 4h_{i-1}b_i = M_{i-1} \\ 4h_{i-1}a_i + 4h_{i-1}b_i = M_i \end{cases}$$

其中：$h_{i-1} = x_i - x_{i-1}$，由此解出

$$a_i = \frac{M_{i-1} + 2M_i}{6h_{i-1}}, \quad b_i = -\frac{2M_{i-1} + M_i}{6h_{i-1}} \tag{4-23}$$

从式（4-19）与式（4-20）的所设可知，s 与 s'' 已自然满足式（4-18）中的连续性条件，剩下还可利用 s' 的连续性条件：

$$s'_i(x_i-0) = s'_{i+1}(x_i+0) \quad (1 \leqslant i \leqslant n-1)$$

由此，从式（4-21）可得

$$\frac{y_i - y_{i-1}}{x_i - x_{i-1}} + a_i h_{i-1}^2 = \frac{y_{i+1} - y_i}{x_{i+1} - x_i} + b_{i+1} h_i^2$$

根据这个方程及式（4-23），导出如下方程：

$$\mu_i M_{i-1} + M_i + \lambda_i M_{i+1} = d_i \quad (i=1,2,\cdots,n-1) \tag{4-24}$$

其中

$$\mu_i = \frac{h_{i-1}}{h_{i-1}+h_i}, \quad \lambda_i = 1 - \mu_i$$

$$d_i = \frac{6}{h_{i-1}+h_i}\left(\frac{y_{i+1}-y_i}{h_i} - \frac{y_i-y_{i-1}}{h_{i-1}}\right) \tag{4-25}$$

式（4-24）给出了关于 $n+1$ 个未知数 $M_0, M_1, \cdots, M_n$ 的 $n-1$ 个方程，再补充两个方程：

$$M_0 = M_n = y_0'' = y_n'' = 0 \quad (\text{自然边界条件}) \tag{4-26}$$

由此可以得到系数 a_i 和 b_i，再根据函数式（4-19）不难得出曲线下的面积、面积静矩等。

有了系数 a_i 和 b_i，利用式（4-19）计算曲线下的面积、面积静矩的公式列出如下。

面积：

$$A\int_{-L/2}^{L/2} y\mathrm{d}x = \sum_{i=1}^{n}\int_{x_{i-1}}^{x_i} y\mathrm{d}x = \sum_{i=1}^{n}\left[\frac{1}{2}(y_i+y_{i-1})\Delta x_i + \frac{1}{12}(b_i - a_i)\Delta x_i^4\right] \tag{4-27}$$

面积静矩：

$$\begin{aligned}S_y &= \int_{-L/2}^{L/2} xy\mathrm{d}x = \sum_{i=1}^{n}\int_{x_{i-1}}^{x_i} xy\mathrm{d}x \\ &= \sum_{i=1}^{n}\left\{\left(\frac{1}{2}y_{i-1} + \frac{5}{6}\Delta y_i\right)\Delta x^2 + \left[(a_i+b_i)\left(-\frac{1}{20}\Delta x_i\right) + (-a_i x_{i-1} + b_i x_i)\right]\Delta x_i^4\right\}\end{aligned} \tag{4-28}$$

其中：$\Delta x_i = x_i - x_{i-1}$，$\Delta y_i = y_i - y_{i-1}$ $(i=1,2,\cdots,n)$。

4.1.5 提高计算精度措施

显而易见，在上述近似计算法中，如果增加纵坐标的数目，则可以相应地提高计算精度，但这将增大计算的工作量。根据造船工作者的长期工作实践经验，将船长分成20等份，吃水分成7～9等份来进行计算，所得的计算结果一般在造船工程所允许的误差范围内。

船体型线在艏艉端和舭部的曲度变化比较大，为了提高计算精确度，往往需要用增加中间坐标或端点坐标修正的办法来提高其精度。

1. 增加中间坐标

图4-6所示的曲线在底部处曲度变化较大，应在坐标 y_0 和 y_1 之间增加一个中间坐标

$y_{1/2}$。如应用辛普森法计算其面积,得

$$A = \int_0^{5\delta T} y \mathrm{d}z \approx \frac{\delta T}{6}(y_0 + 4y_{1/2} + y_1) + \frac{\delta T}{3}(y_1 + 4y_2 + 2y_3 + 4y_4 + y_5)$$

$$= \frac{\delta T}{3}\left(\frac{1}{2}y_0 + 2y_{1/2} + \frac{3}{2}y_1 + 4y_2 + 2y_3 + 4y_4 + y_5\right)$$

一般若采用样条函数法,则由于采用 3 次函数近似区间$[z_0, z_1]$曲线可以获得较好的精确度,近似计算中可以不加修正。

2. 端点坐标修正

船体末端一般有以下三种情况,其修正方法如下。

(1) 如图 4-7 所示,船体曲线恰好在端点上,其实际的坐标是 $y_0 = 0$。如果按 $y_0 = 0$ 直接用梯形法进行计算,就会少算一块面积 $OACO$。为此需要作一定的修正,其办法是作 CD 线(一般凭目测),使两个阴影部分的面积大致相等。这样,梯形 $OBCD$ 的面积等于曲线下 $OACD$ 的面积,OD 就是坐标修正值 y_0',在用梯形法计算时,应该用 y_0' 来代替 y_0 值。

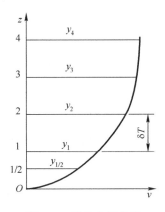

图 4-6 船体底部修正

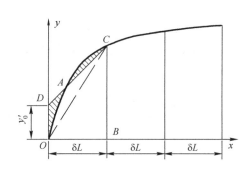

图 4-7 船体端点修正

(2) 如图 4-8 所示,船体曲线超过了端点站,如果直接按坐标值 y_0 进行计算,则少算了 $OCDO$ 这一块面积。为此需要加以修正。其办法是作直线 DE(凭目测使两个阴影部分的面积相等),再从 E 点作平行于 AD 的直线与端点站相交于 F 点,则 DF 是坐标修正值 y_0'。在计算中,用 y_0' 来代替 y_0 值,可以得到比较精确的结果,因为这时已包括了 $OCDO$ 这块面积。可以证明如下。

从图 4-8 中可以看出,$\triangle DEF$ 和 $\triangle AFE$ 等高($AD \parallel EF$),共底(EF),所以它们的面积相等。由于面积 EFO 为公共面积,则面积 AFO 等于面积 DEO。因此,采用坐标修正值 y_0' 后,已把 OCD 这块面积计算在内。

(3) 如图 4-9 所示,船体曲线不到端点站,如果直接取端点坐标值 $y_0 = 0$,则多算了 BED 一块面积。为此需要加以修正,其办法是作直线 BD(凭目测使两个阴影部分的面积相等),再从 D 点作平行于 BE 的直线与端点相交于 F 点,则 EF 是坐标修正值 y_0',应该注意这里 y_0' 是负值。在计算中,用 y_0'(负值)来代替零,可以得到比较精确的结果,因为这里已扣除了 BED 这块面积。证明如下。

从图 4-9 中可以看出，图形末端面积等于 ABE 面积减去 BED 面积，而面积 $ABE=\frac{1}{2}\delta L y_1$，面积 $BED=\frac{1}{2}\delta L y_0'$（这是因为 $\triangle ABE$ 和 $\triangle EFD$ 相似，得 $\overline{EF}/\overline{AB}=\overline{ED}/\overline{AE}$，即 $\frac{1}{2}\overline{EF}\cdot\overline{AE}=\frac{1}{2}\overline{ED}\cdot\overline{AB}$，而 $\frac{1}{2}\overline{ED}\cdot\overline{AB}=BED$ 面积，故 $\frac{1}{2}\overline{EF}\cdot\overline{AE}=BED$ 面积，亦即等于 $\frac{1}{2}\delta L y_0'$），则面积 $ABD=\frac{1}{2}\delta L(y_1-y_0')$。因此，采用坐标修正值 $-y_0'$ 后，已把 BED 这块面积扣除了。

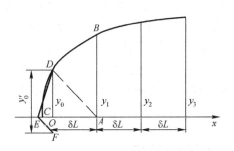

图 4-8　超过船体端点修正

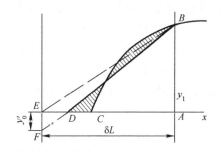

图 4-9　未超船体端点修正

用梯形法进行有关横剖面计算时，剖面底部的坐标值也应给予适当修正，其原理与上述情况完全相似。图 4-10 所示为横剖面的坐标修正示意图。

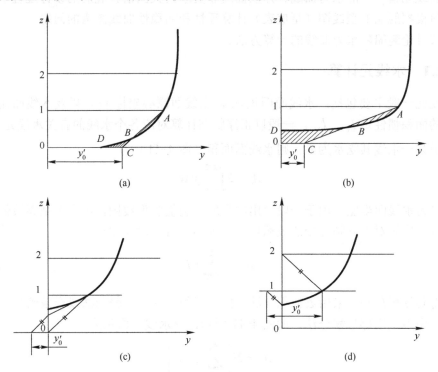

图 4-10　船体横剖面修正

上述修正方法在用梯形法或辛普森法计算船体几何时多加以采用，修正后提高了计算面积的精确度，并且原则上，对于计算面积的静矩、惯性矩及体积等，也应先绘出积分函数曲线，然后对被积函数曲线作端点修正，由于这样费时费力，常常直接利用计算面积曲线所作的端点坐标修正值来计算面积的静矩、惯性矩等。

3．样条函数法的修正

在传统的船体计算中（特别是手算），上述的增加中间坐标和端点坐标修正被广泛采用。在用计算机计算船体几何时，梯形法和辛普森法的简单性并不能发挥计算机软件的优势，这时采用样条函数法来计算船体几何是一种很好的选择。根据对船体几何的计算经验，用样条函数法时一般不需要增加中间坐标修正，但要采用端点坐标修正。对端点坐标的修正与上述有所不同，只要将端点坐标增加到计算中即可。这样修正要改变计算区间的个数，如图4-8所示，C点在站点之外，将C点的x坐标值加入即可。

采用样条函数法在修正时，只要按上述方法将端点坐标值输入，不仅对计算面积有效，对计算静矩、惯性矩计算时也不需要再重新修正，这是采用样条函数法的另一个优点。

4.2 舰船静水力曲线的计算

前面的章节中介绍了舰船浮性、初稳性的定义和基本概念，以及表征舰船浮性和初稳性的曲线图谱——静水力曲线、邦戎曲线和费尔索夫图谱。舰船的设计过程中，将会遇到如何根据舰船的型线图（型值表）计算浮性和初稳性曲线图谱的问题。

本节讨论舰船静水力曲线的计算方法。

4.2.1 水线元计算

水线元一般主要包括：水线面面积A_w，水线面漂心坐标x_f，以及水线面面积对惯性主轴的面积惯性矩I_x、I_{yf}。一般以正浮状态计算对应各个水线的有关水线元。

对于某一水线其吃水为T，则水线面面积（图4-11）为

$$A_w = 2\int_{-L/2}^{L/2} y \mathrm{d}x$$

式中：y为水线面半宽。由于一般给出的是船体型值和型线图，半宽y是离散值，要求解该积分，实则对不同站位处的被积项$yl = yL/n$进行求和，即

$$A_w = 2\sum_{i=1}^{n} y_i l \tag{4-29}$$

要得到该积分必须采用近似积分法，如梯形积分法、辛普森法或样条函数法等。在手工计算中多采用梯形积分法，如图4-11所示，该水线面面积为

$$A_w = 2l\left(\sum_{i=0}^{20} y_i - \varepsilon\right)$$

对于水线面漂心，漂心坐标值乘以面积等于面积对坐标轴的面积静矩，即

$$A_w \cdot x_f = M_y$$

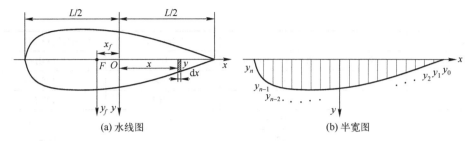

(a) 水线图　　　　　　　　　　(b) 半宽图

图 4-11　水线元计算

式中：M_y 为面积对 oy 轴的静矩，采用积分形式则是每一个微元面积 $2y\mathrm{d}x$ 对 oy 轴的静矩之和：

$$M_y = 2\int_{-L/2}^{L/2} xy\mathrm{d}x \tag{4-30}$$

所以面积漂心的纵向坐标为

$$x_f = \frac{M_y}{A_w} \tag{4-31}$$

一般水线面左右对称，而前后不对称，故 ox 轴是惯性主轴，oy 非惯性主轴，横向的惯性主轴通过 x_f 点（图 4-11），按平行移轴定理，面积惯性矩 I_{yf} 为

$$I_{yf} = I_y - x_f^2 A_w \tag{4-32}$$

式中：I_y 为水线面面积对坐标轴 oy 的面积惯性矩。根据面积惯性矩 I_x，I_{yf} 的定义，不难得到其积分计算公式：

$$I_x = \frac{2}{3}\int_{-L/2}^{L/2} y^3 \mathrm{d}x \tag{4-33}$$

$$I_y = 2\int_{-L/2}^{L/2} x^2 y \mathrm{d}x \tag{4-34}$$

在实际求解中，上述所列积分形式都可离散为对各站位处被积公式 xy，y^3，x^2y 之和，最方便的方式就是列表求和 $\sum_{i=1}^{20} x_i y_i$，$\sum_{i=1}^{20} y_i^3$，$\sum_{i=1}^{20} x_i^2 y_i$。

针对不同水线按上述公式计算，便可得到各水线的水线元参数，把不同水线的水线元绘制成随吃水变化的曲线，就是静水力曲线图中的水线元曲线。

例 4-1　某舰船长 $L=125\mathrm{m}$，某一吃水处各个站号对应的半宽值如表 4-2 中第四列所示。试计算该吃水处的水线面面积和浮心纵坐标。

表 4-2　水线元计算表

站号 i	站号 n_i	站距 x_i	半宽 y_i /m	面积静矩积分项 $x_i y_i$ /m²
I	II	III=II×(125/20)	IV	V=III×IV
0	10	62.5	0.03	1.875
1	9	56.25	1.034	58.1625
2	8	50	2.032	101.6
3	7	43.75	3	131.25
4	6	37.5	3.92	147

续表

站号 i	站号 n_i	站距 x_i	半宽 y_i /m	面积静矩积分项 $x_i y_i$ /m²
I	II	III=II×(125/20)	IV	V=III×IV
5	5	31.25	4.764	148.875
6	4	25	5.503	137.575
7	3	18.75	6.072	113.85
8	2	12.5	6.477	80.9625
9	1	6.25	6.728	42.05
10	0	0	6.856	0
11	-1	-6.25	6.9	-43.125
12	-2	-12.5	6.869	-85.8625
13	-3	-18.75	6.81	-127.6875
14	-4	-25	6.706	-167.65
15	-5	-31.25	6.526	-203.9375
16	-6	-37.5	6.273	-235.2375
17	-7	-43.75	5.95	-260.3125
18	-8	-50	5.581	-279.05
19	-9	-56.25	5.197	-292.33125
20	-10	-62.5	0	0
列之和			103.228	-731.994
修正值 ε			0.015	0.9375
修正和			$\sum_1$ = 103.213	$\sum_2$ = -732.931

解：按式（4-29）至式（4-31）列出积分计算公式，并按梯形法展成数值近似计算表达式：

$$A_w = 2\int_{-L/2}^{L/2} y\,\mathrm{d}x = 2\delta L\left(\sum_{i=0}^{20} y_i - \varepsilon\right) = 2\delta L \sum\nolimits_1$$

$$M_y = 2\int_{-L/2}^{L/2} xy\,\mathrm{d}x = 2\delta L\left(\sum_{i=0}^{20} x_i y_i - \varepsilon'\right) = 2\delta L \sum\nolimits_2$$

$$x_f = \frac{M_y}{A_w} = \sum\nolimits_2 \Big/ \sum\nolimits_1$$

式中：$\varepsilon = \dfrac{(y_0 + y_{20})}{2}$，$\varepsilon' = \dfrac{x_0 y_0 + x_{20} y_{20}}{2}$；$\delta L$ 为站距。

将上述各式列成表格进行计算见表 4-2。根据列表计算得

$$A_w = 2\delta L \Sigma_1 = 2 \times 6.25 \times 103.213 = 1290.163 (\mathrm{m}^2)$$

$$M_y = 2\delta L \Sigma_2 = 2 \times 6.25 \times (-732.931) = -9161.64 (\mathrm{m}^3)$$

$$x_f = \frac{M_y}{A_w} = \frac{-9161.64}{1290.163} = -7.10115 (\mathrm{m})$$

4.2.2 体积元计算

体积元一般主要包括排水体积 V、浮心纵向坐标 x_b、浮心垂向坐标 z_b。它们都是某一吃水 T_i 以下所有排水体积的参数,因此要对该吃水以下的水线元进行垂向积分才可得。因为前面已经计算了各吃水处对应的水线元,所以体积元的计算沿吃水方向进行积分计算比较方便。当然,沿船体纵向积分也可以得到体积元的相关参数,这将在邦戎曲线计算中加以介绍。

将各个水线面面积 A_w 沿吃水方向积分,则任意吃水下的排水体积 V 为(图4-12)

$$V = \int_0^T A_w \mathrm{d}z \tag{4-35}$$

式中:T 为所求水线以下的某吃水;A_w 为该吃水时的水线面面积。为了得到排水体积的形心,先要计算排水体积对坐标面的体积静矩:

$$M_{xy} = \int_0^T z A_w \mathrm{d}z \tag{4-36}$$

$$M_{yz} = \int_0^T x_f A_w \mathrm{d}z \tag{4-37}$$

式(4-36)和式(4-37)分别为待求吃水 T 以下的排水体积对坐标面 xOy 和 yOz 的体积静矩。舰船在正浮状态下其浮心必在对称面上,所以可以不计算排水体积对 xOz 坐标面的体积静矩。

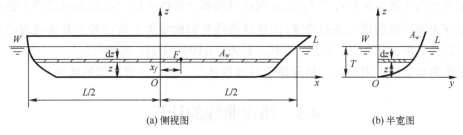

(a) 侧视图   (b) 半宽图

图 4-12 沿吃水方向积分计算体积元

有了任意吃水下的体积静矩,则在任意吃水下排水体积中心,即浮心坐标为

$$x_b = \frac{M_{yz}}{V} \tag{4-38}$$

$$z_b = \frac{M_{xy}}{V} \tag{4-39}$$

体积元列表计算与水线元相似,在实际求解中,上述所列积分形式都可离散为对各吃水处被积公式 A_w,zA_w,$x_f A_w$ 之和,最方便的方式就是列表求和。

4.2.3 静水力曲线绘制及有关问题

有了上述基本水线元和体积元的计算,根据初稳性有关计算公式和船形系数定义(有的静水力曲线还包含船形系数),便可以计算任意吃水下静水力曲线的各个要素,绘制成图线得到静水力曲线图。

由于上述计算是根据型线图进行的，而型线图所表示的舰船外形不包括外壳板和附体（艏艉柱、舭龙骨、推进器、推进器轴及其托架、舵、艉呆木等），而所有这些凸出部分对体积元和水线元都具有一定的影响，在舰船的设计（技术设计阶段）中还必须对上述计算进行修正。

修正应根据附体的形状、尺寸及特点采用不同方法处理，有的可以单独算出其体积及形心，然后考虑到主体部分中去，有的则可以用适当放大相应位置的型值，即修改计算原始数据的办法来考虑其影响（如将不同位置的壳板厚加到相应的半宽值中去）。

对附体影响的修正有时也采取比较简单而粗略的办法，即通过某个系数仅对排水量作出修正：

$$V' = KV$$

式中：V 为根据型线图算出的排水量；V' 为考虑了附体影响之后的排水量；K 为附体修正系数，可根据同类船型的资料求出。K 的数值在 1.004～1.03。这种修正办法多见于商船，并必须在静水力曲线计算书中加以注明。

绘制静水力曲线没有必要从龙骨基线画起，只要作出舰船使用过程中实际可能达到的吃水范围内的一段就可以了。通常这个范围应从小于空船排水量的相应吃水到大于最大排水量的相应吃水。但水线元中的 A_w 及 x_f 曲线必须从龙骨算起，因为按照前述沿吃水方向积分计算体积元的方法，在计算排水体积和体积中心曲线时从龙骨基线开始就计入 A_w 及 x_f 的值，所以最好从龙骨开始作出它们的曲线，以便从曲线的光顺性上去检验计算结果是否正确。至于 I_x 及 I_{yf} 二曲线就只需要计算画出的一段范围内的若干值即可。

绘制曲线所用的缩尺必须简便，应能从曲线坐标的量度上直接看出其所代表的数值，为此，最好采用诸如 1/20，1/25，1/40，1/50，1/100，1/150 的缩尺。

曲线的布置应力求均匀，尽量避免曲线拥挤在一处、疏密不均的现象。

4.3 邦戎曲线的计算

当纵倾很小时，可以根据舰艇吃水的平均值（中船吃水）从静水力曲线查出排水量和浮心坐标的近似值。若舰船有显著的纵倾，则必须利用邦戎曲线来确定其排水量和浮心坐标。

4.3.1 邦戎曲线的计算

设船体某一站号处的横剖面如图 4-13 所示。该横剖面自船底到最上一层连续甲板（上甲板）在不同吃水下的横剖面的面积按下式积分计算：

$$A_s(T_i) = 2\int_0^{T_i} y\mathrm{d}z \tag{4-40}$$

式中：T_i 为不同水线下的吃水。各个坐标面对应的面积静矩为

$$M_{zx}(T_i) = \frac{1}{2}\int_0^{T_i} y^2\mathrm{d}z \tag{4-41}$$

$$M_{xy}(T_i) = 2\left(\int_0^{T_i} zy\mathrm{d}z\right) \tag{4-42}$$

$$M_{yz}(T_i) = 2\int_0^{T_i} xy\mathrm{d}z = 2x\int_0^{T_i} y\mathrm{d}z = xA_s(T_s) \tag{4-43}$$

上式中，除式（4-41）是半横剖面面积的静矩外（因为整个横剖面左右对称，对 xoz 面的面积静矩为零），其他两式都是整个横剖面面积对坐标面的静矩。此外，以上计算公式指某一站号下的面积静矩，纵向坐标为固定值，故式（4-43）中积分号内纵坐标值 x 可以提到积分号外。注意，以上的面积静矩都是随吃水 T_i 的变化量。

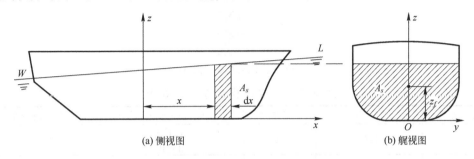

图 4-13 横剖面积分

实际上，邦戎曲线的作用在于确定任意纵倾水线下的排水量和浮心坐标，所以在邦戎曲线图中一般只绘制横剖面面积及对坐标面 xOy 的面积静矩，即式（4-42）。

4.3.2 邦戎曲线绘制

有了上述计算，将各个横剖面下的面积和对 xOy 面的面积静矩随吃水变化的曲线作在对应的站号上（图4-14）。其中实线为面积，虚线为面积静矩。

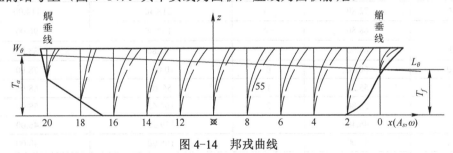

图 4-14 邦戎曲线

应当指出的是，为了缩短图幅，又便于使用，在绘制邦戎曲线时对于船长、舷高（或吃水）及面积 $A_s(T_i)$、面积静矩 $M_{xy}(T_i)$，常采用不同的缩尺。吃水方向的缩尺往往比船长方向的要大好几倍，所有缩尺都必须符合简单、便于读数又满足计算精度等原则。

例 4-2 已知某船长度 $L=170.0\mathrm{m}$，下水时艏吃水 $T_f=0.692\mathrm{m}$，艉吃水 $T_a=4.302\mathrm{m}$，试利用该船的邦戎曲线确定这时的容积排水量 V 和浮心坐标 x_b，z_b。

解：按艏艉吃水将水线画在邦戎曲线上，并量出各理论肋骨水线下的面积 $A_s(T_i)$ 和对基平面的面积静矩 $M_{xy}(T_i)$。

将量得的 $A_s(T_i)$，$M_{xy}(T_i)$ 值列入表 4-3 中第Ⅱ列和第Ⅴ列进行计算。本例题按照梯形积分法计算。在实际使用中可以采用其他方法（如采用样条函数法等）计算。与水线元积分计算展开类似，下面仅列出最后的结果：

$$\delta L = \frac{L}{20} = 170 \div 20 = 8.5 \text{(m)}$$

$$V = \delta L \sum{}_1 = 8.5 \times 842.8 = 7163.8 \text{(m}^2\text{)}$$

$$x_b = \frac{M_{yz}}{V} = \frac{(\delta L)^2 \sum{}_2}{\delta L \sum{}_1}$$

$$= 8.5 \times (-913.2) \div 842.8 = -9.2 \text{(m)}$$

$$z_b = \frac{M_{xy}}{V} = \frac{\delta L \sum{}_3}{\delta L \sum{}_1}$$

$$= 1190 \div 842.8 = 1.41 \text{(m)}$$

表 4-3　排水体积与浮心计算表

肋骨号 i	肋骨面积 $A_s(T_i)$	力臂乘数 x_i/L	肋骨面积对中横剖面静矩 $M_{yz}(T_i)$ II × III	肋骨面积对基平面静矩 $M_{xy}(T_i)$
I	II	III	IV	VI
0	-3.00	-10	30.00	-8.00
1	12.00	-9	-108.00	30.00
2	28.00	-8	-224.00	60.00
3	44.80	-7	-313.60	92.00
4	58.00	-6	-348.00	116.00
5	66.00	-5	-330.00	120.00
6	71.20	-4	-284.80	124.00
7	72.80	-3	-218.40	114.00
8	68.80	-2	-137.60	96.00
9	64.80	-1	-64.80	88.00
10	60.00	0	0.00	78.00
11	55.20	1	55.20	68.00
12	50.80	2	101.60	58.00
13	46.40	3	139.20	46.00
14	42.00	4	168.00	40.00
15	37.60	5	188.00	28.00
16	30.00	6	180.00	20.00
17	21.20	7	148.40	12.00
18	11.20	8	89.60	4.00
19	4.00	9	36.00	0.00
20	-1.00	10	-10.00	
列之和	840.8		-903.2	1186
修正值	-2.00		10.00	-4.00
修正和	$\sum{}_1 = 842.80$		$\sum{}_2 = -913.20$	$\sum{}_3 = 1190.00$

4.4 费尔索夫图谱计算

可以按以下步骤计算费尔索夫图谱（图 4-15）中等排水体积 V_i 和等浮心纵向坐标 x_{bj} 曲线。

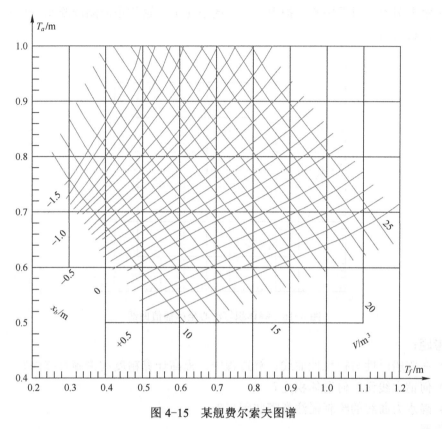

图 4-15 某舰费尔索夫图谱

（1）在舰船可能达到的艏艉吃水范围内将艏艉吃水各分为 4~5 等份，即 T_{fk}，T_{ak}，$k=1, 2, \cdots, m$。

（2）用排列组合的方法互相联结 T_{fk} 和 T_{ak}，作出 16~25 条纵倾水线，如 T_{f1}，T_{a1}；T_{f1}，T_{a2}；$\cdots$；T_{f1}，T_{am}；T_{f2}，T_{a1}；T_{f2}，T_{a2}；$\cdots$；T_{f2}，T_{am}；$\cdots$；T_{fm}，T_{a1}；T_{fm}，T_{a2}；$\cdots$；T_{fm}，T_{am}。

（3）利用邦戎曲线求出每一条纵倾水线的体积 V_{ij} 和浮心坐标 x_{bij}，$i, j = 1, 2, \cdots, m$。

（4）将计算所得体积 V_{ij} 和浮心坐标 x_{bij} 绘成插值曲线图（图 4-16）。该图为计算排水体积的插值曲线图，横坐标轴为艉吃水，纵坐标轴为排水体积，曲线为等艏吃水排水体积。

（5）根据插值曲线图再作出以 T_a，T_f 分别为纵横坐标轴的等排水量 V 和等浮心纵向坐标 x_b 的等值图谱，即费尔索夫图谱（图 4-15）。以图 4-16 为例，给定某一排水体积 V_1，在图中量取 V_1 大小作水平直线，从图中读取与等艏吃水曲线交点对应的艏、艉吃水值，由艏、艉吃水值和等排水体积 V_1，便可在费尔索夫图谱中绘出等排水体积曲线。费尔索夫图谱中的等浮心曲线计算和绘制方法和此类似。

显然上述（3）需要从邦戎曲线图上量取每一站号下的横剖面面积和面积静矩，再作数值积分才能得到倾斜水线下的体积 V_{ij} 和浮心坐标 x_{bij}。因此，手工计算的工作量大且烦琐，若编制程序由计算机读取数据并计算则较为合适。

费尔索夫图谱多用于快艇、护卫艇之类的小艇上，这类小艇艏艉吃水变化较大，纵倾的问题比较突出。

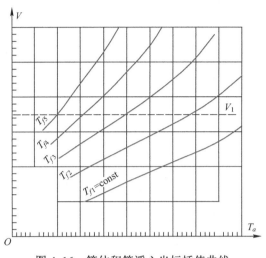

图 4-16 等体积等浮心坐标插值曲线

思考题：
（1）在舰船浮性与初稳性曲线计算过程中，提高计算精度的措施有哪些？
（2）何谓水线元？何谓体积元？
（3）静水力曲线的绘制需注意哪些因素？

计算题：

通过水线元的计算实作，熟悉舰船型值表，熟练掌握水线面面积、漂心坐标、面积惯性矩的概念和计算方法，会用梯形法对水线元要素进行近似计算。通过体积元的计算操作，熟悉掌握舰船排水体积、浮心坐标及横稳心半径、纵稳心半径的基本概念和计算方法，会用梯形法对舰船体积元要素进行近似计算。

某船的主尺度：L=37.0m，B=5.15m，T=1.5m，设计排水量 V=123.0m³，水线间距 ΔT=0.3m，站距 ΔL=1.85m。型值表如表 4-4 所示。

表 4-4 型值表

站号	半宽/mm									
	水线									
	0	1	2	3	4	5	6	7	8	9
0	0	0	0	0	0	0	0	51	104	177	272
1	0	85	151	217	275	332	418	512	626	770

续表

站号	半宽/mm 水线									
	0	1	2	3	4	5	6	7	8	9
2	30	238	375	468	561	652	716	884	1029	1214
3	50	389	596	741	852	962	1085	1222	1380	1580
4	50	545	830	1017	1150	1267	1392	1533	1688	1870
5	50	690	1055	1277	1429	1550	1671	1802	1945	2117
6	50	818	1258	1515	1679	1805	1921	2042	2171	2314
7	50	928	1435	1718	1898	2034	2151	2260	2359	2457
8	50	1035	1581	1898	2095	2340	2348	2435	2504	2554
9	50	1122	1695	2035	2254	2520	2492	2550	2590	2615
10	50	1150	1780	2142	2360	2575	2575	2624	2641	2650
11	50	1125	1818	2213	2425	2572	2612	2639	2650	2650
12	50	1000	1809	2234	2455	2570	2627	2645	2650	2650
13	0	710	1737	2209	2440	2568	2620	2638	2645	2645
14		0	1558	2140	2400	2537	2595	2615	2623	2627
15		0	1151	2032	2346	2490	2555	2577	2587	2591
16		0	0	1848	2258	2410	2485	2519	2536	2545
17		0	0	1414	2087	2203	2400	2445	2470	2485
18		0	0	0	1836	2053	2313	2365	2395	2415
19		0	0	0	0	1896	2225	2281	2315	2343
20		0	0	0	0	0	2110	2170	2215	2251

请基于以上型值表，计算该船的水线元：水线面面积、漂心坐标、水线面面积惯性矩，体积元：排水体积、浮心坐标、横稳心半径、纵稳心半径。

最终完成如下计算表格（表4-5）。

表4-5 计算表格

水线号	吃水/m	水线面积/m^2	漂心纵坐标/m	横向面积惯性矩/m^4	纵向面积惯性矩/m^4

续表

水线号	吃水/m	水线面积/m²	漂心纵坐标/m	横向面积惯性矩/m⁴	纵向面积惯性矩/m⁴

通过计算进行分析与讨论：

（1）在有的船体吃水下，水线面的面积起始和终止位置并不在站号上，此时如何处理水线面艏部和艉部面积？

（2）随着船体吃水的增加，水线面面积的变化趋势是怎样的？水面舰船和潜艇水线面面积变化趋势是否一致？

第5章　初稳性应用

前面的章节中介绍了舰船浮性、初稳性的定义和基本概念，以及表征舰船浮性和初稳性的曲线图谱——静水力曲线、邦戎曲线和费尔索夫图谱。舰船在维修和使用中，将会遇到如何利用浮性和初稳性的基本概念、公式解决诸如载荷增减和移动、悬挂物和自由液面等影响下舰船的浮态和初稳性，以及如何解决舰船进出船坞、舰船搁浅和舰船倾斜实验等工程实际问题。本章扩充初稳性公式，解决载荷增减、移动及自由液面影响下舰船浮态和初稳性的计算，最后应用上述基本公式解决舰船进出船坞、舰船搁浅和舰船倾斜实验等工程实际问题。

本章目的：

利用初稳性的相关原理与公式，分析解决常见类型的工程问题，包括小量载荷的移动、小量载荷的增减、自由液面的影响、悬挂载荷、进出坞、搁浅等。

本章学习思路：

本章分别讨论了初稳性相关原理在实际工程中的几种典型、常规应用，本章中，对于任何一种问题的处理，都是先解决初稳性高的变化情况，再根据新的初稳性高，利用回复力矩公式求解舰浮态的变化。

本章内容可归结为以下核心内容。

1．小量载荷的移动

影响初稳性高的仅载荷铅垂方向的移动，载荷的水平横向移动与载荷的水平纵向移动导致舰船浮态的变化。

2．增减小量载荷

首先将载荷加于舰上某一特殊位置，使舰船无横倾、无纵倾，此时舰船初稳性高发生变化；再将载荷移动至目标位置，这一步问题的处理可归结为小量载荷的移动，导致舰船浮态发生变化。

3．自由液面

自由液面的存在对舰船初稳性高有影响，对舰船稳性不利。自由液面对稳性影响的推导与小角度等体积倾斜、浮心迁移轨迹近似为一段圆弧。

4．悬挂载荷

悬挂载荷类似于载荷的重心升高，又不同于载荷的重心升高，对于这个问题的理解围绕"虚重心"这一关键概念。

5．进出坞与搁浅

进出坞与搁浅这两种情况有一重要共同点：其问题本质均可视为在船体底部某处卸载，相关公式的推导围绕这一思路展开。

6．倾斜实验

倾斜实验是舰船实船测试的一种，其目的是利用初稳性原理确定舰船的实际重量、重心位置。

难点：
(1) 增减小量载荷初稳性高的变化，中面的概念与应用；
(2) 自由液面对稳性的影响，改善自由液面影响措施；
(3) 悬挂载荷的虚重心。

关键词：
初稳性；自由液面；进出坞；搁浅；倾斜实验等。

5.1 小量载荷的移动对舰船浮态及初稳性的影响

舰船的建造、使用、维修和改装过程中，经常要在舰上增减或移动载荷。如航行中燃料、粮食、淡水等消耗物品的变化，舰船上排或进坞修理前要卸下油水及弹药等。所有这些都会引起舰船的浮态和稳性的改变。

舰船上载荷移动时，船的排水量虽然保持不变，但其浮态和初稳性有可能变化。为了简化问题，先从垂直、水平横向和水平纵向三个单方向移动载荷研究载荷移动对舰船浮态和初稳性影响，再合成得出任意载荷移动的影响。这一节将讨论小量载荷的移动，所谓"小量"载荷，就是对于舰船排水量而言，一般指载荷重量不超过排水量的10%。

需要说明的是，静力学中研究的是载荷移动对舰船静浮态的影响，因而认为载荷移动是无限缓慢的，不计动力影响。

5.1.1 载荷的铅垂移动

设舰船原来正浮于水线 WL，将船上的某一重量为 q 的载荷从 A_1 点铅垂移动到 A_2 点，移动的距离为 $(z_{q2} - z_{q1})$，如图 5-1 所示。由于船的排水量和水下排水体积形状没有发生变化，所以，浮心 B 和稳心 M 的位置保持不变。而船的重心由 G 点移动到 G_1 点，根据重心移动定理可得

$$\overline{GG_1} = \frac{q(z_{q2} - z_{q1})}{P} \tag{5-1}$$

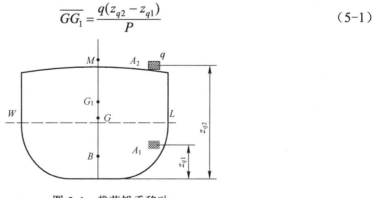

图 5-1 载荷铅垂移动

由图 5-1 中可见，由于重心的移动，引起了稳性高的改变。原来的初稳性高为 $\overline{GM}(h)$，新的初稳性高为 $\overline{G_1M}(h_1)$，且

$$\overline{G_1M} = \overline{GM} - \overline{GG_1} \qquad (5\text{-}2)$$

所以新的初稳性高为

$$\overline{G_1M} = \overline{GM} - \frac{q(z_{q2} - z_{q1})}{P} \qquad (5\text{-}3a)$$

或写成

$$h_1 = h - \frac{q(z_{q2} - z_{q1})}{P} \qquad (5\text{-}3b)$$

同理新的纵稳性高为

$$\overline{G_1M_L} = \overline{GM_L} - \frac{q(z_{q2} - z_{q1})}{P} \qquad (5\text{-}4)$$

通常纵稳性高的数值很大，$\overline{GG_1}$ 相对于 $\overline{GM_L}$ 是一个小量，在使用中常可以认为 $\overline{G_1M_L} \approx \overline{GM_L}$（$H_1 \approx H$）。

载荷的铅垂移动并不改变舰船的浮态，而仅改变舰船的初稳性。从式（5-3b）可见，载荷铅垂向上移动，则提高舰船的重心，其结果使舰船的初稳性高减小。相反，载荷铅垂向下移动，则会降低舰船的重心，其结果使舰船的初稳性高增大。所以降低舰船的重心是提高舰船稳性的有效措施之一。

5.1.2 载荷的水平横向移动

将船上重量为 q 的载荷自 A 点水平横向移动至 B 点，移动的距离为 $(y_{q2} - y_{q1})$，如图 5-2 所示。船的重心自 G 点水平移动至 G_1 点，根据重心移动定理可得

$$\overline{GG_1} = \frac{q(y_{q2} - y_{q1})}{P} \qquad (5\text{-}5)$$

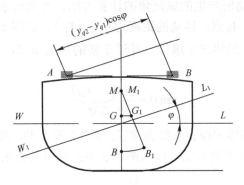

图 5-2 载荷的水平横向移动

这时，重力的作用线通过 G_1 点，不再与原来浮心 B 位于同一铅垂线上。因此，舰船将发生横倾，浮心自 B 点向载荷移动方向一侧移动。当倾斜到某一角度 φ 时，新的浮心 B_1 与 G_1 在同一铅垂线上，舰船浮于新的水线 W_1L_1 处于新的平衡状态。

在图 5-2 中根据几何关系不难得到

$$\tan\varphi = \frac{\overline{GG_1}}{\overline{GM}} = \frac{q(y_{q2} - y_{q1})}{P \cdot \overline{GM}} \qquad (5\text{-}6)$$

这里根据图 5-2 的几何关系导出上式，图 5-2 中正浮状态的浮力作用线与载荷移动后新的平衡位置浮力作用线相交于 M 点，即稳心 M 与稳心 M_1 重合。这个结论来自小量载荷移动的假设前提，因为小量载荷的移动，舰船横倾小角度，从而近似认为浮心 B 沿着以 M 点为圆心，$\overline{GM}$ 为半径的圆弧移动到 B_1 点，因此，两浮力作用线相交于正浮状态的稳心 M。

从图 5-2 的几何关系不难得出新的稳性高与原稳性高关系为

$$\overline{G_1M_1} = \frac{\overline{GM}}{\cos\varphi} \quad （或 h_1 = \frac{h}{\cos\varphi}） \tag{5-7}$$

因横倾角 φ 很小，近似取 $\cos\varphi \approx 1$，所以

$$\overline{G_1M_1} \approx \overline{GM} \quad （或 h_1 = h） \tag{5-8}$$

综合式（5-6）、式（5-8），小量载荷水平横向移动，初稳性高的变化量较小，可以认为初稳性高不变，但舰船要产生横倾，由式（5-6）计算移动后舰船横倾角。

应注意用式（5-6）计算横倾角时，坐标值 y_{q1}、y_{q2} 本身均带有正负号，当 $\varphi>0$ 时，表示舰船向右倾斜；反之，表示舰船向左倾斜。

在实际使用当中，经常用到每度横倾力矩。定义：舰船横倾 1° 所需的外力矩叫每度横倾力矩，记为 M_φ^0，单位是 kN·m/(°)。在数值上等于舰船横倾 1° 时的复原力矩。所以

$$M_\varphi^0 = P \cdot h \cdot \sin 1° \approx P \cdot h / 57.3 \tag{5-9}$$

有了每度横倾力矩，在已知外力矩 M_{kp} 时立即可以求得相应的横倾角：

$$\varphi = \frac{M_{kp}}{M_\varphi^0} \tag{5-10}$$

5.1.3 载荷的水平纵向移动

载荷的纵向水平移动所产生的纵倾角的计算方法，与横向水平移动相类似。载荷 q 自 A_1 点水平纵向移动至 A_2 点，移动的距离为 $(x_{q2}-x_{q1})$，如图 5-3 所示。船的重心自 G 点水平移动至 G_1 点，舰船将产生纵倾，并浮于新的水线 W_1L_1，其纵倾角为 θ，根据重心移动定理可得

$$\tan\theta = \frac{q(x_{q2}-x_{q1})}{P \cdot \overline{GM_L}} \tag{5-11}$$

第 4 章已经证明，等体积倾斜水线面 W_1L_1 与原水线面 WL 的交线必然通过原水线面的漂心 F。这样艏艉吃水差的变化可以从图 5-3 中的几何关系求得

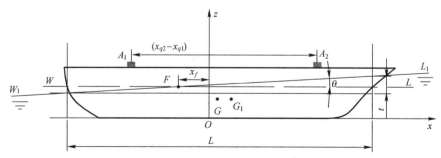

图 5-3 载荷的水平纵向移动

$$\begin{cases} \delta T_f = \left(\dfrac{L}{2} - x_f\right)\tan\theta = \left(\dfrac{L}{2} - x_f\right)\dfrac{q(x_{q2}-x_{q1})}{P\cdot\overline{GM_L}} \\ \delta T_a = -\left(\dfrac{L}{2} + x_f\right)\tan\theta = -\left(\dfrac{L}{2} + x_f\right)\dfrac{q(x_{q2}-x_{q1})}{P\cdot\overline{GM_L}} \end{cases} \quad (5\text{-}12)$$

新的艏艉吃水为

$$\begin{cases} T_{f1} = T_f + \left(\dfrac{L}{2} - x_f\right)\dfrac{q(x_{q2}-x_{q1})}{P\cdot\overline{GM_L}} \\ T_{a1} = T_a - \left(\dfrac{L}{2} + x_f\right)\dfrac{q(x_{q2}-x_{q1})}{P\cdot\overline{GM_L}} \end{cases} \quad (5\text{-}13)$$

与载荷水平横向移动相类似，载荷水平纵向移动时，舰船产生纵倾，而初稳性基本不变。

由于舰船的纵向尺寸较大纵倾角小，一般舰船的纵倾常采用艏艉吃水差 t 来表示，即舰船艏垂线吃水与艉垂线吃水的差值：

$$t = T_f - T_a \quad (5\text{-}14)$$

为了比较方便快速确定外力矩引起的舰船艏艉吃水差，常用到每厘米纵倾力矩。定义：舰船产生艏艉吃水差 1cm 所需的外力矩叫每厘米纵倾力矩，记为 M_t^{cm}（有的用符号 MTC 表示）。在数值上就等于舰船艏艉吃水差 1cm 时的纵倾复原力矩。为此，令 $t = T_f - T_a = 1\text{cm}$，因为吃水差与纵倾角之间关系为

$$\dfrac{t}{L} = \tan\theta \approx \theta$$

所以当艏艉吃水差为 1cm 时，舰船相应的纵倾角为

$$\theta_1^{cm} = \dfrac{0.01}{L}$$

相应于吃水差为 1cm 的舰船复原力矩为

$$M_L = P\cdot H\cdot\theta_1^{cm} = P\cdot H\cdot\dfrac{0.01}{L} \quad (5\text{-}15)$$

式（5-15）中的力矩值就是使舰船产生 1cm 吃水差所需的外力矩，因此，舰船每厘米纵倾力矩为

$$M_t^{cm} = P\cdot H\cdot\theta_1^{cm} = \dfrac{P\cdot H}{100L} \quad (5\text{-}16)$$

由于浮心和重心之间的距离 $(z_g - z_b)$ 与纵稳性半径 R 相比是一个小值，可以认为 $H\approx R$，式（5-16）也可写成

$$M_t^{cm} = \dfrac{P\cdot R}{100L} \quad (5\text{-}17)$$

当已知外加的纵倾力矩 M_{Lkp}，则由每厘米纵倾力矩 M_t^{cm} 可以求得艏艉吃水差：

$$t = \dfrac{M_{Lkp}}{M_t^{cm}} \quad (5\text{-}18)$$

注意：每厘米纵倾力矩和每度横倾力矩都是随排水量和重心高度而改变的。

例 5-1 某驱逐舰因装载不当形成首纵倾,已知艏吃水 T_f=3.80m,艉吃水 T_a=3.40m,问要将首部燃油舱中多少吨燃油移至尾舱才能使该舰恢复正浮?若艏艉燃油舱的容积中心相距 90.0m,船长 L=110m。

解:方法一:
吃水差 $t = T_f - T_a = 3.80 - 3.40 = 0.40 \text{(m)}$

$$相应的首纵倾 \theta = \frac{t}{L} = \frac{0.40}{110.0} \text{(rad)}$$

从正浮位置纵倾至该角度时舰船的复原力矩应为 $PH\theta$,为求出 P、H 可利用静水力曲线。根据平均吃水(3.80+3.40)/2=3.60(m),查静水力曲线得

V=2210m³,I_{yf}=6.15×10⁵m⁴,$R = I_{yf}/V$=615000/2210=278m,$H \approx R$=278m

欲使舰船恢复正浮,必须使导移燃油所形成的力矩和上述复原力矩相等;于是可得

$$q \times 90.0 = P \cdot H \cdot \theta = 1.02 \times 2210 \times 278 \times 0.40/110.0$$

$$q = 1.02 \times 2210 \times 278 \times 0.40/(110.0 \times 90.0) = 25.4 \text{(t)}$$

方法二:
先求出每厘米纵倾力矩,则计算步骤如下:
按平均吃水 3.60m,从静水力曲线上查出 V、I_{yf} 的值,并算出纵稳性半径 R。再根据 $H \approx R$,求出 H。于是:

每厘米纵倾力矩:$M_t^{cm} = \dfrac{P \cdot H}{100L} = 1.02 \times 2210 \times 278 \div 100 \div 110 = 57.0 \text{(t·m/cm)}$

现有纵倾差:$t = T_f - T_a = 3.80 - 3.40 = 0.40 \text{(m)} = 40 \text{(cm)}$

欲消除 40cm 纵倾差需力矩:40×57.0=2280 (t·m)

需导移燃油:$q \times 90 = 2280$,$q = 25.4t$

可见,以上两种解法的结果是一样的,且若已知每厘米纵倾力矩(有的静水力曲线包括每厘米纵倾力矩随吃水改变的曲线),则计算更为简便。

5.1.4 载荷的任意移动

将船上重量为 q 的载荷自 $A_1(x_1,y_1,z_1)$ 点移至 $A_2(x_2,y_2,z_2)$ 点,如图 5-4 所示。由于研究的是静力学问题,不计及动力影响,载荷移动的影响只与初始和最终位置有关,而与移动路径无关。所以可以认为载荷沿任意方向的移动,由下列三个方向的分位移所组成,即

沿垂直方向的移动:$A_1A_1' = (z_2 - z_1)$;
沿水平横向的移动:$A_1'A_1'' = (y_2 - y_1)$;
沿水平纵向的移动:$A_1''A_2 = (x_2 - x_1)$。

至于舰船的浮态和初稳性所发生的变化,同样可以认为是由三个方向分位移的变化所产生的总结果。这样,便可以按照下列步骤,求得载荷沿任意方向移动后舰船的浮态和初稳性:首先考虑载荷沿垂直方向移动,求出新的稳性高;其次利用所求得的新的稳性高,找出横倾角、纵倾角及艏艉吃水。

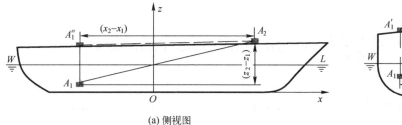
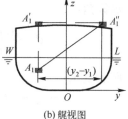

(a) 侧视图   (b) 艉视图

图 5-4 载荷的任意移动

1. 新的稳性高

$$\overline{G_1M} = \overline{GM} - \frac{q(z_2 - z_1)}{P}$$

$$\overline{G_1M_L} = \overline{GM_L} - \frac{q(z_2 - z_1)}{P} \approx \overline{GM_L} \quad (5\text{-}19)$$

2. 横倾角

$$\tan\varphi = \frac{q(y_2 - y_1)}{P \cdot \overline{G_1M}} \quad (5\text{-}20)$$

3. 纵倾角

$$\tan\theta = \frac{q(x_2 - x_1)}{P \cdot \overline{G_1M_L}} \quad (5\text{-}21)$$

4. 艏艉吃水变化

$$\delta T_f = \left(\frac{L}{2} - x_f\right)\frac{q(x_2 - x_1)}{P \cdot \overline{GM_L}}$$

$$\delta T_a = -\left(\frac{L}{2} + x_f\right)\frac{q(x_2 - x_1)}{P \cdot \overline{GM_L}} \quad (5\text{-}22)$$

5. 新的艏艉吃水

$$T_{f1} = T_f + \delta T_f$$

$$T_{a1} = T_a + \delta T_a \quad (5\text{-}23)$$

应该指出的是，在讨论上述问题时，有关坐标参数是按坐标系来进行分析的，在应用有关公式计算舰船的浮态和初稳性时，应该弄清正负号的关系，以免发生错误。

例 5-2 某驱逐舰 L=110m，T=3.63m，P=2295t，$\overline{GM}$=1.03m，$\overline{GM_L}$=273m，x_f=-4.75m，今将燃油 25t 从（30，-2，0.3）处导移至（-8.0，5.0，1.5）处，求浮态和初稳性的变化。

解：新的初稳性高：

$$\overline{G_1M} = \overline{GM} - \frac{q(z_2 - z_1)}{P} = 1.03 - 25\times(1.5 - 0.3)\div 2295 = 1.02(\text{m})$$

横倾角：

$$\varphi \approx \frac{q(y_2 - y_1)}{P \cdot \overline{G_1M}} = 25\times(5.0 + 2.0) \div 2295 \div 1.02(\text{rad}) = 4.3°$$

纵倾角：
$$\theta = \frac{q(x_2-x_1)}{P \cdot \overline{G_1 M_L}} = 25 \times (-8.0-30.0) \div 2295 \div 273 \text{(rad)} = -0.09°$$

艏艉吃水：
$$T_{f1} = T + \left(\frac{L}{2} - x_f\right)\theta = 3.63 + (110 \div 2 + 4.75) \times (-0.0015) = 3.54 \text{(m)}$$
$$T_{a1} = T - \left(\frac{L}{2} + x_f\right)\theta = 3.63 - (110 \div 2 - 4.75) \times (-0.0015) = 3.71 \text{(m)}$$

5.2 装卸载荷对舰船浮态及初稳性的影响

装卸载荷引起舰船排水量及重心发生变化，导致舰船的浮态及初稳性出现相应的改变。这一节主要讨论装卸小量载荷对舰船浮态和初稳性的影响，对大量载荷装卸的影响仅给出计算的方法和步骤。

5.2.1 装卸小量载荷对舰船浮态和初稳性的影响

舰船任意位置处装卸小量载荷，会使舰船吃水改变，一般将同时出现横倾和纵倾。为讨论问题简单起见，分两个步骤研究：首先将载荷装卸于某一特殊位置上，载荷装卸于该特殊位置时仅使舰船产生平行的下沉或上浮，即不出现横倾和纵倾；其次将载荷从该特殊点移至实际装卸载荷的位置。后一步骤可直接利用上一节讨论结果计算对舰船浮态和初稳性影响。

1. **不引起倾斜和倾差的小量载荷装卸**

首先找出不引起倾斜和倾差的小量载荷装卸位置。设舰船正浮于水线 WL，吃水为 T，排水量为 P，浮心 B、重心 G、横稳心 M 和漂心 F 的位置如图 5-5 所示。现将重量为 q 的小量载荷加在船上某点 $A(x', y', z')$ 处，假设舰船无倾斜和倾差，仅有平行下沉吃水的改变，新的水线为 $W_1 L_1$，吃水为 T_1，排水量为 P_1，浮心 B_1、重心 G_1、横稳心 M_1 位置如图 5-5 所示。

从横向截面来看[图 5-5（b）]，载荷 q 加在对称面时，新的重力与新的浮力作用线依然在对称面上，舰船不出现倾斜，所以 $y' = 0$。

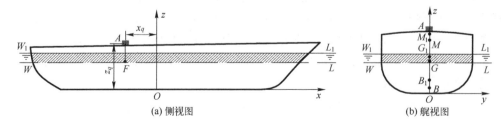

图 5-5 水线面漂心铅垂线上增加载荷

从纵向截面来看[图 5-5（a）]，在水线 WL 时，重心 G 与浮心 B 位于同一铅垂线上，增加载荷 q 后，增加的浮力 $\rho g \delta v$ 是原水线面 WL 与新的水线面 $W_1 L_1$ 之间排水体积所提供,即图 5-5 中阴影部分。若载荷 q 纵向位置位于增加的浮力 $\rho g \delta v$ 作用线上,则新的重力与新的浮力位于同一铅垂线上,舰船不出现倾差。

因此,装卸载荷 q 位于增加的浮力作用线上时,舰船仅有平行吃水的改变,不出现倾斜与倾差。在小量载荷装卸的前提下,假定吃水改变范围内舰船为直舷,于是原水线面与新水线面相同,新增加的浮力作用线过原水线面漂心 F 点。

综上所述,小量载荷 q 装卸于原水线面漂心 F 点的铅垂线上时,不引起舰船的倾斜与倾差,即 $(x', y', z') = (x_f, 0, z_q)$。

现将载荷 q 加在 $(x_f, 0, z_q)$ 点,讨论对舰船初稳性的影响。增加载荷前正浮于水线 WL,这时有

$$P = \rho g V, \quad x_g = x_b$$

增加载荷 q 后,浮于水线 $W_1 L_1$,吃水的增量是 δT,水线 WL 与水线 $W_1 L_1$ 之间所增加的一薄层排水体积为 δv,则

$$P + q = \rho g(V + \delta v)$$

即

$$q = \rho g \delta v$$

在直舷假定下 $\delta v = \delta T A_w$,所以

$$\delta T = \frac{\delta v}{A_w} = \frac{q}{\rho g A_w} \tag{5-24}$$

式中:A_w 为 WL 水线面面积。

增加载荷前后,舰船的浮心、重心和稳心分别由原来的 B、G、M 点移至 B_1、G_1、M_1 点,因而稳性高也将由原来的 $\overline{GM}$ 变为 $\overline{G_1 M_1}$。下面讨论舰船初稳性高的改变。

增加载荷前舰船初稳性高为

$$h = z_b + r - z_g$$

增加载荷后的稳性高为

$$h_1 = z_{b1} + r_1 - z_{g1} \tag{5-25}$$

因此,初稳性高的改变量为

$$\delta h = h_1 - h = \delta z_b + \delta r - \delta z_g \tag{5-26}$$

先来看浮心垂向坐标的改变量 δz_b。水线 $W_1 L_1$ 下的体积由两部分组成:水线 WL 下排水体积 V,其体积中心在 B 点(垂向位置 z_b);水线 WL 和水线 $W_1 L_1$ 之间的体积 δv,其体积中心垂向位置在 $(T + \delta T / 2)$,对通过 B 点的水平面取体积静矩,则

$$(V + \delta v) \cdot \delta z_b = V \cdot 0 + \delta v \left(T + \frac{\delta T}{2} - z_b \right)$$

即

$$\delta z_b = \frac{\delta v}{(V + \delta v)} \left(T + \frac{\delta T}{2} - z_b \right) \tag{5-27}$$

同理,确定 δz_g 时,对通过 G 点的水平面取力矩,并使重量 $P+q$ 的力矩等于 P 及 q 对同一平面的力矩之和,则

$$(P+q) \cdot \delta z_g = P \cdot 0 + q(z_q - z_g)$$

即

$$\delta z_g = \frac{q}{(P+q)}(z_q - z_g) \tag{5-28}$$

横稳性半径的改变量按照其定义应为

$$\delta r = r_1 - r = \frac{I_x + \delta I_x}{(V+\delta v)} - \frac{I_x}{V} = \frac{V \cdot \delta I_x - I_x \cdot \delta v}{V(V+\delta v)}$$

$$= \frac{\delta I_x}{V+\delta v} - r\frac{\delta v}{V+\delta v} \tag{5-29}$$

在直舷假定下,原水线面与新水线面相同,两水线面的惯性矩相等,即 $\delta I_x = 0$,于是

$$\delta r = \frac{\delta v}{V+\delta v}(-r) \tag{5-30}$$

将式(5-27)、式(5-28)、式(5-30)代入式(5-26),并考虑到 $P = \rho g V$, $q = \rho g \delta v$, $P+q = \rho g(V+\delta v)$,可得

$$\delta h = \frac{q}{P+q}\left(T + \frac{\delta T}{2} - z_b - r + z_g - z_q\right)$$

$$= \frac{q}{P+q}\left(T + \frac{\delta T}{2} - h - z_q\right) \tag{5-31}$$

式(5-31)即增减小量载荷 q 后初稳性高改变量计算公式。同理,可得增加小量载荷后所引起纵稳性高的改变:

$$\delta H = \frac{q}{P+q}\left(T + \frac{\delta T}{2} - H - z_q\right) \tag{5-32}$$

因此,新的初稳性高为

$$\begin{cases} h_1 = h + \delta h \\ H_1 = H + \delta H \approx \frac{P}{P+q}H \end{cases} \tag{5-33}$$

由式(5-31)可以判断载荷 q 的高度对于初稳性高的影响:

若 $z_q = T + \frac{\delta T}{2} - h$,则 $h_1 = h$,初稳性高不变;

若 $z_q > T + \frac{\delta T}{2} - h$,则 $h_1 < h$,初稳性高降低;

若 $z_q < T + \frac{\delta T}{2} - h$,则 $h_1 > h$,初稳性高增加。

由此可见,在船上有一高度为 $\left(T + \frac{\delta T}{2} - h\right)$ 的平面(称为中面),当增加的载荷 q 的重心高度刚好位于此平面时,对于初稳性没有影响。若增加的载荷重心高度高于此平面,则初稳性高减小;反之,则使初稳性高增加。以上载荷增加的讨论同样适合载荷减少的情况,在计算载荷减少对浮态和初稳性影响时,需把载荷重量代入负值,平均吃水的改变量 δT 也是负值,这时,在中面以上减少载荷使初稳性高增加,在中面以下减少载荷使初稳性高减小。这对指导舰船使用中如何合理地增减载荷保持稳性具有重要作用。

需要说明的是,增加的载荷重心位于中面时,初稳性高不变,但是复原力矩要变化,

按照初稳性公式有

$$\begin{aligned}M_{r1} &= (P+q)h_1\varphi = (P+q)(h+\delta h)\varphi \\ &= (P+q)\cdot h\varphi + q\left(T+\frac{\delta T}{2}-h-z_q\right)\cdot\varphi \\ &= Ph\varphi + q\left(T+\frac{\delta T}{2}-z_q\right)\cdot\varphi \\ &= M_r + q\left(T+\frac{\delta T}{2}-z_q\right)\cdot\varphi\end{aligned} \qquad (5-34)$$

可见，只有当增加载荷高度为 $z_q = T + \frac{\delta T}{2}$ 时，复原力矩不变，大于此高度则复原力矩减小，低于此高度则复原力矩增加。

2．任意位置装卸小量载荷对舰船浮态及初稳性的影响

载荷增减在任意位置时，必将同时引起舰船吃水、横倾和纵倾的变化，此时只要将载荷先加在水线面漂心 F 的铅垂线上，再将载荷移动到任意的加载位置即可。

设重量为 q 的载荷增加在舰船的 $A(x_q, y_q, z_q)$，如图 5-6 所示。按以下步骤计算增加载荷后对舰船浮态和初稳性影响。

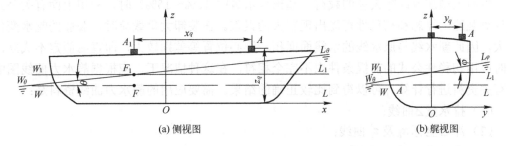

图 5-6　任意位置小量载荷增减

（1）将载荷 q 加在 $A_1(x_f, 0, z_q)$ 点，根据载荷增加在水线面漂心铅垂线上的讨论，则

吃水改变：

$$\delta T = \frac{q}{\rho g A_w} \qquad (5-35)$$

新的初稳性高：

$$h_1 = h + \frac{q}{(P+q)}\left(T + \frac{\delta T}{2} - h - z_q\right) \qquad (5-36)$$

新的纵稳性高：

$$H_1 \approx \frac{P}{(P+q)} H \qquad (5-37)$$

（2）将载荷 q 从 $A_1(x_f, 0, z_q)$ 点水平移至 $A(x_q, y_q, z_q)$ 点，则根据载荷水平移动对浮态和初稳性影响的讨论，可得

横倾角和纵倾角分别为

$$\tan\varphi = \frac{qy_q}{(P+q)\cdot h_1} \qquad (5-38)$$

$$\tan\theta = \frac{q(x_q - x_f)}{(P+q) \cdot H_1} \tag{5-39}$$

艏艉吃水改变：

$$\begin{cases} \delta T_f = \left(\frac{L}{2} - x_f\right)\tan\theta \\ \delta T_a = \left(\frac{L}{2} + x_f\right)\tan\theta \end{cases} \tag{5-40}$$

新的艏艉吃水：

$$\begin{cases} T_{f1} = T_f + \delta T + \delta T_f \\ T_{a1} = T_a + \delta T - \delta T_a \end{cases} \tag{5-41}$$

对于载荷减少的情况，同样可以应用上述计算公式，只需要将载荷量 q 取负值，同时注意吃水的改变也是负值。

5.2.2 装卸大量载荷对舰船浮态和初稳性的影响

当船上增加或卸除大量的载荷（超出排水量的 10%～15%）时，应用上面有关公式来计算舰船的浮态和初稳性可能出现较大的误差。在装卸大量载荷时，舰船的吃水变化较大，因此新水线与原水线的水线面面积、漂心位置等差别较大，即直舷假定不成立，同时应用初稳性公式的前提条件也不完全相符。在这种情况下，应根据静水力曲线图中的有关资料进行计算，可以得到比较正确的结果。需要应用的静水力曲线资料是：

（1）排水量 Δ 曲线；
（2）浮心坐标 x_b 及 z_b 曲线；
（3）漂心纵坐标 x_f 曲线；
（4）每厘米纵倾力矩 M_t^{cm} 曲线。

设舰船原来的排水量为 P，重心纵向坐标为 x_g，重心垂向坐标为 z_g。当舰船装上大量载荷 q（其重心在 x,y,z 处）后，新的排水量为

$$P_1 = P + q$$

根据计算重量和重心坐标的一般公式，新的重心位置为

$$\begin{cases} x_{g1} = \dfrac{Px_g + qx}{P+q} \\ z_{g1} = \dfrac{Pz_g + qz}{P+q} \end{cases} \tag{5-42}$$

在静水力曲线图横坐标上截取排水量 $P+q$，从这点作垂线与排水量曲线相交，再从交点引水平线与纵坐标轴相交，即得相应的正浮吃水 T_1，如图 5-7 所示，根据吃水 T_1 可从有关曲线上量得 x_{b1}，z_{b1}，r_1，x_{f1} 及 M_t^{cm} 等数值。

因此，排水量为 $P+q$ 时的初稳性高：

$$h_1 = z_{b1} + r_1 - z_{g1} \tag{5-43}$$

如果加载后引起的横倾角不大（$\not> 10°\sim 15°$），则可以认为横倾后的初稳性高与正

浮时的值一样，则横倾角正切：

$$\tan\varphi = \frac{q \cdot y}{(P+q) \cdot h_1} \tag{5-44}$$

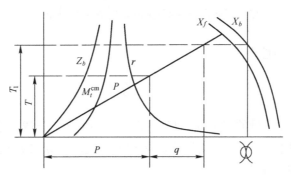

图 5-7 静水力曲线上确定新的吃水

由于静水力曲线是针对舰船的正浮状态，若装载后的横倾角很大，则此结果的误差也较大，这时需用第六章的大角稳性曲线来判定其横倾角大小。

舰船的重心 G_1 和浮心 B_1 不一定在同一铅垂线上，即 x_{g1} 不一定等于 x_{b1}，由此所引起的纵倾力矩可以从下式求得：

$$M_T = (P+q)(x_{g1} - x_{b1}) \tag{5-45}$$

所以，舰船的纵倾差为

$$t = \frac{M_T}{100 M_t^{cm}} \tag{5-46}$$

增加载荷后舰船的艏艉吃水：

$$\begin{cases} T_f = T_1 + \left(\dfrac{L}{2} - x_{f1}\right)\dfrac{t}{L} \\ T_a = T_1 - \left(\dfrac{L}{2} + x_{f1}\right)\dfrac{t}{L} \end{cases} \tag{5-47}$$

对于卸除载荷的情况，也可以用同样的方法进行计算，不过这时在静水力曲线图的横坐标上应截取的排水量为 $P-q$，在应用有关公式时需把载荷重量改为 $-q$ 等。

5.3 悬挂载荷对舰船浮态及初稳性的影响

一般舰艇的悬挂重量有各种类型，如悬挂救生艇、用吊杆装卸货物、渔船用吊杆起网，以及未加固定的悬挂重量等，但它们都可以统一看成绕悬挂点转动的重量，在舰艇倾斜过程中它们对舰艇稳性会产生不利的影响。

设舰船浮于 WL 水线，有一未加固定的悬挂于 A 点的重物 q，其重心位于 B 点，悬线长 l，如图 5-8 所示。当舰船横倾一小角度 φ 后，重物 q 自 B 点移至 B_1 点。若在 B 点加上一对大小相等、方向相反的共线力 q，则可以将悬挂重量 q 的影响看作舰船的重心不变，但增加了一个横倾力偶矩，即

$$M_{kp} = ql\sin\varphi$$

故舰船在横倾 φ 角时的实际复原力矩：

$$M_r = Ph\sin\varphi - ql\sin\varphi = P\left(h - \frac{q}{P}l\right)\sin\varphi \tag{5-48}$$

所以，舰船实际的初稳性高为

$$h_1 = \left(h - \frac{q}{P}l\right) \tag{5-49}$$

由上式可见，悬挂重量的影响使初稳性高减小了 ql/P。与载荷垂向移动对初稳性高影响计算式（5-3）比较，可以看出这个影响相当于把重量 q 自 B 点垂向移至悬挂点 A，故 A 点称为悬挂重量的虚重心。

当舰上有起重机吊起甲板上（或舱内）的载荷时，当载荷一离开甲板，也就是当载荷由固定的变为悬挂的一瞬间，初稳性高立即按上式规律减小，而只要悬挂点本身的位置不变，那么在载荷继续升高的过程中，初稳性高将不再改变，因为在这一过程中起作用的始终是虚重心，而不是实际重心。

例 5-3 求舰船用吊杆吊起 q=8.00t 重的小艇时的横倾角（图 5-9），若已知：舰船排水量 P=3000t，吃水 T=3.50m，吊杆的外伸 b=8.0m，吊杆顶端在水线以上的高度 l=12.0m，原横稳性高为 h=0.75m。

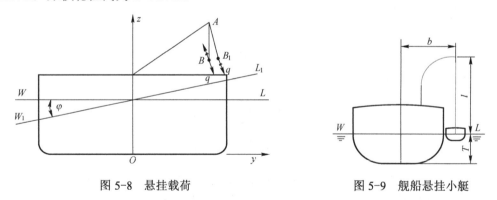

图 5-8 悬挂载荷　　　　　　　　图 5-9 舰船悬挂小艇

解：（1）只要小艇一离开水面，其虚重心即达到于吊杆顶端，故可看成舰上增加了一个固定载荷，其重心高度为

$$z_q = T + l = 3.5 + 12.0 = 15.5(\text{m})$$

应用增加小量载荷对初稳性影响的计算公式：

$$\delta h = \frac{q}{P+q}\left(T + \frac{\delta T}{2} - h - z_q\right)$$
$$= 8.0 \times (3.5 - 0.75 - 15.5) \div (3000 - 8.0) = -0.034(\text{m})$$

（式中 δT 较小，可以略去）

$$h_1 = h + \delta h = 0.75 - 0.034 = 0.716(\text{m})$$

(2) 横倾角：

$$\varphi = \frac{qy_q}{(P+q)h_1} = \frac{q \times b}{(P+q)h_1} = 8.0 \times 8.0 \div 3008 \times 0.716 \text{(rad)} \approx 0.873°$$

5.4 自由液面对舰船初稳性的影响

舰上设有淡水仓、燃油仓、压载水舱及污水仓等液体仓柜，若舱内液体不满，则舰船倾斜时，舱内的液体也将流向一舷，且液面保持与水面平行，这种可以自由流动的液面称为自由液面。现讨论自由液面对初稳性的影响。

如图 5-10 所示，设舰船的排水量为 P，自由液体的体积为 v，液体的质量密度为 ρ_1，当舰船处于正浮状态时，其重心在 G 点。舱内的自由液面 CD 平行于水线 WL，其重心在 a 点。当舰船倾斜一小角度 φ 后，舱内液体自由表面倾斜至 C_1D_1，且平行于新水线 W_1L_1，其重心由 a 点移至 a_1 点。液体重心 a 点的移动与第 3 章讨论的等体积倾斜浮心 B 移动相类似，重心 a 沿着 m 点为圆心 $\overline{am}$ 为半径的圆弧移动到 a_1 点，根据式（3-5），有

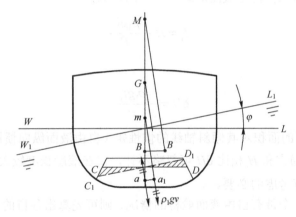

图 5-10 液舱内的自由液面对稳性影响

$$\overline{am} = \frac{i_x}{v} \tag{5-50}$$

式中：i_x 为自由液面的面积对其倾斜轴线的惯性矩（自由液面横向惯性矩）；v 为舱内液体的体积。

现在 a 点加上一对大小相等、方向相反的共线力 ρ_1gv，则舱内液体的移动相当于增加了一个倾斜的力偶矩，该力偶矩方向与舰船倾斜方向相同，其数值为

$$\begin{aligned} m_h &= \rho_1 gv \cdot \overline{aa_1} \\ &= \rho_1 gv \cdot \overline{am} \sin\varphi \end{aligned} \tag{5-51}$$

将式（5-50）代入式（5-51）中，得到舱内液体移动产生的力偶矩：

$$m_h = \rho_1 gv \frac{i_x}{v} \sin\varphi = \rho_1 g \cdot i_x \sin\varphi \tag{5-52}$$

因此，舰船横倾 φ，除舰船本身的复原力矩 $M_r = Ph\sin\varphi$ 外，还有一个自由液面所产生的横倾力矩 m_h。此时，扣除自由液面移动引起的力矩 m_h 后舰船的复原力矩是

$$M_{r1} = Ph\sin\varphi - \rho_1 g \cdot i_x \sin\varphi = P\left(h - \frac{\rho_1 g \cdot i_x}{P}\right)\sin\varphi \tag{5-53}$$

则考虑自由液面修正后舰船的初稳性高是

$$h_1 = \left(h - \frac{\rho_1 g \cdot i_x}{P}\right) \tag{5-54}$$

记

$$\delta h = -\frac{\rho_1 g \cdot i_x}{P} \tag{5-55}$$

称为自由液面对初稳性高的修正值，其数值与自由液面的大小、船的排水量有关，一般与液舱内液体量无关。由此可见，自由液面的影响使初稳性高减小了 $\rho_1 g \cdot i_x / P$。

用类似方法可以求得自由液面对纵稳性高的影响：

$$H_1 = H - \frac{\rho_1 g i_y}{P} \tag{5-56}$$

纵稳性高改变量：

$$\delta H = -\frac{\rho_1 g i_y}{P} \tag{5-57}$$

式中：i_y 为自由液面的面积对其倾斜轴线的惯性矩（自由液面纵向惯性矩）。由于纵稳性高 H 的值比较大，通常和 H 相比 δH 可忽略不计，仅在液舱长度较大，惯性矩 i_y 的值比较显著的情况下才有考虑的必要。

对于船上有若干个带有自由液面舱柜的情况，则可先算出各自的 $\rho_1 g i_x$，然后把它们加起来除以船的排水量，便得到所有自由液面对初稳性高的修正值 $-\frac{\sum \rho_1 g i_x}{P}$，此时新的稳性高为

$$h_1 = h - \frac{\sum \rho_1 g i_x}{P} \tag{5-58}$$

同理，对于纵倾情况有

$$H_1 = H - \frac{\sum \rho_1 g i_y}{P} \tag{5-59}$$

从以上推导可以看出，自由液面的影响总是减小舰船的初稳性高，对于装有大量液体载荷的舰船，如油船，水船应特别注意自由液面对稳性的影响。军舰在破损进水后常常会带来大量的自由液面，甚至有时能使稳性高降为负值而使舰船处于倾覆的危险状态。

为了减小自由液面对初稳性的不利影响，最有效的办法是使液体自由液面的面积惯性矩i_x尽量减小，在结构上可采取加纵向隔舱壁的办法。以下举一简单的例子，说明设置纵向舱壁对减小自由液面影响的效果。

设有一个长为l、宽为b的矩形自由液面[图 5-11（a）]。横倾时该自由液面的横向惯性矩：

$$i_x = \frac{1}{12}lb^3 \tag{5-60}$$

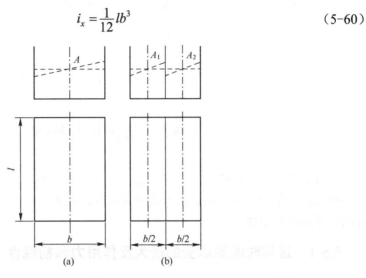

图 5-11 矩形自由液面

若采用纵向舱壁将其分成两个相同的部分[图 5-11（b）]，则自由液面A_1及A_2的横向惯性矩总和：

$$\sum_{j=1}^{2} i_{xj} = 2 \times \frac{1}{12} l \left(\frac{b}{2}\right)^3 = \frac{1}{4} \times \frac{lb^3}{12} \tag{5-61}$$

比较式（5-60）和式（5-61）可知，用纵向舱壁将自由液面等分后，自由液面对稳性的不利影响可减小至 1/4。同样可以证明，如果两道纵向舱壁将自由液面等分成三等分，则其影响可减小至 1/9。进一步推论可得，将舱室进行 n 等分后，自由液面的影响可减小到未分舱前的$1/n^2$。该结论主要适用于自由液面为矩形的情形。

因此，船上宽度较大的油舱、水舱等通常都要设置纵向舱壁，以减小自由液面对稳性的不利影响。

此外，在舰艇的日常航行中也应力求避免或减少自由液面的存在，如必须按规定程序使用油水，避免形成多块自由液面同时存在的不利局面。

从前面讨论可以看出，自由液面对初稳性高的影响与液舱内的液体量无关。但是在某些特殊情况下，在应用式（5-55）时，可能产生较大的误差，如甲板上集了一层薄薄的水[图 5-12（b）]，可能在一个不大的倾角时，水就集中于一舷了，惯性矩i_x迅速减小，对初稳性的影响不过是一薄层水移动了距离 d 造成的，这种情况下，式（5-55）显然是不能用的。此外当舱内液体接近灌满时[图 5-12（c）]，也是类似的情况。

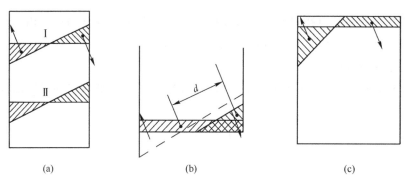

(a) (b) (c)

图 5-12 自由液面极多和极少的情况

5.5 进出坞与搁浅

舰船在进坞及搁浅时,由于浮态的变化,浮力减小,稳性降低,这就可能使舰船处于危险状态。作为应用增减载荷公式解决实际问题的例子,以下讨论舰船进坞及搁浅时舰船的浮态和初稳性。

5.5.1 进坞时舰船承受的最大反作用力和初稳性

舰船在进坞时为了便于对水下部分进行保养、修理及安全施工等,通常都要卸去油水、弹药等物,舰船接近空船排水量的状态,并且具有一定的尾纵倾。设舰船艉倾为 θ_0,墩木倾角为 α_0,以下来分析舰船在进坞坐墩过程中的运动、受力和稳性。

当坞内的水逐渐往外抽出时,水面下降,船体渐渐地与龙骨墩接近(图 5-13),船的尾柱与龙骨墩木 A 点最先接触,使该点承受压力,随着水面继续下降,浮力减小 A 点承受的压力逐渐增大,且船绕 A 点转动,纵倾逐渐减小,直到整个船体坐落在龙骨墩木上,在这之前一瞬间(船体与龙骨墩木接触时刻),A 点的压力达到最大值 Q(过此瞬间后,虽然反作用力将继续增大,但它将分布在整个船底龙骨上)。

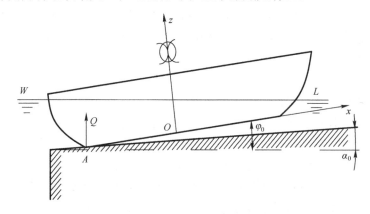

图 5-13 舰船进出船坞坐墩过程

所以实际上值得注意的是,当龙骨全线刚刚要和龙骨墩木接触的一瞬间,这时艉部一小段墩木上所承受的压力最大。其次因船体艉部 A 点的受力相当于船底部减载,由增减载荷对初稳性的讨论知船底部减载使初稳性高减小,龙骨全线与龙骨墩木接触的瞬间初稳性高减少最多,这时若船有横倾,则危险最大。

以下将艉部墩木反力近似看成船底部载荷的减少,用增减载荷对浮态和初稳性影响的计算公式导出墩木反力和初稳性高的计算公式。设龙骨墩木 A 点对船底的反作用力为 Q,把 Q 看成船在 A 点卸下的载荷重量(Q 为负值),船的平均吃水减小,纵倾角由 θ_0 变为 α_0。根据增减载荷计算公式(5-39):

$$(\theta_0 - \alpha_0) = \frac{Q \cdot (x_q - x_f)}{P \cdot H} \tag{5-62}$$

式中:x_q 为减载纵向位置,一般近似取 $x_q = -L/2$,$z_q = 0$,则

$$Q = \frac{P \cdot H \cdot (\theta_0 - \alpha_0)}{(-L/2 - x_f)} \tag{5-63}$$

于是初稳性高的改变为

$$\begin{cases} \delta h = \frac{Q}{P+Q}\left(T + \frac{\delta T}{2} - h\right) \\ \delta T = \frac{Q}{\rho g A_w}; \quad h_1 = h + \delta h \end{cases} \tag{5-64}$$

式中:h 和 A_w 分别为舰船坐墩前自由漂浮时的初稳性高和水线面面积。

从上述公式中可以看出,舰船在进坞时,稳性降低。同时艉部 A 点处受到较大的反作用力,为了改善这种不利情况,由式(5-63)可知,应该在舰船进坞前减小舰船重量及纵倾,以减小反作用力。

必须指出,上述导出的计算公式是假设舰船绕水线面漂心做等体积倾斜而得到的,但舰船坐墩是绕艉部 A 点而转动的,以上计算与实际会有差异,作为近似在工程上能够满足要求。

5.5.2 搁浅时舰船承受的最大反作用力和初稳性

舰船航行中搁浅,若船底没有破裂,纵倾不大,则搁浅处有反作用力 R 作用在船体上,搁浅力 R 可以近似看成船底部卸下的载荷,导致舰船的吃水减小,重心升高,稳性高减小,可能还有横倾和纵倾。若舰船的初稳性高很小,则有可能使舰船处于危险状态。

为了对搁浅舰船采取措施使其"脱浅",必须知道搁浅力 R 的大小和位置。以下用增减载荷的计算公式导出搁浅力的大小、位置,以及初稳性的变化。

如图 5-14 所示,假定舰船在搁浅前舰船浮于 WL 水线,有关数据为已知,搁浅后浮于 W_1L_1 水线,这时艏艉吃水 T_{f1},T_{a1} 及横倾角 φ 均可在搁浅后直接实测得到。于是舰船搁浅后平均吃水的变化为

$$\delta T = \frac{\delta T_f + \delta T_a}{2}$$

式中:δT_f 和 δT_a 分别为艏艉吃水的变化。

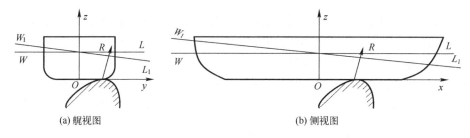

图 5-14 舰船搁浅

搁浅力的大小则为

$$R \approx \rho g A_w \delta T \tag{5-65}$$

设搁浅力的作用位置为 $(x,y,0)$，搁浅后的初稳性高的变化：

$$\delta h = \frac{R}{P+R}\left(T + \frac{\delta T}{2} - h\right), \quad h_1 = h + \delta h \tag{5-66}$$

为了求出搁浅位置 (x,y)，可以分别应用增减载荷而引起的横倾和纵倾的计算公式。

求 y 坐标：

由

$$\varphi = \frac{Ry}{(P+R)h_1}$$

得

$$y = \frac{(P+R)h_1\varphi}{R} \tag{5-67}$$

求 x 坐标：

由

$$\theta = \frac{R(x-x_f)}{PH}$$

得

$$x = x_f + \frac{PH\theta}{R} \tag{5-68}$$

注意式（5-66）中 $\delta T<0$，$R<0$，所以 $\delta h<0$，即舰船搁浅后初稳性高减小。搁浅力 R 可能使船体产生局部变形或破坏，若搁浅后又遇到落潮，则 R 将继续增大，初稳性也将进一步恶化，初稳性高有可能变为负值。所以脱浅的施救工作必须抢在这一情况出现之前。

此外必须指出的是，以上公式的导出是假定舰船搁浅后的横倾、纵倾均为小角度，并且是绕原水线面漂心 F 做等体积倾斜。事实上舰船的倾斜是绕接触点而转动的。因此，上述公式仅近似地适用于舰船搁浅后的平均吃水、横倾、纵倾变化不大的情况。

5.6 舰艇在各种装载情况下浮态及初稳性的计算

在 5.2 节中，讨论了装卸载荷对舰船浮态和稳性的影响，应用这些原理，就可以计算舰船在各种装载情况下的浮态和初稳性。

舰船的装载情况千变万化，不可能一一计算，故在设计阶段，只对几种典型的装载情况进行浮态和初稳性的计算，其中应包括初稳性最恶劣时的装载情况。在《舰船通用规范》（GJB 4000—2000）中，对舰船所需计算的基本装载情况有明确的规定，并对舰船的最小初稳性高也作了规定,如果计算结果能符合有关规则的要求,则表示所设计的舰船具有足够的初稳性。

对于舰船来说,所需计算的典型装载情况有满载出港、满载到港、空载(或压载)出港和空载(或压载)到港四种状态。

舰船在各种装载情况下浮态和初稳性的计算,通常包括下列三个部分:

(1) 各种装载情况下重量和重心位置的计算——每种典型载况单独列一张计算表。

(2) 各种装载情况下浮态及初稳性的计算——每种典型载况单独列一张计算表。

(3) 各种装载情况下浮态及稳性计算综合表——主要将各种载况下算得的舰船浮态和稳性进行汇总,便于全面了解舰船的浮态和稳性情况。

下面表 5-1、表 5-2、表 5-3 中列举了某船的计算实例,以供参考。

表 5-1 载况重量和重心位置计算(满载出港)

项目	重量 W_i(t)	重心距船中 x_{Gi}(m)	重心距中线 y_{Gi}(m)	重心距基线 z_{Gi}(m)
空船	859.00	−4.03	0	3.80
固定重量	10.80	−12.84	0	4.41
供给品	0.30	−29.00	0	2.40
燃油	89.66	−0.60	0	0.72
柴油	21.56	−21.70	0	1.45
淡水	17.02	−31.73	0	3.51
滑油	2.83	−24.60	0	0.30
压载水	0.00	4.22	0	0.73
货物	1604.83	4.24	0	4.11
其他	67.05	4.24	0	4.11
总计∑	Δ=2673.05	x_G=0.879	y_G=0.000	z_G=3.868

注:此种表格还有满载到港、压载出港、压载到港 3 张,此处略。

表 5-2 各载况的浮态及初稳性计算

项目	单位	符号及公式	满载出港	满载到港	压载出港	压载到港
排水量	t	Δ	2673.05	2557.37	1469.89	1354.21
平均吃水	m	d	4.4	4.237	2.618	2.437
重心纵向坐标	m	x_G	0.879	1.295	−1.879	−1.329
浮心纵向坐标	m	x_B	0.994	1.077	1.653	1.701
重心竖向坐标	m	z_G	3.868	3.985	2.593	2.705
纵稳心距基线高	m	z_{ML}	84.249	85.489	117.271	126.181
纵向初稳心高	m	$H = z_{ML} - z_G$	80.381	81.504	114.678	123.476
每厘米纵倾力矩	t·m	$MTC = \Delta \dfrac{H}{100L}$	31.597	30.652	24.789	24.59
漂心纵向坐标	m	x_F	−0.978	−0.782	1.082	1.186
纵倾力臂	m	$x_G - x_B$	−0.115	0.218	−3.532	−3.03
纵倾力矩	t·m	$M_T = \Delta(x_G - x_B)$	−306.84	557.949	−5191.68	−4102.71

93

续表

项目	单位	符号及公式	满载出港	满载到港	压载出港	压载到港
纵倾值	m	$\delta d = \dfrac{M_T}{100MTC}$	-0.097	0.182	-2.094	-1.668
艏吃水增量	m	$\delta d_f = \left(\dfrac{L}{2} - x_f\right)\dfrac{\delta d}{L}$	-0.05	0.093	-1.014	-0.805
艉吃水增量	m	$\delta d_a = -\left(\dfrac{L}{2} + x_f\right)\dfrac{\delta d}{L}$	0.047	-0.089	1.081	0.863
艏吃水	m	$d_f = d + \delta d_f$	4.35	4.33	1.604	1.631
艉吃水	m	$d_a = d + \delta d_a$	4.447	4.148	3.698	3.300
横稳心距基线高	m	z_M	5.125	5.121	6.040	6.330
未修正初稳心高	m	$h_0 = z_M - z_G$	1.257	1.136	3.447	3.625
自由液面修正值	m	δh	0.047	0.049	0.086	0.093
实际初稳心高	m	$h = h_0 - \delta h$	1.21	1.087	3.361	3.532

表 5-3　各载况的浮态及稳性总结表

项目	单位	符号	满载出港	满载到港	压载出港	压载到港	要求
排水量	t	Δ	2673.05	2557.37	1469.89	1354.21	
平均吃水	m	d	4.400	4.237	2.618	2.437	
艏吃水	m	d_f	4.350	4.330	1.604	1.631	
艉吃水	m	d_a	4.447	4.148	3.698	3.300	
重心纵向坐标	m	x_G	0.879	1.295	-1.879	-1.329	
重心竖向坐标	m	z_G	3.868	3.985	2.593	2.705	
进水角	°	θ_j	29.044	30.417	44.738	46.642	
横摇周期	s	T_θ	7.488	7.996	4.676	4.673	
实际初稳心高	m	h	1.210	1.087	3.361	3.532	≥0.15
30°处复原力臂*	m	L_M	0.728	0.724	1.680	1.653	≥0.2
最大复原力臂对应角*	°	θ_M	41.785	41.160	55.515	55.874	≥30
消失角*	°	θ_v	≥80	84.417	≥80	≥80	
稳性衡准数*		K	6.885	6.971	11.194	9.933	≥1
稳性校核结果			满足要求	满足要求	满足要求	满足要求	

注：带有*号者是大倾角稳性的计算结果。

5.7　实船倾斜实验

初稳性高 h 是衡量舰船初稳性的重要参数。舰船建造完毕或改装后，准确地获取初稳性高 h 是项十分重要的工作。前面已导出初稳性高公式为

$$h = z_b + r - z_g$$

式中，浮心垂向坐标 z_b 和横稳性半径 r 可以根据型线图及型值表相当准确地计算求得。而在舰船设计阶段计算所得的重量和重心位置，与舰船建成后的实际重量和重心位置往往有一定的差异，这种差异来自各种因素的影响，如设备技术规格的重量和重心与实际

设备的偏差、建造中局部修改等引起的误差、舾装时成千上万个零部件带来的误差等。因此，首制舰船完工后都要进行倾斜实验，以便准确地求得重量和重心的位置，以此作为舰船重量和重心位置的最终数据。它不仅可以用来计算舰船的性能，而且为以后设计同类型舰船提供了可靠的参考资料。

在舰船规范中特别规定，凡属下列情况的舰艇，必须在试航前进行倾斜实验：

（1）新型舰艇的首造舰（艇）及其转厂建造的第一艘，以后每5艘抽试一艘；

（2）在建造中因图纸修改和装备变更而影响稳性的舰艇。

以下简单介绍实船倾斜实验的原理及方法。

5.7.1 倾斜实验的原理

当舰船正浮于水线 WL 时，其排水量为 P。若将船上 A 点处的重物 q 横向移动某一距离至 A_1 点，则船将产生横倾并浮于新水线 W_1L_1，如图 5-15 所示。

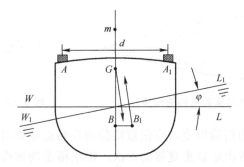

图 5-15 舰船倾斜实验原理

根据载荷移动对舰船浮态和初稳性影响的计算公式可知，舰船的横倾角为

$$\varphi = \frac{q \cdot d}{P \cdot h}$$

或将初稳性高写成

$$h = \frac{q \cdot d}{P \cdot \varphi} \tag{5-69}$$

若已知舰船的排水量 P，移动重量 q，横向移动距离，并测量出横倾角 φ，将它们代入式（5-69）后，可以得到舰船的初稳性高 h。

舰船重心垂向坐标 z_g 可写成

$$z_g = (z_b + r) - h \tag{5-70}$$

式中：浮心垂向坐标 z_b、横稳性半径 r 可以根据排水量 P（或吃水 T）从静水力曲线图中查得。于是，便可以从式（5-70）中求出重心垂向坐标 z_g。

5.7.2 实验方法

实验前，先测量艏、艉吃水和水的质量密度，以便精确地求出排水量。

倾斜实验所用的移动重物一般是生铁块，将它们分成四组 q_1，q_2，q_3，q_4 堆放于甲板上指定的位置（图 5-16），每组重物的重量相等。

为了形成足够的倾斜力矩，使船能产生 2°～4°的横倾角，移动重物的总重量为舰船排水量的 1%～2%，移动的距离 d 约为船宽的 3/4。

横倾角 φ 一般用图 5-17 所示的摆锤来进行测量，也可采用 U 形玻璃管等其他测量仪器。摆锤用细绳挂在船上的 o 点处，下端装有水平标尺。当舰船横倾时，可在标尺上读出摆锤移动的距离 k，则船的横倾角为

$$\varphi = k/\lambda$$

式中：λ 为悬挂点 o 至标尺的垂直距离。为了减小测量误差，λ 应尽可能取得大些。

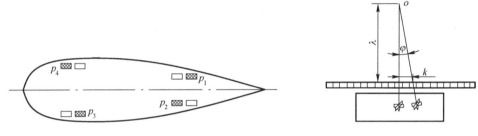

图 5-16 倾斜实验重物的搬移　　　　图 5-17 摆锤测量舰船横倾角

为了提高实验结果的精确程度，应使被实验的舰船重复倾斜几次，亦即在实验时需要按一定的次序将船上各组重量重复移动多次，每次将重物做横向移动后，应计算其横倾力矩和横倾角。

5.7.3　实验注意事项

为了保证实验的准确性，在实验时应注意以下几点。

（1）应选风力不大于 2 级的晴天进行实验，实验地点应选在静水的遮蔽处所。实验时应注意风和水流的影响，尽可能使船首正对风向和水流方向。最好在坞内进行倾斜实验。

（2）为了不妨碍船的横倾，应将系泊缆绳全部松开。

（3）凡船上能自行移动的物体都应设法固定，机器停止运转。与实验无关人员均应离开船，留在船上的人员都有固定位置，不能随意走动。

（4）船上的各类液体舱柜都应抽空或注满，以消除自由液面的影响。如有自由液面应查明其大小，以便进行修正。

（5）实验时，将船上的装载情况及船上缺少或多余的物资都应作详细记录，以便将实验结果修正到空载状态。

（6）实验时各项工作应有统一的指挥，观察记录工作务必认真仔细。

有关倾斜实验的具体组织实施，包括各项实验前的准备工作，各种数据的测量方法和要求，对实验结果的分析、处理和换算等可以参见规范 GJB 6850—2009。

5.7.4 倾斜实验实例

1．船的主尺度

舰艇总长：L_{OA}=112.80m

垂线间长：L_{PP}=107.95m

型宽：B=17.20m

型深：D=9.90m

2．实验情况

日期时间：2021年7月27日14时07分至15时10分

地点：某造船厂1号船坞

天气情况：晴，东南风，风力为二级，风速2m/s

参加者：主持人、验船师及工作人员等18人

系泊情况：艏艉缆绳松开，舰艇呈自由状态

水比重：在船中部距水表面0.5m深处测得水比重γ=0.99t/m³，水温30℃

3．实验时吃水测量情况（包括船底板厚度）

艏：右舷1.18m，左舷1.19m，平均1.185m

舯：右舷2.70m，左舷2.70m，平均2.700m

艉：右舷4.23m，左舷4.21m，平均4.220m

4．计算吃水

平板龙骨厚度：tk=0.0165m

艏吃水：d_F=1.185m

舯吃水：d_m=2.700m

艉吃水：d_A=4.220m

型艏吃水：d_F=1.1685m

型舯吃水：d_m=2.6835m

型艉吃水：d_A=4.2035m

纵倾角：$\theta = \arctan\left[\dfrac{d_A - d_F}{L_{pp}}\right] = \arctan\left[\dfrac{4.2035 - 1.1685}{107.95}\right] = 1.6104(°)$

5．移动重量及测试设备布置

（1）实验移动重量（压铁）分四堆，左、右舷各两堆，原始布置如表5-4所示。

表5-4 实验压铁原始布置表

名称	重量/t	重心距舯/m	重心距中心线/m	重心距基线/m
一号堆压铁(#118右)	7	22.175	7.20	15.10
二号堆压铁(#118左)	7	22.175	−7.20	15.10
三号堆压铁(#42右)	7	−27.225	6.50	14.85
四号堆压铁(#42左)	7	−27.225	−6.50	14.85

（2）实验移动重量顺序如表 5-5 所示。

表 5-5　实验压铁移动顺序表

序号	左舷		右舷		移动力矩/(t·m)	总移动力矩/(t·m)
	艉	艏	艉	艏		
初始位置0	□	□	■	■	0	0
1		□	■	□■	100.8	100.8
2			□■	□■	91	191.8
3		□	■	□■	-91	100.8
4	□	□	■	■	-100.8	0
5	□	□■		■	-100.8	-100.8
6	□■	□■			-91	-191.8
7	□	□■		■	91	-100.8
8	□	□	■	■	100.8	0

（3）U 形玻璃管布置情况：

No.1：U 形管位于艉部#119 肋位左右舷，两玻璃管中心距 λ_1=16.24m

No.2：U 形管位于艏部 39 肋位左右舷，两玻璃管中心距 λ_2=15.45m

6．多余重量

多余重量如表 5-6 所示。

表 5-6　多余重量表

序号	项目	位置	重量 W_i/t	重心位置			
				纵向（距舯）		竖向（距基线）	
				距离 x/m	力矩 M_x/(t·m)	距离 z/m	力矩 M_z/(t·m)
1	油漆	#120	1.694	23.475	39.77	12.6	21.344
2	重油	No.6 舱	20.000	-17.875	-357.50	0.09	1.800
3	混合油	No.7 舱(左)	12.000	-36.435	-437.22	0.255	3.060
4	轻油	No.18 舱(左)	10.000	-45.305	-453.05	5.90	59.000
5	重油	No.7 舱(右)	8.000	-35.235	-281.88	0.39	3.120
6	压载水	No.1 舱(左,右)	327.800	30.015	9838.92	0.95	311.410
7	调平压铁	上甲板#130	5.000	29.975	149.88	12.65	63.250
8	实验压铁	上甲板#118	14.000	22.175	310.45	15.10	211.400
9	实验压铁	上甲板#42	14.000	-27.225	-381.15	14.85	207.900
10	实验人员 12 人	上甲板	0.780	-3.825	-2.98	10.75	8.385
11	实验人员 6 人	上甲板	0.390	-3.825	-1.49	15.35	5.987
12	人员行李等	艉楼	5.000	-37.975	-189.88	14.50	72.500
13	备品和供应品		4.000	-49.975	-199.90	9.00	36.000
14	总计		422.664	19.008	8033.97	2.378	1005.16

7. 不足重量

不足重量如表 5-7 所示。

表 5-7 不足重量表

序号	项目	位置	重量 W_i/t	重心位置 纵向(距舯) 距离 x/m	重心位置 纵向(距舯) 力矩 $M_x/(t·m)$	重心位置 竖向(距基线) 距离 z/m	重心位置 竖向(距基线) 力矩 $M_z/(t·m)$
1					0.00		0.000
	不足重量总计		0	0.000	0.0	0.000	0.0

8. U 形管测量装置液位测量记录

由于 U 形管中的液面高度上下波动，在读数时应记录上下液面高度各 5 次，然后取其平均值。以下给出了 No.1U 形管左右玻璃管的液面高度测量记录的平均值（mm），表内第一栏为重量未移动时的初始读数，记作 b_0。

No.1U 形管左右玻璃管的液面高度记录平均值如表 5-8 所示（单位：mm）。

表 5-8 U 形管测量装置液位测量记录表

重量移动序号 i		0	1	2	3	4	5	6	7	8
左侧	读数平均值 b_i	630	556.1	427.2	519.3	626.4	726.5	815.6	726.7	621.8
左侧	相对值 $b_左=b_i-b_0$	0	-73.9	-202.8	-110.7	-3.6	96.5	185.6	96.7	-8.2
右侧	读数平均值 b_i	720.9	827.1	897.7	830.8	726.7	620.5	533.4	621.7	740.6
右侧	相对值 $b_右=b_i-b_0$	0	106.2	176.8	109.9	5.8	-100.4	-187.5	-99.2	19.7
两侧液面差 $b=|b_左-b_右|$		0	180.1	379.6	220.6	9.4	196.9	373.1	195.9	27.9
横倾角 $\tan\varphi=b/\lambda_1$		0	0.01109	0.02337	0.01358	0.00058	0.01212	0.02297	0.01206	0.00172

注：另有 No.2U 形管的记录表形式相同，从略。

9. 实验状态下排水量、浮心坐标及横稳心坐标的确定

已知水比重 $\gamma=0.99t/m^3$，根据计算平均型吃水 $d_m=2.6835m$，从静水力曲线中求得以下数据（如表 5-9 所示）。

表 5-9 静水力性能计算表

序号	项目	数值	单位
1	排水量 Δ_1	3162.56	t
2	横稳心垂向坐标 z_M	9.351	m
3	浮心垂向坐标 z_B	1.436	m
4	浮心纵向坐标 x_{B1}	0.240	m
5	每厘米纵倾力矩 MTC	66.475	t·m/cm

续表

序号	项目	数值	单位
6	修正后排水量 $\Delta = \Delta_1 \dfrac{\gamma}{1.025}$	3054.57	t
7	修正后浮心纵向坐标 $x_B = \dfrac{x_{B1} + 100(d_f - d_a)MTC}{\Delta_1}$	-6.139	m

10．液舱装载及自由液面

液舱装载及自由液面如表 5-10 所示。

表 5-10　液舱装载及自由液面计算表

序号	舱名	位置	液体容积/m^3	装载量/t	横向惯性矩/m^4	液体比重/$(t \cdot m^{-3})$	自由液面惯量矩 $I \cdot \gamma/(t \cdot m)$
1	No.6 舱重油			20	90	0.9	81
2	No.7 舱(左)混合油			12	80	0.9	72
3	No.7 舱(右)重油			8	80	0.9	72
4	No.18 舱(左)轻油			10	70	0.84	59
5	自由液面修正量 $d_{GM} = \sum I \times \dfrac{\gamma}{\Delta}$						0.093

11．倾角和初稳性计算（最小二乘法）

倾角和初稳性计算如表 5-11 所示。

表 5-11　倾角和初稳性计算表

No.	重量移动序号 i	0	1	2	3	4	5	6	7	8	$\sum$
1	No.1 测点 $\tan_{\varphi_1}$	0	0.0111	0.0234	0.0136	0.0006	0.0121	0.0230	0.0121	0.0018	
2	No.2 测点 $\tan_{\varphi_2}$	0	0.0136	0.0240	0.0130	0.0007	0.0120	0.0229	0.0119	0.0015	
3	平均值 $\tan_\varphi = (\tan_{\varphi_1} + \tan_{\varphi_2})/2$	0	0.0124	0.0237	0.0133	0.0007	0.0121	0.0229	0.0120	0.0016	
4	$\tan^2_\varphi$	0	0.0002	0.0006	0.0002	0	0.0001	0.0005	0.0001	0	0.00171
5	倾侧力矩 $M/(t \cdot m)$	0	100.8	191.8	100.8	0	100.8	191.8	100.8	0	786.8
6	$M\tan\varphi$	0	1.2457	4.5426	1.3390	0	1.2152	4.3968	1.2057	0	13.9450
7	$h = GM_0 = \dfrac{\sum M\tan\varphi}{\Delta \sum \tan^2_\varphi} = \dfrac{13.945}{3054.57 \times 0.00171}\text{m} = 2.670\text{m}$										

12．实验状态舰艇有关参数

实验状态舰艇有关参数如表 5-12 所示。

表 5-12　实验状态舰艇有关参数表

序号	项目	数值	单位
1	计算型艏吃水 d_f	1.1685	m
2	计算型艉吃水 d_a	4.2035	m
3	计算平均型吃水 d_m	2.6835	m

续表

序号	项目	数值	单位
4	纵倾角 θ	1.6104	°
5	排水量 Δ	3054.57	t
6	横稳心垂向坐标 z_M	9.351	m
7	浮心垂向坐标 z_B	1.436	m
8	浮心纵向坐标 x_B	-6.139	m
9	实测初稳性高 h_0	2.670	m
10	自由液面修正值 δh	0.093	m
11	经自由液面修正后初稳性高 $h = h_0 + \delta h$	2.577	m
12	重心垂向坐标 $z_G = z_M - h$	6.774	m
13	重心纵向坐标 $x_G = x_B + (z_G - z_B)\tan\theta$	-5.990	m

13．空船重量及重心位置计算

空船重量及重心位置计算如表 5-13 所示。

表 5-13　空船重量及重心位置计算表

项目	重量/t	重心距舯/m	重心距中心线/m	重心距基线/m
实验状态	3054.57	-5.990	0	6.774
多余重量	-442.664	19.008	0	2.378
不足重量	0	—	—	—
空船重量∑	2611.91	-10.227	0	7.519

5.8　船模倾斜实验

在舰船的设计阶段计算所得到的重量和重心位置与舰船建成后的实际重量和重心位置往往有一定的差异，这种差异源自各种因素的影响，如设备技术规格的重量和重心与实际设备的偏差、建造中局部修改等引起的误差等（如某舰被临时要求加装对海搜索雷达）。因此，首制舰船完工后都要进行倾斜实验，以便测量舰船的初稳性高并准确地求出舰船的重量和重心位置。

5.8.1　实验目的及要求

通过船模倾斜实验，巩固舰船浮态和初稳性相关的概念和理论知识，熟练掌握舰船倾斜实验测量初稳性高的基本原理和实施步骤，理解舰船初稳性对舰船抵御倾斜力矩、保持漂浮安全的意义。

5.8.2　实验内容

（1）船模状态的调整；
（2）船模上载荷移动及船模倾角的测量；

(3) 船模初稳性高的计算。

5.8.3 主要设备

(1) 某型船模；
(2) 倾角传感器；
(3) 砝码；
(4) 压铁；
(5) 直尺；
(6) 电子秤。

5.8.4 实验原理

舰船倾斜实验的基本原理就是利用载荷水平横向移动对舰船浮态和初稳性的影响，舰船上小量载荷的水平横向移动，可以认为舰船的初稳性高不变，但要产生横倾，横倾角对应的复原力矩与倾斜力矩相等。

如图 5-18，当舰船正浮于水线 WL 时，其排水量为 P。若将船上 A 点处的重物 q 横向移动某一距离 d 至 A_1 点，则船将产生横倾并浮于新水线 W_1L_1，此时的横倾角为 $\varphi = \dfrac{q \cdot d}{P \cdot h}$，从而可以得到舰船的初稳性高为

$$h = \frac{qd}{P\varphi} \tag{5-71}$$

式中：q 为移动载荷的质量；d 为载荷移动距离；P 为舰船的排水量；φ 为舰船的横倾角，在实验过程中通过倾角传感器测定。

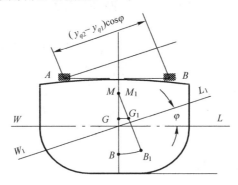

图 5-18 载荷的水平横向移动

5.8.5 实验步骤

(1) 依照图 5-19 放置砝码，将船模型放入水槽中。
(2) 调整模型至正浮动状态，稳定船模，读取零点，确定移动载荷的方向及移动载荷的质量，记录各相关原始参数。
(3) 横向移动压铁模型横倾状态，调整模型至正浮状态，记录倾角传感器初始角度。

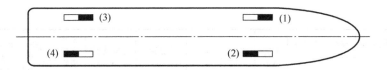

图 5-19 载荷的水平横向移动

（4）向左（右）舷移动载荷，待船模稳定后，记录横倾角及横向移动距离。
（5）向另一舷移动载荷，记录横倾角。
（6）计算每次移动之后横稳心高，平均后得到模型的横稳心高。

5.8.6 实验数据及分析

1. 实验记录数据处理

在实验过程中对移动载荷的重量、载荷移动距离、船模横倾角、船模排水量等数据进行记录（见表 5-14），实验操作完成后按照附表对数据进行处理，计算得到实验船模对应状态的初稳性高，并进行误差分析。比如：

（1）某船模型倾斜实验于 2023 年___月___日___时___分至___时___分在某实验室进行。
（2）实验前读取了模型的吃水，艏吃水为_____mm，艉吃水为_____mm，模型基本接近正浮状态。
（3）实验采用砝码作为倾斜压载物。砝码重量分别为 1 号_____kg，2 号_____kg，3 号_____kg，4 号_____kg，共分为 4 组，对砝码放置位置作图解释。

2. 实验结果分析与讨论

（1）分析实验过程中的误差来源主要有哪些方面，讨论减小误差的方法。
（2）开展实验所用的压载应该在实验开始前加载还是在实验开始后？两者有何不同？

表 5-14 船模倾斜实验数据记录表

船模名称：　　　　　船模缩尺比：　　　　　船模排水量：　　　　　实验人员：

实验序号	移动后压铁位置		移动压铁组号		重量/kg	距离/mm	横倾角/(°)	重量距/(kg·mm)	总重量距/(kg·mm)	去零点后横倾角	初稳性高 h/mm	平均值 h/mm	绝对误差/mm	相对误差/%
	左舷	右舷	左舷	右舷										
0	(1)(3)	(2)(4)	—	—	—	—	−0.26	—	—	—				
1	(3)	(1)(2)(4)	(1)											
2	—	(1)(3)(2)(4)	(3)											
3	(−3)	(1)(2)(4)	(3)											

103

续表

实验序号	移动后压铁位置		移动压铁组号		重量/kg	距离/mm	横倾角/(°)	重量距/(kg·mm)	总重量距/(kg·mm)	去零点后横倾角	初稳性高h/mm	平均值h/mm	绝对误差/mm	相对误差/%
	左舷	右舷	左舷	右舷										
4	(1)(3)	(2)(4)	(1)											
5	(1)(3)(2)	(4)	(2)											
6	(1)(3)(2)(4)	—	(4)											
7	(1)(3)(2)	(4)		(4)										
8	(1)(3)	(2)(4)		(2)										

注：（1）右倾为正，压铁移向右舷为正；（2）相对误差大于3%的数据点应重新进行实验。

5.9 自由液面对船模初稳性高影响实验

前文已经介绍过，自由液面对舰船初稳性高的影响总是不利的，而在众多不利的影响因素中，自由液面的影响是最常见且不可避免的，因为即使分割油液舱段仍会在使用过程中产生自由液面。本节针对自由液面影响因素，介绍自由液面对船模初稳性高影响实验，采用规则形状来定量确定在小角度倾斜下该影响大小。

5.9.1 实验目的及要求

利用舰船倾斜实验测量舰船初稳性高的方法，对比测量船模上自由液面的存在对初稳性高的影响，掌握自由液面对舰船初稳性高的影响规律，掌握减小自由液面对初稳性影响的方法。

5.9.2 实验内容

（1）船模状态调整；
（2）无自由液面时初稳性高的测量；
（3）有自由液面时初稳性高的测量；
（4）自由液面对初稳性高的影响规律的分析。

5.9.3 主要设备

（1）某型船模；
（2）倾角传感器；

（3）砝码；
（4）压铁；
（5）直尺；
（6）电子秤；
（7）水箱。

5.9.4 实验原理

利用倾斜实验测定初稳性高。

横稳性高由倾斜实验根据下式求得：

$$h = \frac{qd}{P\varphi} \tag{5-72}$$

式中：q 为移动载荷的质量；d 为载荷移动距离；P 为舰船的排水量；φ 为舰船的横倾角，在实验过程中通过倾角传感器测定。

当舰船上有液体载荷且存在自由液面时，船体发生倾斜则液体会向倾斜的一侧流动，从舰船稳性的最根本的表征形式——复原力矩的角度来看，由于自由液面的存在，舰船倾斜时复原力矩会减小。

减小的数值为：$mh = \rho_1 g i_x \sin\varphi$。式中，$\rho_1$ 为液体的密度；g 为重力加速度；i_x 为液体的自由液面对于自身倾斜轴的面积惯性矩；φ 为舰船的横倾角。

因此，考虑自由液面后船体横倾角为 φ 时的复原力矩为

$$M_{r1} = Ph\sin\varphi - \rho_1 g i_x \sin\varphi = P\left(h - \frac{\rho_1 g i_x}{P}\right)\sin\varphi \tag{5-73}$$

式中：P 为船体的总重量；h 为不考虑自由液面时船体的初稳性高。将自由液面的影响计入舰船的初稳性高中，得到自由液面修正后的舰船初稳性高：

$$h_1 = h - \frac{\rho_1 g i_x}{P} \tag{5-74}$$

$\delta h = \frac{\rho_1 g i_x}{P}$ 称为自由液面对初稳性高的修正值，其数值与自由液面的大小、船的排水量有关，一般与液舱内液体量无关。

如果舰船上有多个自由液面同时存在，则可先算出各自的 $\rho_1 g i_x$，然后把它们加起来除以船的排水量，便得到所有自由液面对初稳性高的修正值 $\frac{\sum \rho_1 g i_x}{P}$，此时新的初稳性高为

$$h_1 = h - \frac{\sum \rho_1 g i_x}{P} \tag{5-75}$$

5.9.5 实验步骤

（1）稳定船模，读取零点，确定移动载荷的方向及移动载荷的质量，记录各相关原始参数。

（2）横向移动压铁模型横倾状态，调整模型至正浮状态，记录倾角传感器初始横倾角。

（3）向左（右）舷移动载荷，待船模稳定后，记录横倾角及横向移动距离。

（4）向另一舷移动载荷，记录横倾角。

（5）计算每次移动之后横稳心高，平均后得到模型的横稳心高。

（6）取出压铁，放上同等质量的水箱一（已经加好水），重复步骤 1～5，得到自由液面一下的初稳性高。

（7）将水箱一换水箱二，重复步骤 1～5，得到自由液面二下的初稳性高。

5.9.6 实验数据及分析

1．实验记录数据处理

（1）某船模型自由液面影响实验于 2023 年___月___日___时___分至___时___分在某实验室进行。

（2）实验前读取了模型的吃水，艏吃水为____mm，艉吃水为____mm，模型基本接近正浮状态。

（3）实验采用砝码作为倾斜压载物。砝码重量分别为 1 号____kg，2 号____kg，3 号____kg，4 号____kg，共分为 4 组，其放置位置如下图所示。

（4）经查静水力曲线模型的标准排水量 P 为____kg。

（5）实验时等效固体载荷重量为____kg。

（6）实验时自由液面尺寸分别为：

方案一：长____mm，宽____mm；

方案二：长____mm，宽____mm。

试验记录表见表 5-15 至表 5-17。

2．实验结果分析与讨论

（1）对比不同状态下的初稳性高实验测量结果，将实验测量得到的自由液面修正值与用公式计算达到的修正值进行比较，分析实验误差的来源。

（2）讨论减小自由液面对初稳性高不利影响的方法。

表 5-15 自由液面影响实验数据记录表格（固体载荷）

实验序号	移动后压铁位置		移动压铁组号		重量/kg	距离/mm	横倾角/(°)	重量距/(kg·mm)	总重量距/(kg·mm)	去零点后横倾角	初稳性高 h/mm	绝对误差/mm	相对误差/%
	左舷	右舷	左舷	右舷									
0			—	—	—	—							
1													
2													
3													
4													
5													
6													
7													
8													

注：（1）右倾为正，压铁移向右舷为正；（2）相对误差大于 3% 的数据点应重新进行实验。

表 5-16　自由液面影响实验数据记录表格（液体载荷 1）

实验序号	移动后压铁位置		移动压铁组号		重量/kg	距离/mm	横倾角/(°)	重量距/(kg·mm)	总重量距/(kg·mm)	去零点后横倾角	初稳性高 h/mm	平均值 h/mm	绝对误差/mm	相对误差/%
	左舷	右舷	左舷	右舷										
0			—	—	—	—	—	—	—	—				
1														
2														
3														
4														
5														
6														
7														
8														

注：（1）右倾为正，压铁移向右舷为正；（2）相对误差大于 3% 的数据点应重新进行实验。

表 5-17　自由液面影响实验数据记录表格（液体载荷 2）

实验序号	移动后压铁位置		移动压铁组号		重量/kg	距离/mm	横倾角/(°)	重量距/(kg·mm)	总重量距/(kg·mm)	去零点后横倾角	初稳性高 h/mm	平均值 h/mm	绝对误差/mm	相对误差/%
	左舷	右舷	左舷	右舷										
0			—	—	—	—	—	—	—	—				
1														
2														
3														
4														
5														
6														
7														
8														

注：（1）右倾为正，压铁移向右舷为正；（2）相对误差大于 3% 的数据点应重新进行实验。

思考题：

（1）小量载荷的铅垂移动、水平横向移动与水平纵向移动中，哪种移动会对初稳性高产生影响？

（2）水面舰船上有一特殊的点，当小量载荷施加其上时可不引起舰船的横倾与纵倾，试写出该点坐标。

（3）何谓虚重心？当悬挂载荷吊离甲板后，随着悬挂索的缩短，舰船的初稳性高是否有变化，为什么？

（4）自由液面对舰船初稳性的影响与哪些因素有关？

（5）进坞从初稳性分析的角度，其物理现象本质可近似处理为于船体底部卸去一小量载荷，试分析作业时的注意事项。

（6）作为一项实船测试项目，倾斜实验的目的是什么？试分析其方法的基本原理。

第 6 章 大 角 稳 性

实际舰船在服役过程中常遇到大倾斜，如舰船航行在恶劣的天气中，这时用初稳性不足以判断舰船是否具有足够的稳性，需要研究舰船的大倾角稳性。

本章主要介绍舰船大倾角时的稳性规律，在此基础上解决舰船在航行中抗风浪能力，即舰船抗风浪性计算。此外，还将研究如何从各种特征量上去鉴别舰船大角稳性的好坏，分析船形因素对大角稳性的影响，这对于保持和改善舰船的大角稳性有重要意义。在大角稳性中只研究横倾问题，因纵倾通常不大，纵稳性的问题只在初稳性讨论。

本章目的：

本章阐述水面舰船的大角稳性问题，讨论大角稳性的研究思路、评估，并预报舰船在受到静倾斜力矩与动倾斜力矩作用下的最大倾斜角。

本章学习思路：

本章中，稳性在小角度假设前提下的线性变化规律已不再存在，需采用非线性的处理思路来讨论问题，利用静稳性曲线作图获取所需信息，即如何得到某平衡状态的静稳性曲线，如何应用静稳性曲线，如何由静稳性曲线推得动稳性曲线，并利用动稳性曲线解决相关问题等。

本章内容可归结为以下核心内容。

1．静稳性曲线

静稳性曲线的物理含义，即静稳性曲线为舰船回复力矩相对于横倾角的变化曲线；静稳性曲线的相关特征量及其意义。

2．船形稳性力臂插值曲线

船形稳性力臂插值曲线的形式与意义，如何利用船形稳性力臂插值曲线获取舰船某一平衡装载状态的静稳性曲线。

3．静倾斜力矩作用

静倾斜力矩的含义，静倾斜力矩作用下的舰船静倾角预报基本原理为力矩相等，考虑初始横倾的静倾斜力矩作用下的舰船静倾角的预报，舰船所能承受的极限静倾斜力矩及其静倾角。

4．动倾斜力矩作用

动倾斜力矩的含义，动倾斜力矩作用下的舰船动倾角预报基本原理为力矩做功相等，考虑初始横倾的动倾斜力矩作用下的舰船动倾角的预报，舰船所能承受的极限动倾斜力矩及其动倾角。

5．各装载因素与船型因素对稳性的影响

载荷的移动、增减对舰船大角稳性的影响，自由液面对舰船大角稳性的影响，相关船形要素对舰船稳性的影响。

本章难点：
（1）静稳性曲线与动稳性曲线的物理意义与对应关系；
（2）利用静稳性曲线作图分别预报舰船在受到静倾力矩与动倾力矩作用下的静倾角与动倾角；
（3）利用动稳性曲线作图预报舰船在受到动倾力矩作用下的动倾角。

本章关键词：
大角稳性；静倾力矩；动倾力矩；船形稳性力臂等。

6.1 静稳性曲线

6.1.1 静稳性曲线

舰船大倾角倾斜时，仍然是用舰船倾斜后产生的复原力矩来表示阻止舰船倾覆的能力，而此时，复原力矩随横倾角的变化规律已不能像初稳性中[式（3-10）]用简单的公式表达，需要以曲线形式给出。这里将假定，舰船处于静水之中，水线面为一水平面，并且忽略舰船在横倾时由于船体艏艉不对称所引起的纵倾影响，即不考虑它们之间的耦合作用。

如图 6-1（a）所示，设舰船原正浮于水线 WL，排水量为 P，重心在 G 点，浮心在 B 点，等体积倾斜一大角 φ 到达水线 $W_\varphi L_\varphi$。这时，舰船的重心保持不变，由于排水体积形状发生变化，浮心位置由 B 沿某一曲线移动到 B_φ 点。于是重力 P 和浮力 $\rho g V$ 形成一个复原力矩，即

$$M_r = P\overline{GZ} = P l_r \tag{6-1}$$

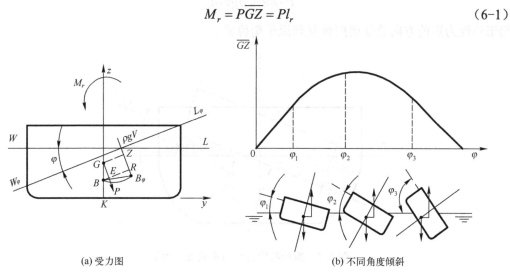

(a) 受力图　　　　　　　　(b) 不同角度倾斜

图 6-1　舰船大倾角倾斜受力分析

式中：M_r 为复原力矩；l_r 为复原力臂。与小角度倾斜的初稳性所不同的是：首先，大倾斜时等体积倾斜轴线不再通过正浮水线面的漂心。因为小角度倾斜时，出入水楔形体

积断面（图 3-2）可近似为直角三角形，从而导出出水端与入水端对倾斜轴的面积静矩相等[式（3-1）]，随着倾斜角度增大楔形体积断面近似为直角三角形误差增加。其次，相应的浮心移动曲线也不再是圆弧的一段。初稳性中把浮心移动曲线近似为圆弧，随着倾斜角度增大浮心移动曲线与圆弧的偏差增大。所以式（6-1）不再能表达成像初稳性公式那样的简单解析形式。

在大角稳性中，复原力矩与横倾角的关系一般作成曲线图的形式，如图6-1（b）所示，它表示舰船在不同倾角时复原力矩的大小，称为静稳性曲线。初始阶段复原力矩随横倾角的增加而单调增加，这是由于初始阶段出入水楔形体积和体积移动距离随横倾角增加而增加，当上甲板入水以后，出入水楔形体积的增加和移动距离逐渐减缓，达到某一横倾角时复原力矩达到最大值。其后，随着横倾角的进一步增大，出入水楔形体积和体积移动距离开始减小，相应的复原力矩减小，直至复原力矩降低为零，进而变为负值。静稳性曲线表示舰船在某一载重状态下复原力矩与横倾角的关系，由于式（6-1）中复原力矩 M_r 与复原力臂 l_r 之间仅相差一个排水量常数 P，可以在静稳性曲线图上用同一条曲线表示，只是纵坐标采用不同比例尺。

与第 3 章分析复原力矩物理意义式（3-16）相类似，把复原力矩分成船形稳性力矩与重量稳性力矩（图 6-1）：

$$M_r = P \cdot \overline{BR} - P \cdot \overline{BE} = M_f + M_w \tag{6-2}$$

式中：$M_f = P \cdot \overline{BR}$ 为船形稳性力矩；$M_w = P \cdot \overline{BE}$ 为重量稳性力矩。

船形稳性力矩是由出入水楔形体积形成的。如图 6-2 所示，出入水楔形体积为 v，船形稳性力矩为

$$P \cdot \overline{BR} = \rho g v \cdot d_\varphi$$

船形稳性力矩的方向总使舰船恢复到原平衡位置。

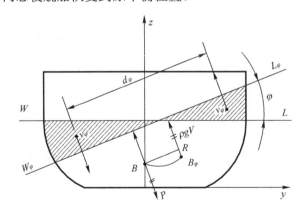

图 6-2 船形稳性力矩与重量稳性力矩

重量稳性力矩：

$$M_w = -P \cdot \overline{BE} = -P(z_g - z_b)\sin\varphi \tag{6-3}$$

它取决于重心在浮心以上的高度。一般水面舰船重心总在浮心之上，所以重量稳性力矩

总使舰船偏离平衡位置。

若以复原力臂表示舰船大角稳性，则
$$l_r = \overline{GZ} = \overline{BR} - \overline{BE} = l_f - l_w \tag{6-4}$$

式中：$l_f = \overline{BR}$ 为船形稳性力臂；$l_w = \overline{BE} = a\sin\varphi$ 为重量稳性力臂，其中 $a = (z_g - z_b)$ 是重心距浮心的高度。

基于一般情况下船形及重量分布的左右对称性，静稳性曲线是关于坐标原点的对称曲线，故而通常静稳性曲线只画一半。

静稳性曲线的基本用处在于：
（1）用于确定舰船在各种外力作用下的倾斜角度；
（2）衡量舰船在一定载重状态下稳性的好坏；
（3）计算舰船抗风浪性的基本资料之一。

6.1.2 船形稳性力臂插值曲线

如前所述，一条静稳性曲线仅对应于一定的载重状态，即对应于一定的排水量及重心高度。如果排水量和重心高度改变了，静稳性曲线也就不同了。对于设计资料齐全的舰船来说，通常对标准排水量、正常排水量、满载排水量等典型载重状态的静稳性曲线是已经作好的，但是舰船在服役中可能遇到各种各样的载重状况，而计算一种载重状态的静稳性曲线又是一件颇费事的工作，为了能方便地得到任何一种载重状态下的静稳性曲线，设计部门往往事先作出一套"船形稳性力臂插值曲线"。

根据对复原力矩的分析（图6-2），对于一条特定的船，其复原力矩（力臂）取决于水下排水体积 V，重心高度 z_g 和横倾角 φ，即
$$l_r = f(V, z_g, \varphi) \tag{6-5}$$

若把复原力臂分成船形稳性力臂和重量稳性力臂，则影响船形稳性力臂的因素只有水下排水体积 V 和横倾角 φ。也就是
$$l_f = f(V, \varphi) \tag{6-6}$$

令排水体积取一系列固定值 $V = V_1, V_2, \cdots, V_m$，根据船体型线图计算不同横倾角 φ 下楔形体积移动产生的力矩（力臂），作出以横倾角为横坐标轴、以船形稳性力臂为纵坐标轴的船形稳性力臂 $l_f = f(V = \text{const}, \varphi)$ 等值曲线，或令横倾角取一系列固定值 $\varphi = \varphi_1$，$\varphi_2, \cdots, \varphi_k$，变化不同的排水体积，由船体型线图计算出等横倾角的船形稳性力臂 $l_f = f(V, \varphi = \text{const})$，做成等值曲线如图6-3所示。

以上两种等值曲线图都称为船形稳性力臂插值曲线。有了上述任何一种形式的船形稳性力臂插值曲线图，根据舰船在各种装载情况下的排水量及其重心高度，按下式
$$l_r = l_f - a\sin\varphi \tag{6-7}$$

可快速计算舰船的复原力臂。例如，已知舰船的船形稳性力臂插值曲线图6-3（b），欲求排水体积为 $V = V_1$ 时的复原力臂。先根据排水体积在静水力曲线图上确定正浮时的浮心垂向坐标 z_b，并由装载状况决定重心高度 z_g，再从图6-3（b）查出对应排水体积 V_1 的

各个横倾角下的船形稳性力臂值，填入表 6-1 中，按表 6-1 计算复原力臂。据此即可绘制舰船在某一装载情况下的静稳性曲线。

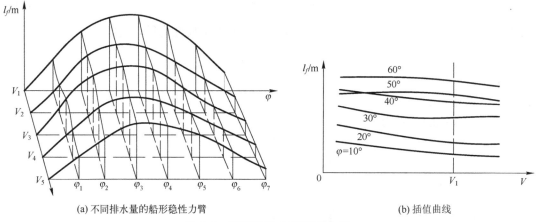

(a) 不同排水量的船形稳性力臂　　　　　　(b) 插值曲线

图 6-3　船形稳性力臂插值曲线

设计部门往往假定舰船的重心在某一位置，作出船形稳性力臂插值曲线 l_{af}，称为条件船形稳性力臂插值曲线，并且通常假定"重心在基平面上"，即 $z_g = 0$。所以

$$l_{af} = l_f + z_b \sin\varphi \tag{6-8}$$

于是，从条件船形稳性力臂插值曲线计算复原力臂时，因

$$l_r = l_{af} - z_g \sin\varphi \tag{6-9}$$

这样使用时可免去从静水力曲线图上查取浮心垂向坐标 z_b 的步骤。

最后应该指出，以上所讲任意载重状态均仅限于正浮状态。

表 6-1　利用船形稳性力臂插值曲线计算复原力臂表

装 载 情 况	重心高度 z_g = ××/m						
排水体积 V=××/m³	$a = (z_g - z_b)$ = ××/m						
横倾角 φ/(°)	10°	20°	30°	40°	50°	60°	70°
船形稳性力臂 l_f							
$a\sin\varphi$							
$l_r = l_f - (z_g - z_b)\sin\varphi$							

6.2　外力作用下舰船的倾斜

舰船受到外力（矩）的作用必将发生倾斜，作用的外力矩越大其倾斜角度也越大。在大角稳性的研究中，不仅需要考虑外力矩大小，同时也应当考虑外力矩作用的性质。当外力矩缓慢作用在舰船上时，如载荷的移动，海面上缓慢吹袭的风等，称具有这种性质的外力矩为静倾力矩。舰船在静倾力矩作用下极缓慢地倾斜，整个倾斜过程中可以近似认为倾斜的角速度和角加速度为零，于是可以通过外力矩与复原力矩静力平衡来确定舰船倾斜角度。

当外力矩以某种方式在较短的时间内作用到舰船上时，如阵风的吹袭等，称具有这样性质的外力矩为动倾力矩。动倾力矩作用下的倾斜角速度和角加速度有比较大的值，舰船的倾斜角度不仅与外力矩、复原力矩有关，还与倾斜的速度、角加速度有关，也就是说整个倾斜过程应当作为动力平衡来考虑。

以下假定已知舰船的静稳性曲线，来确定舰船在静倾斜力矩和动倾斜力矩作用下的倾角大小。

6.2.1 静倾斜力矩作用下舰船倾斜角确定

设舰船静稳性曲线如图6-4所示，现有静倾斜力矩 M_{KP} 作用在舰船上。静倾斜力矩从零逐渐增加到 M_{KP}，舰船在外力矩作用下极缓慢地从正浮状态逐渐产生横向倾斜，每一时刻复原力矩与外力矩平衡，当外力矩增加至 M_{KP}，复原力矩也增加到 $M_r = M_{KP}$，此时舰船静平衡在图6-4中 A 点，对应的倾斜角为 φ_s，称 φ_s 为静倾角。

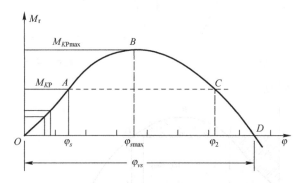

图6-4 静倾斜力矩作用下舰船的倾斜

根据上述静平衡条件可以确定舰船在任一静倾斜力矩 M_{KP} 下的倾斜角度 φ_s。不难得知在静倾斜力矩作用下舰船所能承受的最大静倾斜力矩就是静稳性曲线的最高点 B 所对应的力矩 M_{KPmax}，对应的横倾角 φ_{smax} 称为最大静倾角。若静倾斜力矩大于最大静倾斜力矩 M_{KPmax}，则舰船的复原力矩无法抵抗外力矩的作用，将导致舰船的倾覆，所以，静稳性曲线上最高点对应的最大静倾斜力矩 M_{KPmax} 是衡量舰船抵抗静力作用的重要指标。作为使用者，与倾斜力矩相比倾斜角度更为直观，最大静倾角 φ_{smax} 则是从倾斜角度来度量舰船抵抗静倾斜力矩作用的一个指标。

值得注意的是，静倾力矩 M_{KP} 与复原力矩曲线有 A、C 两个交点，但与 A 点相应的倾角 φ_s 为稳定平衡位置；与 C 点相对应的 φ_2 是不稳定平衡位置。

在 A 点，当横倾角稍大于 φ_s 时，复原力矩大于横倾力矩，使舰船回到 A 点；当横倾角稍小于 φ_s 时，横倾力矩大于复原力矩，亦使舰船回到 A 点。由此可见，舰船在平衡位置时，受到小干扰后，总会回到原来的平衡位置，故 A 点是稳定平衡位置，φ_s 是相应的静倾角。推而广之，在曲线的上升段 OB 上，舰船均具有上述特性，因此曲线的上升段是稳定平衡段。

对于 C 点而言，当横倾角略大于 φ_2 时，横倾力矩大于复原力矩，使舰船进一步横倾；当横倾角略小于 φ_2 时，复原力矩大于横倾力矩，使舰船向正浮位置恢复。由此可见，舰

船处于 C 点，受一小干扰后，总不会回到原来的平衡位置，故 C 点是不稳定平衡位置，因此，BD 段是不稳定平衡段。

6.2.2 动倾力矩作用下舰船倾斜角确定

设舰船在正浮状态，受到动倾力矩 M_{KPD} 的作用，动倾力矩又称突加力矩，它是突然作用到舰船上的一个力矩。假定动倾力矩的大小不随横倾角而变，则在静稳性曲线上可用一条平行于横轴大小为 M_{KPD} 的水平直线表示，它与静稳性曲线交于 A 点，相应的倾斜角为 φ_s，如图 6-5（a）所示。下面分析此时舰船的运动情况：

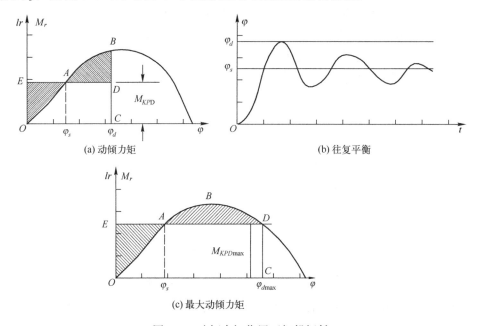

图 6-5 动倾力矩作用下舰船倾斜

（1）由于动倾力矩是瞬间突加到舰船上的定常值力矩，在倾角 $\varphi=0\sim\varphi_s$，有 $M_{KPD}>M_r$，即动倾力矩大于复原力矩，舰船在外力作用下加速倾斜，产生角加速度和角速度。

（2）当 $\varphi=\varphi_s$ 时，$M_{KPD}=M_r$，即动倾力矩等于复原力矩，外力矩已不能使舰船继续倾斜，但由于舰船具有一定的角速度（也就是具有一定的动能），在惯性作用下舰船将继续倾斜。

（3）倾角 $\varphi>\varphi_s$，$M_{KPD}<M_r$，即动倾力矩小于复原力矩，舰船减速倾斜。

（4）当 $\varphi=\varphi_d$ 时，角速度等于零，舰船停止倾斜，但这时 $M_{KPD}<M_r$，在复原力矩的作用下舰船开始复原，并反向加速。

在复原过程中，舰船的运动情况与前述类似。

这样，舰船将在倾角 $\varphi=0$ 与 $\varphi=\varphi_d$ 之间往复摆动，但由于水及空气阻尼的作用，舰船的摆动角速度逐渐减小，最后将平衡于 φ_s 处，如图 6-5（b）所示。舰船在动力作用下的最大横倾角 φ_d 称为动倾角。

尽管在动倾力矩作用下舰船最终将平衡于 φ_s 处，但是舰船的动倾角 φ_d 较静倾角 φ_s 大许多，这当然是危险的。因此在舰船的稳性规范中，以舰船的动倾角 φ_d 来衡量舰船抵抗动倾力矩的能力。

舰艇静力学中，通常采用功能平衡方法来确定舰船动倾角。在动倾力矩作用下，只有当动倾力矩所做的功完全由复原力矩所做的功吸收时，舰船的角速度才变为零而停止继续倾斜，此时对应的倾斜角即动倾角。

因力矩做功等于力矩乘以角度，故舰船倾斜过程中，动倾力矩做功为

$$A_1 = \int_0^\varphi M_{KPD} \cdot \mathrm{d}\theta \tag{6-10}$$

而复原力矩做功为

$$A_2 = \int_0^\varphi M_r \cdot \mathrm{d}\theta \tag{6-11}$$

假定在舰船的倾斜过程中动倾力矩保持为常数 $M_{KPD} = \mathrm{const}$（国外有些船级社将动倾力矩取为正弦变化形式，我国的《舰船通用规范》及《海船稳性规范》均取 M_{KPD} 为常数）。那么，由式（6-10）得动倾力矩所做的功为

$$A_1 = M_{KPD} \cdot \varphi$$

根据功能平衡原理，舰船倾斜至动倾角 φ_d 时 $A_1 = A_2$，或

$$M_{KPD} \cdot \varphi_d = \int_0^{\varphi_d} M_r \cdot \mathrm{d}\theta \tag{6-12}$$

由此可得动倾角 φ_d。

在静稳性曲线[图 6-5（a）]上动倾力矩所做的功 A_1 为直线 ED 下的面积 OEDC，复原力矩所吸收的功 A_2 为静稳性曲线 OAB 下的面积 OABC。式（6-12）表明面积 OEDC＝面积 OABC，由于面积 OADC 为两者所共有，故面积 OEAO＝面积 ABDA（图中两块阴影线部分面积相等），直线 BDC 所对应的倾角为动倾角 φ_d。

在静稳性曲线图上[图 6-5（c）]作一水平直线 ED，使面积 OEAO＝面积 ABDA，则 D 点对应的力矩就是舰船所能承受的最大动倾力矩 $M_{KPD\max}$，该点对应的角度是最大动倾角 $\varphi_{d\max}$。因为若再增大 $M_{KPD\max}$，即水平直线 ED 上移，必导致面积 OEAO 增大，面积 ABDA 减小，这意味着复原力矩做功小于动倾力矩做功，即舰船倾斜的功能不能被复原力矩做功抵消，在 B 点倾斜的角速度仍大于零。舰船过 B 点继续倾斜直至倾覆。

6.2.3　动稳性曲线及其应用

1. 动稳性曲线

舰船在静倾斜力矩和动倾斜力矩作用下产生倾斜的特点可概括如下。

舰船在静倾斜力矩作用下，横倾角速度很小，可近似认为等于零。静倾力矩 M_{KP} 作用于舰船过程中始终与复原力矩 M_r 平衡。因此，舰船的静稳性是以复原力矩来衡量。

舰船在动倾力矩作用下，横倾时具有角速度。只有当动倾力矩所做的功完全为复原力矩做的功吸收时，舰船的角速度才变为零而停止倾斜。因此，复原力矩做功的大小标志着抵抗动倾力矩的能力，即动稳性。

当舰船横倾至 φ 时，复原力矩 M_r 所做的功如式（6-11）所示：

$$A_d = \int_0^\varphi M_r \cdot \mathrm{d}\theta \qquad (6\text{-}13)$$

式中：复原力矩 $M_r = P \cdot l_r$ 随横倾角 φ 的变化规律由静稳性曲线表示[图 6-6（a）]。上式也可以改写成如下：

$$A_d = P\int_0^\varphi l_r \cdot \mathrm{d}\theta = P \cdot l_d \qquad (6\text{-}14)$$

式中：A_d 为动稳性；$l_d = \int_0^\varphi l_r \cdot \mathrm{d}\theta$ 为动稳性力臂；A_d 和 l_d 随 φ 而变化的曲线称为动稳性曲线[图 6-6（b）]。

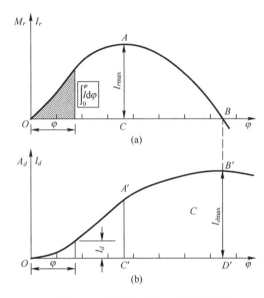

图 6-6 静稳性曲线与动稳性曲线

根据定义知，动稳性曲线在几何上表现为静稳性曲线的积分曲线。有了静稳性曲线就可以用近似计算方法求出动稳性曲线。表 6-2 所示为根据静稳性曲线，用梯形法计算动稳性曲线的一个实际例子。

因为静、动稳性曲线是微分、积分关系，因此：

① 在 $\varphi=0$ 处，复原力臂 $l_r=0$，动稳性臂 l_d 也等于零，这是 l_d 的最小值。

② 当 φ 等于最大静倾角 $\varphi_{\max}$ 时，静复原力臂达到最大值 $l_{\varphi\max}$，在动稳性臂 $l_{d\varphi}$ 曲线上表现为反曲点 A'。

③ 当 $\varphi=\varphi_{vs}$ 时（图 6-4），$l_r=0$，动稳性力臂 l_d 达到最大值 $l_{d\max}$。

④ 动稳性曲线在某一倾角处的纵坐标值代表静稳性曲线从原点至该处所围的面积，如图 6-6 所示，动稳性曲线的纵坐标 $A'C'$ 代表静稳性曲线图的面积 OAC；动稳性曲线的纵坐标 $B'D'$ 代表静稳性曲线图的面积 OAB。

2．用动稳性曲线确定动倾角

假设有动倾外力矩 M_{KPD} 作用于正浮状态的舰船之上。用静稳性曲线确定动倾角必须借助移动直线 CB 以凑得两个面积相等（图 6-5），比较麻烦，同时也不够准确。用动稳

性曲线来求动倾角 φ_d 时，把动倾力矩做功

$$A_1(\varphi) = M_{KPD} \cdot \varphi$$

画在动稳性曲线图中，就是斜率等于 M_{KPD}，通过坐标原点的直线。因此在图 6-7 中，从横坐标轴原点量取 57.3°（1rad）到 E 点，再沿纵轴量取 M_{KPD} 得到直线 EN，连接 ON 直线，则该直线就是动倾力矩做功曲线，而复原力矩做功

$$A_d = \int_0^\varphi M_r \cdot \mathrm{d}\theta \tag{6-15}$$

在动稳性曲线图上就是动稳性曲线。直线 A_1 与曲线 A_d 的交点表示动倾力矩与复原力矩做功相等，于是交点对应的角度就是动倾角 φ_d。

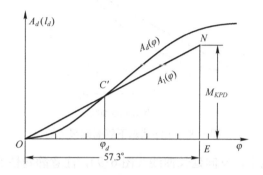

图 6-7 动稳性曲线上确定动倾角

3．正浮状态下舰船的倾覆力矩 M_{c0}（力臂 l_{c0}）

当舰船处于正浮状态受到动倾力矩的作用，舰船能够抵抗的最大动倾力矩 $M_{KPD\,\max}$ 也就是使舰船倾覆的最小力矩，称为正浮状态下舰船最小倾覆力矩，记为 M_{c0}，对应的力臂称为正浮状态下舰船最小倾覆力臂，记为 l_{c0}。

正如前面已指出的，在静稳性曲线上[图 6-8（a）]，使面积 $OFGO$=面积 $GHKG$ 对应的力矩即最小倾覆力矩 M_{c0}，相应的动倾角 φ_{dc0} 即正浮时极限动倾角。

在动稳性曲线图上，过 O 点作与动稳性曲线相切的切线 OK'[图 6-8（b）]，该切线表示以动倾力矩为斜率的做功直线。若增加直线 OK' 的斜率，则动倾力矩做功大于复原力矩做功，所以，直线 OK' 的斜率就是舰船在正浮状态下的最小倾覆力矩 M_{c0}（力臂 l_{c0}）。从坐标原点量取 $\varphi=57.3°$，从该处量取切线 OK' 的纵坐标值便是切线的斜率，即舰船在正浮状态下的最小倾覆力矩 M_{c0}（力臂 l_{c0}）。而切点 K' 相对应的动倾角便是正浮时极限动倾角 φ_{dc0}。

4．有初始横倾角时舰船的倾覆力矩 M_c（力臂 l_c）

舰船在航行中因风浪的作用产生摇摆运动，动倾力矩（如突风吹袭）并不总是在舰船正浮状态时发生的，普遍的情况是舰船摇摆至某一横倾角 φ_1 时又受到动倾力矩的作用。两种极端的情况：一种是舰船横摇至右舷 φ_1 并要向左舷摇摆时，受到来自左舷的突风作用；另一种是舰船横摇至左舷 φ_1 并要向右舷摇摆时，受到来自左舷的突风作用。不难分析后一种情况下舰船所能承受的动倾力矩较前一种情况要小许多，也就是后一种情况是舰船稳性的最危险状况。因此，舰船稳性规范中以后一种状况作为大角稳性能力的校核，规定有初始横倾角时舰船所能抵抗的最大动倾力矩为倾覆力矩 M_c（力臂 l_c）。

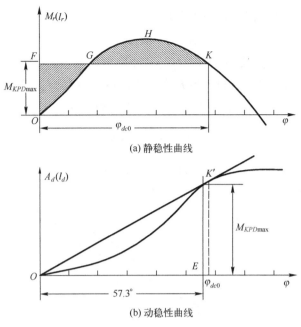

图 6-8 正浮状态下舰船倾覆力矩

在静、动稳性曲线上，反向延长曲线（图 6-9），注意静稳性曲线是关于坐标原点对称的，而动稳性曲线是关于纵坐标轴对称。在静稳性曲线上确定倾覆力矩方法与正浮时相类似。如图 6-9（a）所示，φ_1 为初始横倾角，图中使面积 AFHOA＝面积 HKLH，即图中阴影面积相等，则对应的动倾力矩即有初始横倾角的倾覆力矩 M_c（力臂 l_c），L 点对应的横倾角是有初始横倾角时的极限动倾角 φ_{dc}。

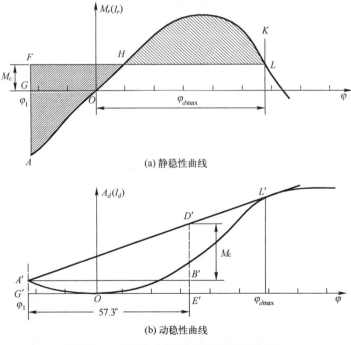

图 6-9 有初始横倾角下舰船倾覆力矩

同样，在动稳性曲线上[图6-9（a）]，从A'点作动稳性曲线的切线，切点为L'。从φ_1开始在横坐标轴上量取57.3°到E'点，该点处切线至A'点的高度$D'B'$便是倾覆力矩M_c（力臂l_c），切点L'处对应的横倾角则为极限动倾角φ_{dc}。

由前述可知，从静、动稳性曲线上都可以确定倾覆力矩M_c（力臂l_c），当然所得到的结果也是一致的。在静稳性曲线上要作出两个面积相等的曲边三角形不容易保证精度，所以一般在动稳性曲线上量出倾覆力矩M_c（力臂l_c）。

这一节中得到三个极限力矩：舰船所能承受的最大静倾力矩$M_{KP\max}$，正浮状态下舰船的倾覆力矩M_{c0}和有初始横倾角时舰船的倾覆力矩M_c，以及三个对应的极限角度：$\varphi_{s\max}$，φ_{dc0}和φ_{dc}。这三个极限力矩（极限角度）反映了不同状态下舰船抵抗外力的稳性能力，由于$M_{KP\max} > M_{c0} > M_c$，如图6-10所示，可以认为$M_c$反映了舰船波浪中航行抵抗外力的最大能力，所以，在舰船稳性规范中以此作为校核舰船大角稳性的能力。而在舰船在横向补给时，因受到承载索的牵引力作用初始横倾角比较小，便以M_{c0}作为校核舰船横向补给时的大角稳性能力。$M_{KP\max}$反映的是舰船抵抗静倾斜力矩的稳性能力，在舰船的建造、维修和改装中往往需要$M_{KP\max}$作为实际工作中保证抵抗静力矩作用的依据。此外，极限角度是从横倾角度来反映舰船抵抗外力的稳性能力，因角度比力矩更具直观性，某些船级社也有采用极限角度来校核舰艇的稳性。

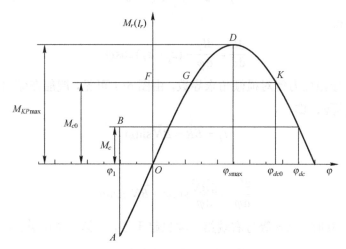

图6-10 舰船倾覆力矩和极限横倾角

几点说明：

（1）外力矩一般是随横倾角φ变化的，特别是风作用的倾斜力矩，而且多半是随着横倾角φ的增加而减小，美国的规范中假定风作用的倾斜力矩随$\cos^2\varphi$变化。在GJB 4000—2000中则取为常数，这样选取是偏于安全的。

（2）在解动稳性问题时，用动稳性曲线求解要比用静稳性曲线方便，省去了凑面积相等的步骤。但是动稳性曲线的这一优点，只有当外力矩的积分曲线是一条直线时才显示出来（外力矩为定值）。国外一些规范中，规定外力矩是变化的，在进行大倾角稳性计算时用静稳性曲线，所以动稳性曲线的计算并不是必需的。

（3）静力学中用功能平衡方法确定舰船倾覆力矩M_c，与实际情况比较是偏于安全的，也就是说使舰船倾覆的力矩要比 M_c 大。它没有考虑横倾的阻尼及附加质量的影响，因为阻尼及附加质量会使倾斜角度减小。若再计及舰船在波浪中的各种动力影响，情况将更加复杂。舰船在波浪中稳性是需要研究的一个课题。

6.3 静稳性曲线的特征

从上节按静稳性曲线确定舰船在外力作用下的倾斜角及利用静稳性曲线判断舰船的稳性能力中可以明显看出，静稳性曲线的形状直接决定了舰船的稳性，而静稳性曲线可以用若干特征值来体现，从而通过这些特征值反映舰船稳性的好坏。

6.3.1 静稳性曲线特征

舰船静稳性曲线的特征主要包括曲线在原点处的斜率、最大复原力臂及其对应的横倾角、稳性范围以及曲线下的面积等。

1. 静稳性曲线在原点处的斜率

静稳性曲线在某点的斜率即曲线在该点的导数，按式（6-4）舰船复原力臂为

$$l_r = l_f - l_w = l_f - (z_g - z_b)\sin\varphi$$

对横倾角 φ 求导得

$$\frac{\mathrm{d}l_r}{\mathrm{d}\varphi} = \frac{\mathrm{d}l_f}{\mathrm{d}\varphi} - (z_g - z_b)\cos\varphi \tag{6-16}$$

上式第一项为船形稳性力臂对横倾角求导数，由图 6-1 可见，舰船在倾斜水线 $W_\varphi L_\varphi$ 下的船形稳性力臂为 $\overline{BR}$，即

$$l_f = \overline{BR} = \overline{BN}\sin\varphi$$

于是

$$\frac{\mathrm{d}l_f}{\mathrm{d}\varphi} = \frac{\mathrm{d}\overline{BN}}{\mathrm{d}\varphi}\sin\varphi + \overline{BN}\cos\varphi$$

注意，当 $\varphi \to 0$ 时，上式等号右端第一项也趋于零，而第二项中 $\overline{BN} \to r$（稳性半径），所以

$$\left.\frac{\mathrm{d}l_r}{\mathrm{d}\varphi}\right|_{\varphi=0} = r - (z_g - z_b) = h \tag{6-17}$$

由此可见，静稳性曲线在原点处的斜率等于初稳性高 h。通常在小角度时，复原力臂和横倾角成正比，即静稳性曲线在这一段是直线，如图 6-11 所示。显然 h 越大，表明静稳性曲线初始段越陡，即在小倾角时复原力矩越大。

在绘制静稳性曲线图时，也可以利用这一特征。通常可先在 $\varphi=57.3°$（1rad）处取高度为 h 的一点 D，连 OD 线，若静稳性曲线绘制正确，在原点处应与 OD 线相切。

2. 舰船所能承受的最大静倾斜力矩（臂）及其对应的横倾角

在图 6-12 中，静稳性曲线上的最高点 B 代表了舰船所能承受的最大静倾斜力矩，

即舰船本身所具有的最大复原力矩 $M_{r\max} = M_{KP\max}$，其对应的横倾角为最大静倾角 $\varphi_{s\max}$。显然，最大复原力矩 $M_{r\max}$（或最大复原力臂 $l_{r\max}$）和其所对应的横倾角 $\varphi_{s\max}$ 是衡量舰艇在静倾斜力矩作用下大倾角稳性的重要指标。通常 $l_{r\max}$ 较大，相应的 $\varphi_{s\max}$ 亦较大，对稳性是有利的，对于军舰而言，通常要求 $\varphi_{s\max}$ 的值不小于 $30°$。但是，考虑到甲板上浪等因素对舰船的作用（相当于补加倾斜力矩）和舰船在破损条件下，或在随浪（顺浪）波峰上航行时稳性力臂的可能降低，舰船允许承受的倾斜力矩可能比静稳性曲线上显示的值要小些。

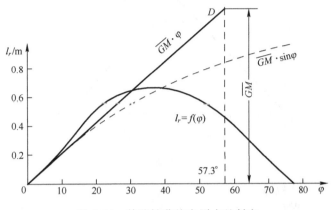

图 6-11　静稳性曲线在原点处斜率

3．稳性消失角 φ_{vs}

在静稳性曲线上的 D 点（图 6-12），复原力矩 $M_r = 0$，与之对应的横倾角称为稳性消失角 φ_{vs}。舰船从正浮状态产生大倾角时，只要倾角不超过稳性消失角 φ_{vs}，且舰船在倾斜位置上没有角速度，当外力去掉后，听其自然，舰船都能重新回到原来的平衡位置，所以从 $\varphi = 0$ 到 $\varphi = \varphi_{vs}$ 叫作稳定范围。若超过这一角度，即使去掉外力，任其自然，舰船也将在负的复原力矩作用下倾覆。通常要求军舰的稳性消失角在 $60°\sim 90°$。

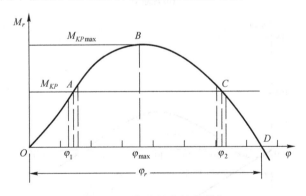

图 6-12　静稳性曲线的特征

4．静稳性曲线下的面积 A

整个静稳性曲线下的面积 A 是复原力矩所能够做的最大功。因此，在动倾斜力矩作用下若要使舰船倾覆，则外力矩做功至少要等于 A。从这一角度来看，静稳性曲线下整个面积

A 反映了舰船抵抗动倾斜力矩能力的大小，面积 A 越大舰船抵抗外力矩的能力也越大。

6.3.2 初稳性与大角稳性的关系

初稳性高 h 的大小对静稳性曲线的形状有直接的影响。图 6-13 所示为几种静稳性曲线图。

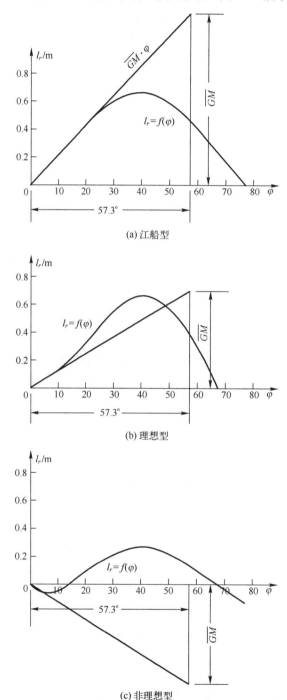

图 6-13 几种静稳性曲线图

（1）初稳性高较大，复原力臂的最大值 $l_{r\max}$ 也不小，稳性消失角可达 60°～90°。船宽较大、干舷较小的舰艇，其静稳性曲线具有这种特性，江船属于此类。一般来说，这种船在内河航行的稳性是足够的，但在海上遇到风浪时会产生剧烈的摇摆，对于海洋舰艇来说并不理想。

（2）初稳性高较小，但曲线很快地超出在原点处的切线，$l_{r\max}$ 也不小，稳性范围较大（稳性消失角大）。这是干舷较高的海洋舰艇的特性，其大倾角稳性是足够的，遇风浪时，摇摆相对较缓和。通常认为这种曲线形状较为理想。

（3）初稳性高为负值，这种船在静水中虽然不会倾覆，但因正浮位置是不稳定平衡，故具有一永久倾角 α。其大倾角稳性较差，一般设计中不允许出现这种情况。

6.4 载荷情况对大角稳性的影响

6.4.1 载荷的移动

载荷的移动只改变舰船的重心位置，这里只研究载荷的水平横向移动和铅垂移动，载荷的纵向移动引起舰船产生纵倾，但由于通常纵倾不大，对舰船大角稳性的影响可以忽略，这里将不讨论。

1. 载荷的铅垂移动

载荷的铅垂移动将引起舰船重心在铅垂方向的改变，设舰船原来的重心在 G 点，载荷移动后舰船重心在 G_1 点，如图 6-14（a）所示，当舰船倾斜横倾角 φ 后，复原力臂由原来的 $\overline{GK}$ 变为 $\overline{G_1K_1}$，令舰船重心改变为 $\overline{GG_1}=\delta z_g$，于是，移动前后复原力臂的关系为

$$l_{r1} = l_r - \delta z_g \sin\varphi \tag{6-18}$$

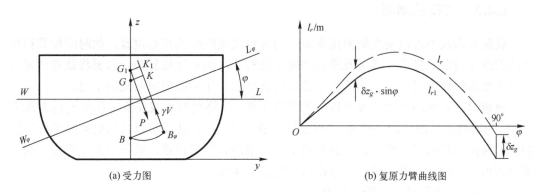

图 6-14　载荷铅垂移动对大角稳性影响

将载荷移动前后的静稳性曲线作在同一个图中，如图 6-14（b）所示，若重心升高，即 $\delta z_g > 0$，则重心升高后的静稳性曲线为图中实线所示。显然，重心升高后舰船的大角稳性降低了。反之，若重心降低，则舰船的大角稳性将增大。

2．载荷的水平横向移动

设舰船原来的重心位置在 G 点，载荷的水平横向移动，使舰船的重心移至 G_1 点，水平横向移动的距离为 $\overline{GG_1}=\delta y_g$，见图 6-15（a）。载荷移动前舰船的复原力臂为 $\overline{GK}=l_r$，其静稳性曲线如图 6-15（b）中虚线所示，载荷移动后舰船的复原力臂为 $\overline{G_1K_1}=l_{r1}$，移动前后复原力臂的关系是

$$l_{r1}=l_r-\delta y_g\cdot\cos\varphi \qquad (6-19)$$

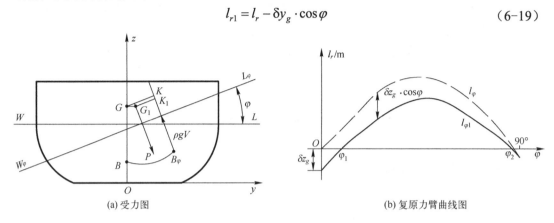

图 6-15　载荷水平横向移动对大角稳性影响

重心横移后的静稳性曲线如图 6-15（b）中实线所示，显然这时横倾角 $\varphi=0$ 的正浮位置已不再是舰船的平衡位置了，新的平衡位置将在 φ_1，该处 $l_{r1}=0$，即在 φ_1 时浮心 B 和重心 G_1 将在同一条铅垂线上。可见，当重心偏于一舷时，无论是最大复原力矩还是稳性范围和曲线所包围的面积都减小了，大角稳性全面恶化。因此，不对称的装载是不允许的，不仅对稳性不利，对舰船的其他航海性能也是不利的。

若同时有载荷的水平横向移动和纵向移动，则可考虑为两种影响的叠加。

6.4.2　载荷的增减

载荷的增减不仅改变舰船的排水量，同时也改变舰船的重心位置，此时舰船静稳性曲线的改变情况与排水量增减及重心如何变化有关，因而比较复杂，需要将载荷增减后的静稳性曲线作出来，与原来的静稳性曲线进行比较才可能得出明确的结论。

载荷增减后的静稳性曲线可以分为两步计算，先将载荷增减在给定高度 z_q 的对称面上（z_q 为增减载荷的垂向高度），计算舰船的静稳性曲线，此时可以认为舰船是平行下沉的，即保持正直漂浮，然后再将载荷水平移至增减载荷的位置。第一步的计算按下列步骤并利用船形稳性力臂插值曲线求出新的静稳性曲线。

1．求出增减载荷后舰船重量 P_1

$$P_1=P+q$$

式中：P 为舰船原来的重量；q 为所增减载荷的重量。

2．求增减载荷后舰船的船形稳性力臂 l_{f1}

根据载荷增减后新的排水体积 $V_1=P_1/\rho g$，从船形稳性力臂插值曲线上找出一系列相应的值，得到 l_{f1}。

3．求增减载荷后舰船新的重心高度 z_{g1}

$$z_{g1} = \frac{P \cdot z_g + q \cdot z_q}{P + q}$$

4．求增减载荷后舰船的重量稳性力臂 l_{w1}

先根据排水体积 V_1 从静水力曲线上查得相应的浮心垂向坐标 z_{b1}，于是

$$l_{w1} = (z_{g1} - z_{b1})\sin\varphi$$

5．计算增减载荷后舰船新的复原力臂 l_{r1}

$$l_{r1} = l_{f1} - l_{w1}$$

此即增减载荷而不引起倾斜的静稳性臂。

第二步将载荷水平横向移动，按照 6.4.1 节中介绍的方法便可以得到增减载荷后的静稳性曲线图。一般载荷水平纵向移动后仅有不大的纵倾角，可以用该静稳性曲线图作为载荷增减后静稳性曲线的近似。若载荷水平纵向移动后出现较大的纵倾状态，则必须根据舰船型线图重新计算静稳性曲线图。

6.4.3 自由液面的影响

自由液面的存在使稳性降低，本质上是由倾斜时液体向倾斜方向流动，形成倾斜力矩，从而抵消了一部分复原力矩所致。

要确定自由液面对大角稳性的影响，只需要求出不同倾角时液体搬动所构成的倾斜力矩，该力矩的大小就是舰船在相应各倾角下复原力矩减少的值。

如图 6-16 所示，舰船在正浮时舱内液体的表面为 ab，重心位于 g 点。当舰船横倾 φ 角后，舱内液体向倾斜一侧移动，液面为 cd，重心自 g 点移至 g_1 点，移动的横向距离为 e，因此产生倾斜力矩：

$$M_H = \rho g v e$$

式中：v 为舱内液体的体积；ρ 为舱内液体的质量密度。

设舰船原来的复原力矩为 $M_r = P \cdot l_r$，则考虑自由液面的影响后，舰船的复原力矩为

$$M_{r1} = P \cdot l_r - M_H = P\left(l_r - \frac{M_H}{P}\right) = P(l_r - \delta l) \tag{6-20}$$

式中：$\delta l = \dfrac{M_H}{P} = \dfrac{\rho g v e}{P}$ 为自由液面对复原力臂的影响修正。

当舰船的横倾角 φ 较大时，液体重心的移动距离 y 不能再由初稳性中所述按 $y = (i_x/v)\sin\varphi$ 求得，而必须直接计算，由此计算自由液面的倾斜力矩，最后得出 $\delta l = M_H / P$ 的值。

计算 M_H 和 δl 的方法有许多，下面介绍舰船稳性规范中的 M_{30} 法。

(1) 在各液体舱形心附近，取一等效横剖面：其面积乘以舱长与实际舱容相近，且横倾后横剖面形心的移动距离与液体重心的移动距离也相近。

(2) 利用作简单几何图形形心的方法，求取各等效横剖面半截液面 ab 下的形心 g 和横倾 30° 时液面 cd 下的形心 g_1（图 6-16）。

（3）设各舱液体重心 g 沿水线方向移动的距离为 e_i；半截液体重量为 w_i；则各舱半截液面横倾 30°时产生的横倾总力矩为

$$M_{30} = \sum_{i=1}^{n} W_i e_i$$

式中：n 为进行自由液面修正的舱数。

（4）横倾 30°时的复原力臂修正值为

$$\delta l_{30} = \frac{M_{30}}{P}$$

式中：P 为核算装载状态下的舰船排水量。

（5）舰船横倾角 φ 从 0°至 30°的静稳性曲线的修正值取其为与 δl_{30} 呈线性变化；30°以后均取为 δl_{30} 值，如图 6-17 所示。

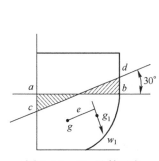

图 6-16 M_{30} 计算示意

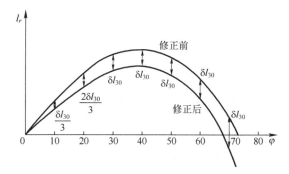

图 6-17 静稳性曲线 M_{30} 修正

以上的 M_{30} 法已表明，自由液面对大角稳性的影响与横倾角的大小有关。此外，在很大程度上还与液舱的形状和液舱内液体的数量有关。如图 5-12 所示，液舱内液体的数量较少或较满时，自由液面对大角稳性的影响比较小，一般液舱内液体的数量在半舱时影响最大。

根据计算表明，扁平和狭深的舱，自由液面产生的倾斜力矩较小，而正方体舱较大，因此在设计上要避免设置正方体的液体舱。

6.5 船型要素对大角稳性的影响

了解舰船船形要素对稳性的影响，对在舰船设计中确保稳性，以及舰船维修和改装中注意采取改善稳性的措施是有益的。

6.5.1 干舷高度对稳性的影响

如图 6-18（a）所示，设 A、B 两船，除干舷高度外，两船的排水量、船形、重心高度等均相同，即 B 船的干舷高度较 A 船高。这种情况也可以看成水线以上两种不同的水密状况，A 船相当于甲板 I 以下为水密，B 船相当于甲板 II 以下为水密，较 A 船增加了干舷高度。

显然在 A 船上甲板入水以前，两者有相同的静稳性曲线。当倾斜水线超过 A 船的上甲板后，对于 B 船而言，甲板尚未入水，此时倾角为 φ，其水线是 $W'_\varphi L'_\varphi$，这时由于 A

船上甲板入水，与 B 船相比较失去一部分浮力，需由上甲板以下水密部分增加吃水提供损失的浮力，即 A 船的水线是 $W_{\varphi A}L_{\varphi A}$，因此，与 B 船相比，其复原力矩将减小 $\rho g v_\varphi \cdot c_\varphi$，如图 6-18（a）所示。在静稳性曲线图 6-18（b）中，虚线为 B 船的静稳性曲线，实线为 A 船的静稳性曲线。

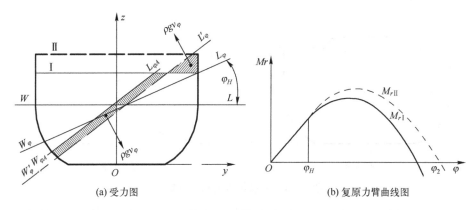

(a) 受力图　　　　(b) 复原力臂曲线图

图 6-18　干舷对大角稳性影响

由此可知，增加干舷高度的结果将使静稳性曲线从上甲板入水角 φ 开始变得高于原来的曲线，并且二者之差将随横倾角的增加而增加。所以干舷是保证在较大的倾角时仍然有复原力矩的一个主要因素。

6.5.2　船宽对稳性的影响

如图 6-19 所示，设 A、B 两种船型，除船宽外，其他的几何要素及重心高度均相同，即 B 船的宽度较 A 船大。船宽大者水线面惯性矩也大，故 B 船的初稳性高大于 A 船。另外，船宽大者，出、入水楔形的移动力矩也大，因而静稳性臂也大。但船宽大者甲板边缘入水角较小，因此，B 船静稳性曲线的最大静复原力臂所对应的横倾角较 A 船小。

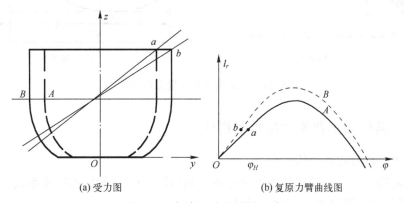

(a) 受力图　　　　(b) 复原力臂曲线图

图 6-19　船宽对大角稳性影响

6.5.3　进水角对稳性的影响

舰船主船体上如有非水密的开口（如舱口、门和窗等），则当舰船横倾时，水面达到某一开口，水将灌入船主体内部，使船处于危险状态。

水线到达最先进水的非水密处的倾斜角度 φ_j 称为进水角。在进行稳性校核时，认为进水角以后的最小倾覆力臂 l_c 计算无效。进水角以后的静稳性曲线应当不再计入，使稳性的有效范围缩小，从而降低了舰船的抗风能力（图 6-20）。

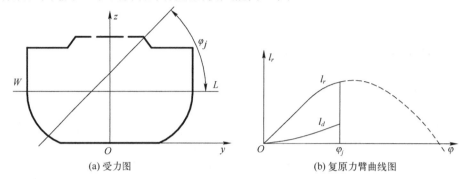

图 6-20 进水角对大角稳性影响

显然舰船进水角度随排水量的变化而变化，φ_j 随排水体积变化的曲线称为进水角曲线。按照舰船稳性规范的要求，有进水角影响的舰船，应作出进水角曲线图。

设舰船在某一排水量时的静稳性曲线和动稳性曲线如图 6-21 所示，根据进水角曲线查得进水角 φ_j，并把它画在图 6-21 中。根据有效部分在静稳性曲线或动稳性曲线中来决定最小倾覆力臂 l_c。

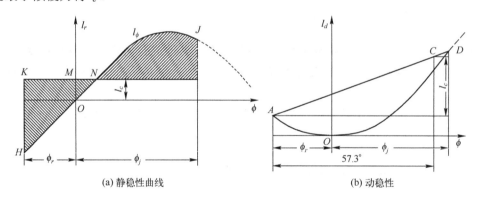

图 6-21 有进水角时倾覆力臂的确定

6.5.4 其他船形要素对稳性的影响

1. 水线面系数对稳性的影响

A、B 两船，尺度、排水体积和重心高度均相同，但 B 船的水线面系数比 A 船大，则 B 船初稳性高和静稳性臂均比 A 船大。

2. 横剖面底部升高对稳性的影响

底部升高的船形，使出入水楔形的体积和移动距离减小，从而导致静稳性臂和稳性消失角减小。

此外，水线以上的横剖线适当"外飘"和采用较大的舷弧，都可增加倾角较大时的静稳性臂。目前，舰船更多考虑隐身性要求，为了减小雷达波反射面积，有时采用水线以上部分内折形式，这会损失一些大角稳性。

6.6 提高舰船稳性的措施和方法

6.6.1 改善舰船稳性的措施

从初稳性和大角稳性的介绍和分析中可知，提高舰船稳性可以从两个方面着手：一是提高舰船的最小倾覆力臂 l_c，二是减小舰船所受到的动倾斜力矩 M_{KPD}。

提高最小倾覆力臂 l_c 有如下措施。

（1）降低船的重心。在设计时就要高度重视船上各种设备、重量布置的重心高度。在船的底部加压载物是最常见的一种方法，不仅一些建造后在航行中发现稳性不足的船采用此方法，有些船在设计时就考虑在底部装有一定数量的固定压载。船在使用过程中也常常在某些空舱灌入压载水以降低重心高度。

（2）增加干舷。这是提高舰艇稳性的有效措施之一。某些稳性不足的老船可将载重线降低以增加干舷。

（3）增加船宽。这是提高舰艇初稳性的有效措施之一。在舰船的设计中船宽的确定在很大程度上取决于稳性的要求。对现役舰船现代化改装中，稳性不足时可以考虑在船的两舷水线附近加装相当厚的护木、浮箱、凸出体等，如图 6-22 所示。

（4）增加水线面系数。它的作用与增加船宽类似。

（5）减少自由液面和悬挂物重量。

（6）注意舰船水线以上开口的水密性，增加舰船的进水角。

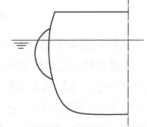

图 6-22　船舷加护木、突出体

设计中减小动倾斜力矩，主要是减小船的受风面积，也就是减小上层建筑的长度和高度。

6.6.2 保证舰船稳性的方法

1. 负初稳性舰船倾斜的扶正

舰船在设计时一般是能够保证具有足够的初稳性的，但是舰船破损后往往会出现大面积的自由液面，可能使舰船出现负的初稳性。舰船出现负初稳性的静稳性曲线如图 6-23 所示，第一种情况舰船平衡在 180° 附近，这表示舰船已经翻掉。第二种情况表明舰船平衡在倾角 $\varphi = \varphi_1$ 处，也就是舰船有一个初始的横倾角，它可能漂浮在左舷 φ_1 处，也可能漂浮在右舷 φ_1 处，这将取决于正浮状态时受到的外界扰动方向。这种情况下，尽管舰船装载是左右对称的，舰船也将带有初倾角 φ_1 而歪着漂浮或航行。如何判别是载荷不对称还是舰船出现负初稳性造成舰船初始横倾角，将在不沉性中介绍。

对于具有负初稳性的舰船，虽然船未翻掉，但其大角稳性很差，无论是最大复原力臂，还是静稳性曲线包围的面积，抑或是稳性范围等特征值，都将显著低于正常值，必须采取措施，改善其稳性。

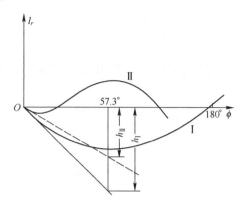

图 6-23 负初稳性下舰船静稳性曲线

如果判定舰船倾斜不是由不对称装载造成的，而是如上面分析的那样出现负初稳性，这时绝不能通过反向移动载荷来扶正舰船。为了说明这一点，参见图 6-24。

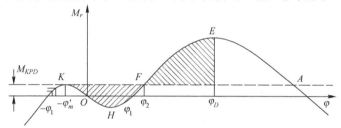

图 6-24 负初稳性下反向移动载荷的情况

设舰船因负初稳性而浮于左舷 $-\varphi_1$ 的位置上。用逐步向右舷移动载荷的方法企图扶正舰船，开始当移动载荷所形成的力矩逐渐加大时，舰船逐渐扶正，当力矩增加到 M_{KPD} 时，舰船扶正到 $-\varphi'_m$，此后只要力矩再稍稍加大一点，就相当于在船上加了一个动倾力矩，舰船便开始自行扶正，舰船将产生角加速度和角速度，并且越扶正，角加速度就越大，将一直倾斜到 φ_D（图中两块阴影面积相等）。然后在 φ_D 与 $-\varphi'_m$ 之间摆动，最终平衡于右舷 φ_2 的位置上。

这就是说，如果面积 AEFA<面积 KHFK，那么舰船倾覆；如果面积 AEFA>面积 KHFK，即使不翻，也将倾斜在比 φ_1 更大的 φ_2 位置上。载荷的水平横向移动并不能降低舰船的重心，从而也不能改变负初稳性。

此时，要扶正舰船必须使初稳性从负变为正值，最简便的办法是降低重心高度。为此，可以从上往下移动载荷，或者在中面以下的较低位置增加压载。当初稳性变为正值时，舰船自然就扶正了。

2. 波浪中稳性特点

在舰船大角稳性的讨论中，假设水线保持水平（没有波浪）；舰船倾斜过程中忽略阻尼、惯性影响，遵守功能守恒。基于这种假设引出了在舰船有初始横倾角 φ_r 下为最危险状态。在舰船稳性规范中（详见 6.7 节）把舰船在正横浪中产生的共振横摇角作为初始横倾角 φ_r，把舰船在正横浪中航行时受到阵风产生的力矩作为动倾斜力矩 M_{KPD}，也就是以舰船在正横浪中航行作为稳性最危险状态来进行静力学稳性校核。传统的观点认为正横浪中航行是稳性最差的状态，然而，许多舰艇丧失稳性导致倾覆是在尾斜浪（波浪传播方向与船航行方向夹角小于90°）或随浪（波浪传播方向与船航行方向夹角等于0°）的状态，许多研究表明舰艇尾斜浪或随浪状态下可能比正横浪状态的稳性更差。这是因为舰艇处于随浪状态下，当船长接近波长，船速等于波速，舰船随波航行时，船与波可能呈相对固定状态，考虑波面的影响其静稳性曲线大致如图6-25（b）所示，若船中处于波峰[常称中拱状态，图6-25（a）]时，稳性最差。这是因为，当舰船的中部处于波峰时因中部埋入水中倾斜后不再提供船形稳性力臂或提供极少，复原力矩主要靠艏、艉两端提供，而艏、艉两端船形又较瘦，因此扶正能力比较差，稳性大大降低，特别是小型舰艇，如果再遇到甲板上浪更易倾覆。当船中处于波谷[常称中垂状态，图6-25（a）]时，情况与中拱相反。用静力的方法计算中拱、中垂和静水状态下的静稳性曲线，画在同一张图中大致如图6-25（b）所示。

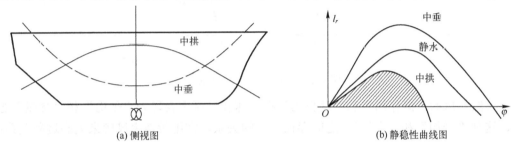

(a) 侧视图　　　　　　　　　　　　(b) 静稳性曲线图

图6-25　波浪中舰船静稳性曲线

至于舰船在尾斜浪中的稳性问题，情况要复杂些，除了类似随浪的稳性，还会出现"横甩"现象，这也是当前研究稳性的重要课题。现今的稳性规范大多还依然是按照正横浪为假定前提，随着今后对尾斜浪稳性的深入研究和实践，会在舰艇设计中逐步得到应用。

6.7　舰船抗风浪性计算

舰船稳性研究中最重要的问题是：舰船在多大的风浪中能保证航行安全。事实上要回答这个问题，涉及流体动力学等多方面的问题，如涉及风的作用规律、浪的作用规律、舰船在波浪上的摇摆规律等，甚至还和人们对舰船的操纵经验有关。鉴于这一问题的复杂性，要作出非常准确的计算和判断比较困难，因此，目前多采用以静力学为主的近似方法进行计算，并且计算中带有很大的条件性。由于这些计算多偏于安全，在工程上还是普遍被采用。

下面结合舰船稳性规范，介绍舰船抗风浪性计算的方法。

6.7.1　风对舰船的作用

风对舰船的作用是产生一个横倾的外力矩，由于风的不同作用性质，可将该外力矩分为静倾斜力矩和动倾斜力矩。下面先分析风的性质。

1. 风的分类和分级

海洋风按其成因可分为如下四种类型：气压梯度风、锋面风、低压风和台风。

气压梯度风和锋面风的特点是刮风时间较长，但它们的强度不大，通常为10～

15m/s，最大风速不超过 24m/s，这类风在海面上经常出现。风速和时间的关系大致如图 6-26（a）所示。这类风对舰船的作用可以看成静倾斜力矩。

低压风和台风的特点是最大风力在它们的中心处，但中心处的风向是反复的（180°地改变风向），中心过后继续刮后续稳定风，这类风强度较大，根据实测统计数据，中心附近的最大风速，低压风可高达 32m/s，台风可达 50m/s（在台风中心处有的记录值甚至高达110m/s），而后续稳定风的风速，低压风可达 15m/s，台风可达 20m/s。其风速与时间的关系如图 6-26（b）所示。这类风在中心处的作用特点，对舰船的作用相当于动倾力矩的作用。

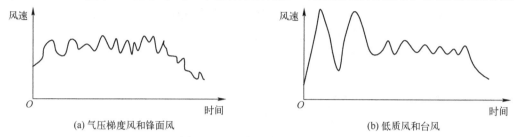

图 6-26 风速与时间关系曲线

自然界风的"静作用"和"动作用"在风速和风压中表现为"平均"和"突然"之分，这种"平均"和"突然"之间存在一定的关系，常用所谓突风度来关联这种关系：

$$突风度 = U_{突然} / U_{平均}$$

突风度的大小与风的类型、平均风速、地形等因素有关，有一定的变化范围。各个国家的统计资料也不尽相同，根据统计目前各国所取突风度在 1.2～1.7，并且当平均风速较小时，突风度取得较大；而当平均风速较大时，取得较小。

气象台站一般用所谓的蒲氏风级表表示风速和风压之间的关系，表 6-2 所示为1946年巴黎国际气象会议推荐的蒲氏风级表，该表中只列出平均风速和风压，突风风速就需要根据突风度大小来确定。该表中风速和风压是按下式计算的：

$$p = C_0 \frac{\rho}{2} U^2 \tag{6-21}$$

其中：当 $t=0°$ 时，$\rho =0.132 \mathrm{kg} \cdot \mathrm{s}^2/\mathrm{m}^4$，$C_0 =1.186$。

表 6-2 1946 年蒲氏风级表

风力（级）	平均风速 $U_{10}/$（m/s）	平均风压 $P_{10}/$（kg/m²）	风力（级）	平均风速 $U_{10}/$（m/s）	平均风压 $P_{10}/$（kg/m²）
0	0	0	7	15.48	18.74
1	0.836	0.0547	8	18.92	27.98
2	2.36	0.437	9	22.57	39.84
3	4.34	1.476	10	26.44	54.65
4	6.69	3.50	11	30.50	72.74
5	9.35	6.83	12	34.75	94.44
6	12.29	11.80			

海上风力的大小，是随着距离海面高度的不同而变化的，表 6-2 中给出的是海面 10m 处的风速和风压，不同高度处的风速风压修正系数如表 6-3 所示。

表 6-3 海上不同高度处风速和风压的修正系数

距海面高度 h/m	U_h/U_{10}	p_h/p_{10}	距海面高度 h/m	U_h/U_{10}	p_h/p_{10}
0	0.3933	0.1547	20.5	1.1024	1.2153
0.5	0.5526	0.3054	21.5	1.1087	1.2292
1.5	0.6804	0.4629	22.5	1.1146	1.2423
2.5	0.7545	0.5693	23.5	1.1202	1.2548
3.5	0.8076	0.6522	24.5	1.1255	1.2668
4.5	0.8513	0.7247	25.0	1.1281	1.2726
5.0	0.8710	0.7586	25.5	1.1305	1.2780
5.5	0.8888	0.7900	26.5	1.1352	1.2887
6.5	0.9209	0.8481	27.5	1.1397	1.2989
7.5	0.9483	0.8993	28.5	1.144	1.3087
8.5	0.9716	0.9440	29.5	1.1481	1.3181
9.5	0.9912	0.9825	30.0	1.1501	1.3227
10.0	1.000	1.0000	30.5	1.152	1.3271
10.5	1.0075	1.0151	31.5	1.1557	1.3356
11.5	1.0213	1.0431	32.5	1.1593	1.3440
12.5	1.0335	1.0681	33.5	1.1628	1.3521
13.5	1.0445	1.0910	34.5	1.1662	1.3600
14.5	1.0546	1.1122	35.0	1.1679	1.3640
15.0	1.0594	1.1223	35.5	1.1695	1.3677
15.5	1.0639	1.1319	36.5	1.1727	1.3752
16.5	1.0726	1.1505	37.5	1.1758	1.3825
17.5	1.0808	1.1681	38.5	1.1788	1.3896
18.5	1.0885	1.1848	39.5	1.1817	1.3964
19.5	1.0957	1.2006	40.0	1.1831	1.3997
20.0	1.0992	1.2082			

2. 风压倾斜力矩的确定

当风长期作用时，即静作用，舰船做均匀的横移运动，这时船体水下部分的船体侧面上将产生水的阻力 R，和风压力 F_j 相平衡，阻力 R 的作用点可取在 1/2 吃水处，如图 6-27 所示。于是由风力和水的阻力构成的倾斜力矩为

$$M_{Fj} = \frac{1}{1000} F_j (z_n - T/2) \qquad (6\text{-}22)$$

其中
$$F_j = p_j \cdot A$$

式中：A 为受风面积，即舰船水线以上部分在对称面上的投影面积（m^2）；p_j 为风的静压力（N/m^2），即取受风面积中心处的静风压值；z_n 为风的作用中心到基平面的高度，亦即面积 A 的中心高度（m）；T 为舰船吃水（m）。

当突风作用于舰船时，舰船的横倾是一种不均匀（不稳定）的运动，这时，舰船有较大的横移加速度，但速度很小，故水对船体水下部分侧面上的阻力很小，可以忽略不计，而这时必须估计作用于舰船重心 G 上的和运动方向相反的惯性力 u，如图 6-28 所示。在这种情况下倾斜力矩应按下式计算：

$$M_{FD} = \frac{1}{1000} F_D(z_n - z_g)$$

其中

$$F_D = P_D \cdot A$$

式中：p_D 为风的动压力，N/m^2，取受风面积中心处的动风压值；z_g 为重心 G 在基平面以上的高度，有时在计算时就简单地取 $z_g = T$，这时上式可改写为

$$M_{FD} = \frac{1}{1000} F_D(z_n - T) \tag{6-23}$$

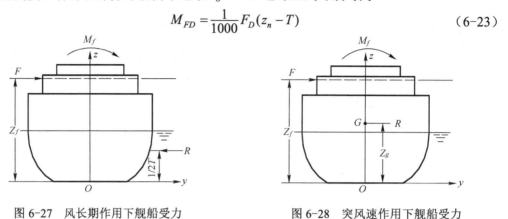

图 6-27 风长期作用下舰船受力　　　图 6-28 突风速作用下舰船受力

6.7.2 风浪联合作用

关于波浪对舰船的作用，从稳性的角度考虑，主要是引起舰船在波浪中的摇摆，也就是在动稳性中讨论的初始横摇角 φ_r。下面分析在舰船抗风浪性计算中关于波浪中舰船横摇角的确定原则，其计算方法在稳性规范中给出。

假定舰船正横于规则的涌浪中，并且和波浪发生共振，这时的摇摆角叫作共振横摇角或称共振摆幅，以 φ_r 表示，这是一种最严重的横摇情况。关于海浪介绍及舰船共振横摇角的计算方法可以参见耐波性教材。

在共振条件下，当舰船摆动到一舷最大角（φ_r）而正要返回到正浮位置并摆向另一舷时，又遭到正横方向吹来的突风作用，由突风作用引起的动倾力矩的方向和舰船共振横摇角 φ_r 的方向相反，而和舰船正要返回的方向一致，如图 6-29 所示的情况，将在这种情况下舰船最大能承受几级风力的作用而不致倾覆作为舰船抗风浪的标志。

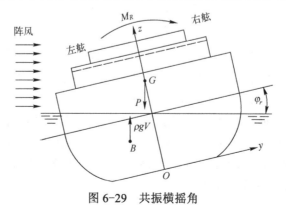

图 6-29 共振横摇角

6.7.3 舰船稳性规范的稳性校核方法

在舰船的稳性规范中将舰艇的抗风能力分为五个级别，每个级别和风级对应，并且给出了距离水面 10m 高度处的额定阵风风速，如表 6-4 所示。

表 6-4 风级和额定阵风风速

稳 性 级 别	风 级	额定阵风风速/(m/s)（距水面 10m 高度处）
1	12	52
2	11	46
3	10	40
4	9	35
5	8	31
6	6	21

舰艇应当满足的稳性级别，由舰艇的《研制总要求》规定。无具体规定时，舰艇在正常排水量时的稳性应满足表 6-5 的要求。

表 6-5 正常排水量时的风级

正常排水量 Δ/t	风级
$2500 \leqslant \Delta$	12
$1000 \leqslant \Delta < 2500$	11
$200 \leqslant \Delta < 1000$	10
$50 \leqslant \Delta < 200$	9

舰艇抗风能力按下式核算：

$$U_1 \geqslant U_0 \tag{6-24}$$

式中：U_1 为舰艇所能承受极限风速（m/s）；U_0 为舰艇应能承受的额定阵风风速（m/s）。

舰船所能承受的极限风速 U_1（距水面 10 m 高度处）按下式计算：

$$U_1 = C \cdot C_h \sqrt{\frac{l_c \cdot \Delta}{A_f \cdot Z}} \tag{6-25}$$

式中：C 为系数，取 $C=115.5$（自由表面未修正时取 $C=111$）；C_h 为风速沿高度分布的修正系数，有

$$\text{当 } Z_f > 3.5\text{m 时}, \quad C_h = \left(\frac{10}{Z_f}\right)^{1/8}$$

$$\text{当 } Z_f \leqslant 3.5\text{m 时}, \quad C_h = 1.140$$

式（6-25）中：l_c 为舰艇的最小倾覆力臂（m）；Δ 为核算装载状态时的排水量（t）；A_f 为受风面积（m²），可以根据标准 CB/Z 32 计算；Z 为风倾力臂（m），战斗舰艇取 $Z=Z_f$，Z_f 为受风面积形心至水线的距离（m）。

最小倾覆力臂 l_c 可以由静稳性曲线或动稳性曲线求得，静、动稳性曲线要用经液舱

自由液面修正后的，前面已介绍过了，这里不再重复。其中驱逐舰和护卫舰的共振横摇角φ_r按下式计算：

$$\varphi_r = 10.8 \cdot \left(\frac{\overline{GM_0}}{B}\right) \cdot \left(\frac{T_\varphi}{\sqrt{B/g}}\right) \frac{\sqrt{\varphi}}{\sqrt{n}} \quad (6-26)$$

式中：$\overline{GM_0}$为核算装载状态下，未经自由液面修正的初稳性高（m）；T_φ为舰艇横摇自周期，且$T_\varphi = 0.8 \dfrac{B}{\sqrt{\overline{GM_0}}}$ s；g为重力加速度（m/s²）；B为船宽（m）；δ为波陡平方根（波陡=波高/波长），按自摇周期T_φ及稳性级别由图6-30查得；n为无因次横摇阻尼系数，按下式求得：

$$n = n_0 + \delta n$$

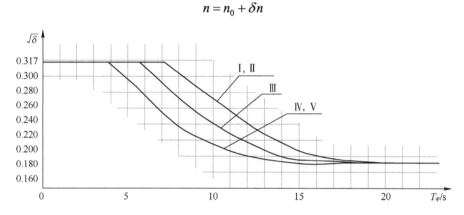

图6-30 波陡平方根

上式中：n_0为垂向棱形系数$C_{vp} = 0.65$时的无因次横摇阻尼系数。其值根据所核算的装载状态下的$\overline{GM_0}/Z_g$，B/T和A_k/LB（其中A_k为舭龙骨总面积，m²）由图6-31查得。固定式减摇鳍的面积可计入舭龙骨的面积A_k内。

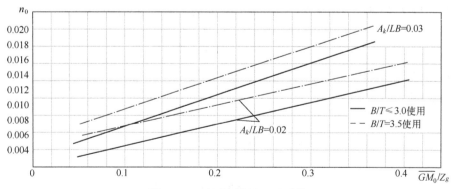

图6-31 无因次横摇阻尼系数

$$\begin{cases} 2.5 \leqslant B/T \leqslant 3.0 \text{ 和 } B/T = 3.5 \text{ 时，} n_0 \text{ 直接由曲线查得;} \\ B/T \text{ 为其他值时，} n_0 \text{ 为上述相应曲线的线性插值;} \\ B/T > 3.75 \text{ 时，不适用} \end{cases}$$

$$\begin{cases} A_k/LB = 0.02 \text{ 和 } 0.03 \text{ 时}, n_0 \text{ 直接由曲线查得;} \\ 0.01 \leqslant A_k/LB \leqslant 0.04 \text{ 时}, n_0 \text{ 为上述相应曲线的线性插值;} \\ A_k/LB > 0.04 \text{ 时}, \text{取 } 0004 \text{ 时的 } n_0 \text{ 值}. \end{cases}$$

δn 为 $C_{vp} \neq 0.65$ 时的修正值,根据 C_{vp} 值由图 6-32 查得。且

$$C_{vp} \leqslant 0.62, \quad \delta n = 0.0034$$

$$C_{vp} \geqslant 0.68, \quad \delta n = 0.001$$

在舰船稳性规范中规定,对于舰船稳性应该核算的状态有标准排水量、正常排水量、满载排水量及其他有可能出现稳性最差的装载状态,或由舰艇特点确定的其他典型状态。

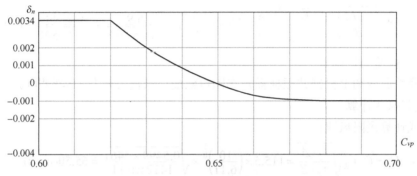

图 6-32 无因次阻尼系数修正

例 6-1 某驱逐舰的已知数据如下:

满载排水量 $\Delta=4461$t,重心高度 $Z_g=5.79$m,船长 $L=132.00$m,船宽 $B=14.50$m,平均吃水 $T=4.39$m,浮心高度 $Z_b=2.65$m,初稳性半径 $r=4.84$m,舭龙骨(含减摇鳍)面积 $A_k=49.6$m³,受风面积 $A_f=1412$m²,受风面积中心距基线高度 $Z_f=10.50$m,自由液面 30°处的横倾力矩 $M_{30°}=107.52$t·m。

试根据舰船稳性规范,校核该驱逐舰稳性级别为Ⅰ级。

表 6-6 静、动稳性曲线计算

横倾角	0°	10°	20°	30°	40°	50°	60°	70°	80°	90°
复原力臂 l_r	0	0.312	0.608	0.904	1.128	1.185	1.088	0.855	0.503	0.087
动稳性力臂 l_d	0	0.027	0.108	0.239	0.417	0.619	0.817	0.987	1.105	1.157
$M_{30°}$	0	35.840	71.680	107.52	107.52	107.52	107.52	107.52	107.52	107.52
自由液面修正后的复原力臂 l'_r	0	0.304	0.592	0.879	1.104	1.161	1.064	0.831	0.479	0.063
自由液面修正后的动稳性力臂 l'_d	0	0.027	0.105	0.233	0.406	0.604	0.798	0.964	1.078	1.125

解:1. 静、动稳性曲线

根据该驱逐舰的船体图计算得到静、动稳性曲线,如表 6-6 所示。

2. 共振横摇角的计算

初稳性高
$\overline{GM}_0 = Z_b + r - Z_g = 2.65 + 4.84 - 5.79 = 1.70 \text{ (m)}$;

舰船横摇周期 $T_\varphi = 0.8 \dfrac{B}{\sqrt{GM_0}} = 0.8 \times \dfrac{14.5}{\sqrt{1.7}} = 8.9(\text{s})$；

由图 6-30，根据 $T_\varphi = 8.9$ 和稳性级别为 I，查得波陡平方根 $\sqrt{\delta}=0.290$；

由 $B/T=14.5\div4.39=3.30$，$A_k/LB=49.6\div132\div14.5=0.0259$，$\overline{GM_0}/z_g=1.7\div5.79=0.294$ 查图 6-31，经过两次插值得到 $n_0=0.01467$；

由垂向棱形系数 $C_{Vf}=C_b/C_{wp}=0.50\div0.785=0.637$ 查图 6-32，得到 $\delta n=0.00124$；

按公式计算得到无因次横摇阻尼系数：

$$n = n_0 + \delta n = 0.01467 + 0.00124 = 0.0159；$$

根据公式计算得到共振横摇角：

$$\varphi_r = 10.8 \cdot \left(\dfrac{\overline{GM_0}}{B}\right) \cdot \left(\dfrac{T_\varphi}{\sqrt{B/g}}\right) \dfrac{\sqrt{\delta}}{\sqrt{n}} = 10.08 \times \dfrac{1.7}{14.5} \times \dfrac{8.9}{\sqrt{14.5/9.8}} \times \dfrac{0.2890}{\sqrt{0.01591}} = 19.8(°)$$

3. 最小倾覆力臂确定

在动稳性曲线图上根据共振横摇角作图得到最小倾覆力臂 $l_c = 0.5499\text{m}$。

4. 极限风速计算

按公式计算极限风速：

$$U_1 = C \cdot C_h \sqrt{\dfrac{I_c \cdot \Delta}{A_f \cdot Z}} = 115.5 \times \left(\dfrac{10}{6.11}\right)^{\frac{1}{8}} \times \sqrt{\dfrac{0.5499 \times 4461}{1412 \times 6.11}} = 65.50(\text{m/s})$$

所以按照表 6-4 查得，该舰在满载排水量状态下，满足稳性级别 I 的要求：

$$U_1(65.50) \geqslant U_0(52.0)$$

6.8 舰船静稳性曲线的计算法

舰船大角稳性的计算有许多方法，这里介绍两种较常用的方法：一种是等排水量计算法（也称克雷洛夫—达尔尼法），它是针对某个固定的排水量，改变不同的横倾角，量取等体积倾斜水线的出、入水端型值，计算静稳性力臂；另一种是作出一系列定横倾角下的倾斜水线，量取倾斜水线与船体型表面交点的型值，计算倾斜水线下浮心坐标值，从而得出不同排水量下稳性力臂，该方法称为变排水量法。

为了兼顾手算和计算机编程计算，除介绍大角稳性计算的原理外，前一种方法以手算为主，给出计算表格；后一种方法则以编程计算为主，介绍编程的基本思路。

6.8.1 舰船等排水量稳性计算法

1. 基本计算公式

如图 6-33 所示，舰船正浮水线为 WL，浮心在 B 点，横倾一角度 φ 后，浮于水线 $W_\varphi L_\varphi$，浮心在 B_φ 点，其坐标为 y_φ 和 z_φ。为了方便起见这里将坐标原点取在舰船正浮时浮心 B 点上。横倾 φ 角后的复原力臂：

$$l_r = y_\varphi \cos\varphi + z_\varphi \sin\varphi - a\sin\varphi \tag{6-27}$$

式中：a 为正浮时舰船重心在浮心之上的高度，即 $a = z_g - z_b$，上式前两项为船形稳性力臂，后一项为重量稳性力臂。

由式（6-27）可见，如能求出舰船在横倾角为 φ 时的浮心坐标 $B_\varphi(y_\varphi, z_\varphi)$ 位置，即可求得复原力臂。事实上，舰船静稳性曲线的计算中最重要也是较为复杂的就是如何确定横倾后的浮心位置。

下面推导浮心坐标计算的积分公式。如图 6-34 所示舰船横倾 φ 后，再等体积倾斜一无穷小角度 $\mathrm{d}\varphi$，这时等体积倾斜水线是 $W_{\varphi+\mathrm{d}\varphi} L_{\varphi+\mathrm{d}\varphi}$。浮心坐标的变化为

$$\mathrm{d}y_\varphi = \overline{B_\varphi B_{\varphi+\mathrm{d}\varphi}} \cos\varphi$$
$$\mathrm{d}z_\varphi = \overline{B_\varphi B_{\varphi+\mathrm{d}\varphi}} \sin\varphi$$

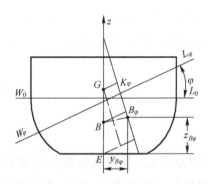
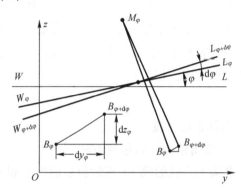

图 6-33　坐标原点取在正浮浮心位置　　　图 6-34　任意倾斜角度下稳性半径

由于 $\mathrm{d}\varphi$ 为一无穷小角度，故可以认为

$$\overline{B_\varphi B_{\varphi+\mathrm{d}\varphi}} \approx \widehat{B_\varphi B_{\varphi+\mathrm{d}\varphi}} = \overline{B_\varphi M_\varphi} \mathrm{d}\varphi$$

实际上 $\overline{B_\varphi M_\varphi}$ 就相当于水线 $W_\varphi L_\varphi$ 下的稳性半径，利用初稳性计算公式知

$$\overline{B_\varphi M_\varphi} = r_\varphi = \frac{I_\varphi}{V} \tag{6-28}$$

式中：I_φ 为水线 $W_\varphi L_\varphi$ 的面积对过漂心 F_φ 的中心主轴的面积惯性矩。所以

$$\begin{cases} \mathrm{d}y_\varphi = \overline{B_\varphi M_\varphi} \cos\varphi = r_\varphi \cos\varphi \mathrm{d}\varphi \\ \mathrm{d}z_\varphi = \overline{B_\varphi M_\varphi} \sin\varphi = r_\varphi \sin\varphi \mathrm{d}\varphi \end{cases} \tag{6-29}$$

舰船在横倾角 φ 的状态，可以看作舰船由正浮状态逐渐绕不同的倾斜轴做无数的无穷小倾角 $\mathrm{d}\varphi$ 的等体积倾斜而得，故积分式（6-29）得舰船倾斜 φ 时的浮心坐标：

$$\begin{cases} y_\varphi = \int_0^\varphi r_\theta \cos\theta \mathrm{d}\theta \\ z_\varphi = \int_0^\varphi r_\theta \sin\theta \mathrm{d}\theta \end{cases} \tag{6-30}$$

上式表明，求等体积倾斜水线 $W_\varphi L_\varphi$ 下浮心坐标归结为确定等体积水线 $W_\varphi L_\varphi$，并求惯性矩 I_φ，即首先确定倾角 φ 下的等体积水线 $W_\varphi L_\varphi$，再根据式（6-28）和式（6-30）计算浮心坐标 (y_φ, z_φ)。

2. 等体积倾斜水线位置确定

假设倾斜水线通过正浮水线和纵中剖面的交点 O，如图 6-35 所示 $W'_\varphi L'_\varphi$ 水线，其入水和出水边的宽度分别为 a、b，则入水和出水楔形体积差为

$$v_{1\varphi} - v_{2\varphi} = \frac{1}{2}\int_{-\frac{L}{2}}^{\frac{L}{2}} \int_0^\varphi (a^2 - b^2)\,d\theta dx \quad (6\text{-}31)$$

倾斜水线 $W'_\varphi L'_\varphi$ 的水线面积为

$$A_{w\varphi} = \int_{-\frac{L}{2}}^{\frac{L}{2}} (a+b)\,dx \quad (6\text{-}32)$$

由于假定水线 $W'_\varphi L'_\varphi$ 不一定就是等体积倾斜水线，一般 $v_{1\varphi} - v_{2\varphi} \neq 0$，若 $v_{1\varphi} - v_{2\varphi} > 0$ 则表明等体积倾斜水线低于 $W'_\varphi L'_\varphi$；反之，将高于水线 $W'_\varphi L'_\varphi$。所以要得到等体积倾斜水线必须在假定水线 $W'_\varphi L'_\varphi$ 基础上进行修正。假定等体积倾斜水线 $W_\varphi L_\varphi$ 与水线 $W'_\varphi L'_\varphi$ 平行，则两平行水线应该相距 ε_φ，即

$$\varepsilon_\varphi = (v_{1\varphi} - v_{2\varphi})/A_{w\varphi} \quad (6\text{-}33)$$

称 ε_φ 为修正层厚度。

3. 克雷洛夫—达尔尼方法

事实上若舰船绕 O 点倾斜后的出水和入水容积相差很大，则修正层厚度 ε_φ 值也较大，此时仍假定等体积倾斜水线面积与假定水线面积相等，则按式（6-33）计算修正层厚度就不够准确。若修正层厚度 ε_φ 足够小，按式（6-33）计算则较为准确，克雷洛夫—达尔尼方法的基本思路就是每次都做小量的修正，以确保计算精度。以下介绍克雷洛夫—达尔尼方法。

1．计算步骤

（1）经过正浮水线 WL 的漂心 F，引倾斜为 $\delta\varphi$ 的辅助水线 $W'_1 L'_1$（图 6-36），并计算修正层厚度 ε_1；

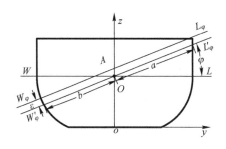

图 6-35 出入水边宽度度量

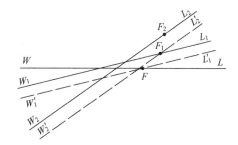

图 6-36 辅助水线与修正层厚度

（2）根据修正层厚度 ε_1 引倾斜为 $\delta\varphi$ 的等体积水线 $W_1 L_1$，并求出其漂心位置 F_1；

（3）经过等体积水线 $W_1 L_1$ 的漂心 F_1 再作倾斜为 $2\delta\varphi$ 的辅助水线 $W'_2 L'_2$，再求出相应的修正层厚度 ε_2；

（4）根据 ε_2 作倾斜为 $2\delta\varphi$ 的等体积水线 W_2L_2，并求出其漂心 F_2。按此方法一直计算下去。

2．计算公式

设过等体积水线 WL 的漂心 F 作辅助倾斜水线 $W_1'L_1'$，倾斜角为 $\delta\varphi$，如图 6-37 所示，两水线的入水边和出水边的宽度分别为 a、b 和 a_1'、b_1'，由式（6-31）、式（6-32）和式（6-33）可得

$$\varepsilon_1 = \frac{1}{2}\frac{\int_{-\frac{L}{2}}^{\frac{L}{2}}\int_0^{\delta\varphi}(a_\theta'^2 - b_\theta'^2)\mathrm{d}\theta\mathrm{d}x}{\int_{-\frac{L}{2}}^{\frac{L}{2}}(a_\varphi' + b_\varphi')\mathrm{d}x} \tag{6-34}$$

对上式分母采用梯形积分，则积分得

$$\int_{-\frac{L}{2}}^{\frac{L}{2}}\int_0^{\delta\varphi}(a_\theta'^2 - b_\theta'^2)\mathrm{d}\theta\mathrm{d}x = \int_0^{\delta\varphi}\left[\int_{-\frac{L}{2}}^{\frac{L}{2}}(a_\theta'^2 - b_\theta'^2)\mathrm{d}x\right]\mathrm{d}\theta$$

$$= \frac{\delta\varphi}{2}\left[\int_{-\frac{L}{2}}^{\frac{L}{2}}(a^2 - b^2)\mathrm{d}x + \int_{-\frac{L}{2}}^{\frac{L}{2}}(a_1'^2 - b_1'^2)\mathrm{d}x\right]$$

显然上式等号右边第一项为零，因为第一项就是水线 WL 的面积对通过其面积漂心 F 的纵向中心轴的静矩，而面积对通过中心轴的面积静矩必然为零，所以

$$\int_{-\frac{L}{2}}^{\frac{L}{2}}(a^2 - b^2)\mathrm{d}x = 0$$

于是，修正层厚度的公式为

$$\varepsilon_1 = \frac{\delta\varphi}{4}\frac{\int_{-\frac{L}{2}}^{\frac{L}{2}}(a_1'^2 - b_1'^2)\mathrm{d}x}{\int_{-\frac{L}{2}}^{\frac{L}{2}}(a_1' - b_1')\mathrm{d}x} \tag{6-35}$$

显然只要将上式中的出、入水边的宽度换成后续辅助水线对应的 $a_2'b_2'$，$a_3'b_3'$，…，则上式所求出的便是对应水线的修正层厚度 ε_2，ε_3，…。

3．等体积倾斜水线的作图

从式（6-35）可以看出，要确定修正层厚度只要量取辅助水线的出、入水边的宽度。但应当注意的是，所有辅助水线的宽度 $a_1'b_1'$，$a_2'b_2'$，…都是从前一条等体积水线的漂心 F_1，F_2，…量起的。这样一来，修正层厚度 ε_φ 常常是很小的，若根据 ε_φ 的值直接作等体积水线时会出现较大的误差。一般采用另一种简便又精确的方法。

假设从 WL 水线的漂心 F 算起的辅助水线 $W_1'L_1'$ 的漂心 F_1' 的坐标为 η_1'，如图 6-38 所示，显然

$$\eta_1' = \frac{\frac{1}{2}\int_{-\frac{L}{2}}^{\frac{L}{2}}(a_1'^2 - b_1'^2)\mathrm{d}x}{\int_{-\frac{L}{2}}^{\frac{L}{2}}(a_1' - b_1')\mathrm{d}x} \tag{6-36}$$

比较式（6-36）和式（6-35）可知

$$\varepsilon_1 = \frac{1}{2}\eta_1'\delta\varphi \tag{6-37}$$

于是等体积水线 W_1L_1 可以这样来作：从 WL 水线的漂心 F 沿 WL 水线向 F_1' 所在的一边量取长度为 $\frac{1}{2}\eta_1'$ 线段而得 E 点，过 E 点作平行于 $W_1'L_1'$ 的直线就是等体积倾斜水线 W_1L_1。这是因为由图 6-38 可见

$$\frac{1}{2}\eta_1'\sin\delta\varphi \approx \frac{1}{2}\eta_1'\delta\varphi = \varepsilon_1$$

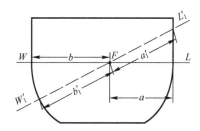

图 6-37 倾斜水线的修正层厚度计算

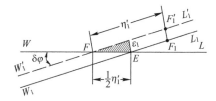

图 6-38 等体积倾斜水线的作图

由于 $\frac{1}{2}\eta_1'$ 比 ε_1 大得多，这样做法也将准确得多。顺便指出的是，由于 ε_1 很小，从 F_1' 向 W_1L_1 作垂线即可得到等体积水线 W_1L_1 的漂心 F_1。

4．克雷洛夫—达尔尼方法计算步骤

采用克雷洛夫—达尔尼方法计算静稳性曲线时，通常利用乞贝雪夫近似积分法，因此要画出乞贝雪夫船体图，这种图和型线图不同，它是非等间距肋骨面图，不仅画出肋骨线的一半，而是将每一肋骨面左右支线及上甲板线都画出来（图 6-39），并将中船以前的各肋骨线和中船以后的各肋骨线分别用实线及虚线加以区别，乞贝雪夫船体图的肋骨数目为 10～12 个。

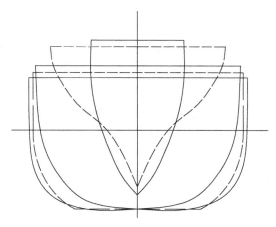

图 6-39 乞贝雪夫船体图

实际计算步骤和方法如下。

（1）经过原平衡水线 WL 的漂心 F 作倾斜角为 $\delta\varphi$（常取 10°）的辅助水线 $W_1'L_1'$，并从 F 点起量取入水边及出水边的纵坐标 a_{ik}'，b_{ik}'（其中 i 为肋骨号，k 为水线号）；

（2）将量得的纵坐标写入表 6-7 中，求出辅助水线 $W_1'L_1'$ 的漂心坐标 η_1' 及中心惯性矩 I_1'：

表 6-7　K 号水线

肋骨号	入水边坐标 a_{ik}'	出水边坐标 b_{ik}'	$a_{ik}'^2$	$b_{ik}'^2$	$a_{ik}'^3$	$b_{ik}'^3$
1	a_{1k}'	b_{1k}'	$a_{1k}'^2$	$b_{1k}'^2$	$a_{1k}'^3$	$b_{1k}'^3$
2	a_{2k}'	b_{2k}'	$a_{2k}'^2$	$b_{2k}'^2$	$a_{2k}'^3$	$b_{2k}'^3$
⋮	⋮	⋮	⋮	⋮	⋮	⋮
n	a_{nk}'	b_{nk}'	$a_{3k}'^2$	$b_{nk}'^2$	$a_{nk}'^3$	$b_{nk}'^3$
和	$\sum a_{ik}'$	$\sum b_{ik}'$	$\sum a_{ik}'^2$	$\sum b_{ik}'^2$	$\sum a_{ik}'^3$	$\sum b_{ik}'^3$
	$\sum a_{ik}' + \sum b_{ik}'$		$\sum a_{ik}'^2 - \sum b_{ik}'^2$		$\sum a_{ik}'^3 + \sum b_{ik}'^3$	

（3）计算以下参数：

$$A_k' = \frac{L}{n}\left(\sum a_{ik}' + \sum b_{ik}'\right) \tag{6-38}$$

$$\eta_k' = \frac{1}{2}\frac{\sum a_{ik}'^2 + \sum b_{ik}'^2}{\sum a_{ik}'^2 - \sum b_{ik}'^2} \tag{6-39}$$

$$I_{Ak}' = \frac{L}{3n}\left(\sum a_{ik}'^3 + \sum b_{ik}'^3\right) \tag{6-40}$$

$$I_k' = I_{Ak}' - \eta_k'^2 A_k' \tag{6-41}$$

（4）在水线 $W_1'L_1'$ 上从 F 点起量取线段 η_1'（当 $\eta_1'>0$ 时在倾斜方向上量取；$\eta_1'<0$ 则在反方向上量取）求得水线 $W_1'L_1'$ 的漂心 F_1'；在水线 WL 上从 F 点起量取线段 $\frac{1}{2}\eta_1'$（其方向和 η_1' 相同）得 E 点，见图 6-38。

（5）过 E 点平行于 $W_1'L_1'$ 作出倾斜为 $\delta\varphi$ 的等体积水线 W_1L_1，然后从 F_1' 向 W_1L_1 作垂线即可得到 F_1 点。

（6）经过等体积水线 W_1L_1 的漂心 F_1 点，再引下一条辅助水线 $W_2'L_2'$，并重复上述计算，得到 η_1'，I_2'。

（7）根据 I_1'，I_2'，I_3'，…求出相应的横稳性半径 r_1，r_2，r_3，…并按照式（6-30）、式（6-27）即可求出稳性力臂 l_r。

6.8.2　舰船变排水量稳性计算法

变排水量稳性计算工作量很大，适合用计算机计算。但编制计算程序中的方法和数学处理有一定的难度。许多资料介绍了不同的方法和数学处理。这里将结合编者在编制舰船大角稳性计算程序中的体会，介绍舰船变排水量稳性计算方法的基本原理，同时也介绍一下计算程序编制过程中应注意的问题。

1. 变排水量的计算原理

在图 6-40 的坐标系下，舰船复原力臂可写成

$$l_r = y_{b\varphi}\cos\varphi + z_{b\varphi}\sin\varphi - z_g\sin\varphi \tag{6-42}$$

在计算中，假定重心取在某一固定点，通常假定重心在基线上 $z_g = 0$，即图 6-40 中 E 点。

于是得到条件稳性力臂为
$$l_{af} = y_{b\varphi}\cos\varphi + z_{b\varphi}\sin\varphi \tag{6-43}$$

若能得到条件稳性力臂，不难计算复原力臂：
$$l_r = l_{af} - z_g\sin\varphi \tag{6-44}$$

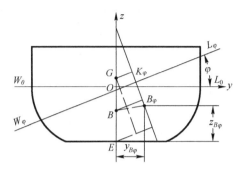

图 6-40 倾斜状态下浮心坐标位置

为得到条件稳性力臂，必须确定浮心位置坐标 $B_\varphi(y_{b\varphi}, z_{b\varphi})$：
$$y_{b\varphi} = \frac{M_{zx\varphi}}{V_\varphi}, \quad z_{b\varphi} = \frac{M_{xy\varphi}}{V_\varphi} \tag{6-45}$$

式中：$M_{zx\varphi}$，$M_{xy\varphi}$ 分别为倾角 φ 下排水体积对坐标面 zOx，xOy 的体积静矩；V_φ 为倾角 φ 下的排水体积。因此，若能确定倾角 φ 下排水体积 V_φ 和体积静矩 $M_{zx\varphi}$，$M_{xy\varphi}$，便可由式（6-45）、式（6-43）和式（6-44）计算复原力臂。

变排水量计算的基本步骤如下。

（1）确定倾斜水线。

变排水量计算方法就是针对一系列倾斜水线（图 6-41），计算倾斜水线下的浮心坐标位置和排水体积。倾斜水线确定原则是尽可能使不同水线下排水体积均匀分布，避免相邻两条水线下的排水体积相差太大或太小。假定在倾角 φ 下，选取了 k 条水线：$T_{\varphi 1}$，$T_{\varphi 2}$，…，$T_{\varphi k}$。

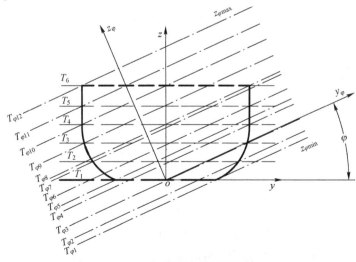

图 6-41 倾斜水线方程

（2）计算剖面的面积和面积静矩。

由倾斜水线 $T_{\varphi i}$（$i=1,2,\cdots,k$）量取各个站号下出、入水端的型值（$y_{\varphi 1ij}$，$z_{\varphi 1ij}$），（$y_{\varphi 2ij}$，$z_{\varphi 2ij}$），站号为 $j=0,1,2,\cdots,20$。计算倾斜水线 $T_{\varphi i}$ 在各个站号下的面积和面积静矩（图 6-42）：

$$\begin{cases} A_{\varphi ij} = \int_0^{z_{\varphi 1ij}} y\mathrm{d}z + \int_0^{z_{\varphi 2ij}} y\mathrm{d}z - S_{\triangle AOB} + S_{\triangle DOC} \\ M_{y\varphi ij} = \int_0^{z_{\varphi 1ij}} zy\mathrm{d}z + \int_0^{z_{\varphi 2ij}} y\mathrm{d}z - M_{y\varphi \triangle AOB} + M_{y\varphi \triangle DOC} \\ M_{z\varphi ij} = \frac{1}{2}\int_0^{z_{\varphi 1ij}} y^2\mathrm{d}z + \frac{1}{2}\int_0^{z_{\varphi 2ij}} y^2\mathrm{d}z - M_{z\varphi \triangle AOB} + M_{z\varphi \triangle DOC} \end{cases} \quad (6\text{-}46)$$

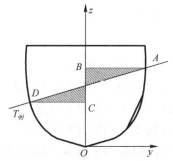

图 6-42　倾斜水线下面积计算

注意在图 6-42 中，应当扣除 $\triangle AOB$ 的面积和面积静矩，加上 $\triangle DOC$ 的面积和面积静矩才是倾斜水线下的面积和面积静矩。

（3）计算倾斜水线下的排水体积和体积静矩。

得到式（6-46）后，沿船长方向积分，则得到倾斜水线 $T_{\varphi i}$ 下的排水体积和体积静矩：

$$\begin{cases} V_{\varphi i} = \int_{-L/2}^{L/2} A_{\varphi ij}\mathrm{d}x \\ M_{y\varphi i} = \int_{-L/2}^{L/2} M_{y\varphi ij}\mathrm{d}x \\ M_{z\varphi i} = \int_{-L/2}^{L/2} M_{z\varphi ij}\mathrm{d}x \end{cases} \quad (6\text{-}47)$$

（4）计算倾斜水线下的复原力臂。

将式（6-46）代入式（6-45）中，得到倾斜水线 $T_{\varphi i}$ 下的浮心坐标，再将结果代入式（6-43）中得到条件稳性力臂。

重复步骤（2）、步骤（3）、步骤（4），可以计算出各个倾斜水线下的条件稳性力臂。

在编制程序计算条件稳性力臂的上述步骤中，应当注意倾斜水线的选取，以及倾斜水线与船体剖面交点的数学处理问题。

2．倾斜水线的选取

对于某些舰船，稳性消失角可能超过 90°，因此，最大倾斜水线也应该到 90°。由于在坐标系 yoz 中，90°倾斜水线的斜率为 ∞，倾斜水线的直线方程表达困难，编制程序中可以考虑先在旋转坐标系 $y_\varphi oz_\varphi$（图 6-41）中设定倾斜水线。具体步骤为如下。

（1）选取最大横剖面，一般最大横剖面在船中处。由型值表可知正浮的各水线 T_k

（$k=1,2,\cdots,K$）（图 6-41）处船体半宽（包括上甲板）。

（2）过正浮水线 T_k 的半宽点（左、右两舷）作倾斜角为 φ 的直线，得到 $2K$ 条倾斜水线 $T_{\varphi i}$，每条直线在旋转坐标系（$y_\varphi o z_\varphi$）中的直线方程为

$$z_{\varphi i} = z_i \cos\varphi - y_i \sin\varphi \quad (i=1,2,\cdots,2K) \tag{6-48}$$

式中：（z_i, y_i）为水线 T_i 船体半宽型值点坐标，由于包括左、右两弦，故共有 $2K$ 条倾斜水线。其最大值和最小值分别为 $z_{\varphi\max}$、$z_{\varphi\min}$。

（3）M 等分倾斜水线 $\delta z_\varphi = (z_{\varphi\max} - z_{\varphi\max})/M$，得到每条倾斜水线在原坐标系下的直线方程

$$z = y \tan\varphi + z_{\varphi i}/\cos\varphi \quad (i=1,2,\cdots,M) \tag{6-49}$$

其中 $z_{\varphi i} = z_{\varphi 1} + (i-1)\delta z_\varphi$。

3．倾斜水线与船体横剖面交点的数学处理

确定倾斜水线后可以根据式（6-49）的倾斜水线方程，找到倾斜水线与船体横剖面的交点。为了便于数学上的处理，船体横剖面用直线段或 B 样条函数拟和。采用直线拟和船体横剖面，倾斜水线与船体的交点则用 A' 近似代替 A（图 6-43）。采用 B 样条函数拟和船体则可以获得较高的精度，但是为了确保计算程序运行的可靠性，根据编者的经验最好采用 2 次 B 样条函数。以下分别介绍两种方法确定倾斜水线与船体横剖面交点。

1）船体横剖面直线拟合

如图 6-44 所示，船体横剖面相邻水线间的坐标分别为（y_j, z_j），（y_{j+1}, z_{j+1}），连接该两点的直线方程为

$$z = z_j + \frac{z_{j+1} - z_j}{y_{j+1} - y_j}(y - y_j) \tag{6-50}$$

第 i 条倾斜水线直线方程式（6-49）与式（6-50）相交，得到交点为

$$\begin{cases} z = z_{\varphi i} + \dfrac{z_j - by_j - z_{\varphi i}}{\tan\varphi - b}\tan\varphi \\ y = \dfrac{z_j - by_j - z_{\varphi i}}{\tan\varphi - b} \end{cases} \tag{6-51}$$

其中：$b = (z_{j+1} - z_j)/(y_{j+1} - y_j)$。显然若 $M = (z_{j+1} - z_j)(z_j - z) \leqslant 0$，则交点（$y, z$）落在点（$y_j, z_j$）与点（$y_{j+1}, z_{j+1}$）之间；否则无交点。

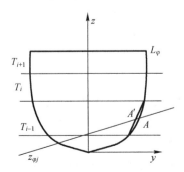

图 6-43 直线与样条拟合船体剖面

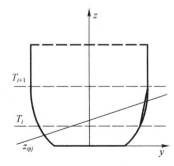

图 6-44 倾斜水线方程

2）船体横剖面 2 次样条函数拟合

将船体横剖面用 2 次样条函数拟合，即在每个水线间用一个 2 次抛物线代表船体半宽型线：

$$y_j = a_j + b_j z + c_j z^2 \quad (j=1,2,\cdots,n) \tag{6-52}$$

将式（6-49）与式（6-52）联立求解，可以得到倾斜水线与式（6-52）表达的抛物线的交点(y,z)，与前述方法相同，若 $M = (z_{j+1} - z)(z_j - z) \leqslant 0$，则交点$(y,z)$落在点$(y_j, z_j)$与点$(y_{j+1}, z_{j+1})$之间；否则无交点。

倾斜水线与上甲板、底部龙骨基线相交情况与船体横剖线相交相类似，这里不再讨论。

4．倾斜水线下面积及面积静矩的计算

1）倾斜水线与船体剖面无交点

如图 6-45 所示，有两种情况，倾斜水线为 A 时，则倾斜水线下的面积和面积静矩为零：

$$A_{\varphi i} = 0, \quad M_{y\varphi i} = 0, \quad M_{z\varphi i} = 0 \tag{6-53}$$

倾斜水线为 B 时，则倾斜水线下的面积和面积静矩为

$$A_{\varphi i} = 2\int_0^{T_{\max}} y \mathrm{d}z, \quad M_{y\varphi i} = 0, \quad M_{z\varphi i} = 2\int_0^{T_{\max}} yz \mathrm{d}z \tag{6-54}$$

2）倾斜水线与船体剖面仅有一个交点

如图 6-46 所示，有两种情况，倾斜水线为 A 时，则倾斜水线下的面积和面积静矩为零：

$$A_{\varphi i} = 0, \quad M_{y\varphi i} = 0, \quad M_{z\varphi i} = 0 \tag{6-55}$$

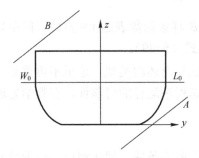

图 6-45 没有交点情况

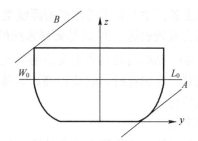

图 6-46 一个交点情况

倾斜水线为 B 时，则倾斜水线下的面积和面积静矩为

$$A_{\varphi i} = 2\int_0^{T_{\max}} y \mathrm{d}z, \quad M_{y\varphi i} = 2\int_0^{T_{\max}} yz \mathrm{d}z, \quad M_{z\varphi i} = 0 \tag{6-56}$$

3）倾斜水线与船体剖面有两个交点

如图 6-47 所示，基本情况有三种。倾斜水线为 A[图 6-47（a）]，即倾斜水线的两个交点都在右舷时，则倾斜水线下的面积和面积静矩为

$$M_{z\varphi i} = \frac{1}{2}\int_{z1}^{z2} (y^2 - y_\varphi^2) \mathrm{d}z \tag{6-57}$$

倾斜水线为 B 时，即倾斜水线都在左舷时[图 6-47（b）]，则倾斜水线下的面积和面积静矩为

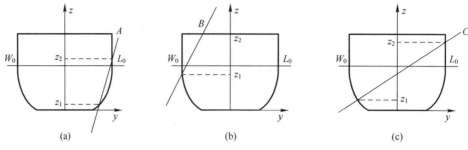

图 6-47 两个交点情况

$$\begin{cases} M_{z\varphi i} = 2\int_0^{T_{\max}} yz\mathrm{d}z - \int_{z1}^{z2}(y-y_\varphi)z\mathrm{d}z \\ M_{z\varphi i} = -\frac{1}{2}\int_{z1}^{z2}(y-y_\varphi)^2\mathrm{d}z \end{cases} \quad (6\text{-}58)$$

倾斜水线为 C 时，即倾斜水线都在左右舷时[图 6-47（c）]，则倾斜水线下的面积和面积静矩为

$$\begin{cases} A_{\varphi i} = \int_{z1}^{z2}(y-y_\varphi)\mathrm{d}z + 2\int_0^{z1} y\mathrm{d}z \\ M_{y\varphi i} = \int_{z1}^{z2}(y-y_\varphi)z\mathrm{d}z + 2\int_0^{z1} yz\mathrm{d}z \\ M_{z\varphi i} = \frac{1}{2}\int_{z1}^{z2}(y^2-y_\varphi^2)\mathrm{d}z \end{cases} \quad (6\text{-}59)$$

以上各式中 y 表示船体横剖面线型，可以用 B 样条函数表达 $y=f(z)$，简单处理时可采用直线段表达。y_φ 则是倾斜水线的直线方程式（6-49）。

在球鼻艏断面处有多个交点的情况，计算方法与上述相类似，这里不再重复。应当注意的是，在编程时，既要提高计算精度也要考虑程序运行的可靠性，在数学处理上应尽可能简化。

思考题：

（1）对比说明舰船大角稳性和初稳性的处理在前提条件、简化假设、结论及表达方式上的差异。

（2）动稳性曲线与静稳性曲线二者之间的关系是什么？如何通过静稳性曲线获得动稳性曲线？

（3）分别作简图说明利用静稳性曲线和动稳性曲线确定舰船在有初始横倾角时最小倾覆力矩的方法。

（4）基于舰船的静稳性曲线说明舰船初稳性和大角稳性的关系。

（5）改善舰船稳性的措施有哪些？

（6）试分析波浪中舰船稳性的特点。

第7章 不 沉 性

舰船在战斗中可能受损。舰船水线以下部分破损后海水进入船体内部将使浮力与稳性受损。因此，在舰船的设计阶段，不但要考虑舰船应当具有抗破损能力，而且要考虑在舰船破损后如何保持或恢复其航海性能和战斗能力，考虑其不沉性则是其中首要的一环。

所谓不沉性，是指舰船在一舱或数舱破损浸水后仍然保持一定的浮性和稳性的能力。也就是舰船在破损浸水后不沉也不翻，仍然具有一定的储备浮力和稳性，没有过大的横倾和纵倾，给继续使用武器和其他技术装备，继续航行和战斗，提供必备的前提条件。

保证舰船不沉性的因素是：在舰船的设计建造中，要使舰船具有足够的储备浮力和良好的完整稳性（未破损时的稳性）。有合理的分舱，通过横舱壁、甲板、平台、内底等将船体内部空间分隔为许多水密舱室，以至于一旦破损，可以把浸水局限在一个或几个水密舱室的范围内，力求减少储备浮力和稳性的损失。在结构上应具有足够的强度和刚度以承受破损条件下可能遭受到的各种外力。

良好的抗沉设备也是保证不沉性的重要物质条件，这里包括各种排、灌、导移油水的设备和管系，以及各种堵漏、支撑等损管器材。

在舰船静力学中，研究不沉性包括以下两个方面内容。

（1）舰船在一舱或数舱浸水后浮态和稳性的计算；

（2）消除横倾、纵倾和改善破损舰船稳性的一些基本措施和原则，即破损舰船的扶正。

本章目的：

不沉性又称抗沉性，本章阐述不沉性的基本概念及其保证因素，利用增加载荷法与损失浮力法预报舰船破损后的浮性与稳性，并总结舰船不沉性三原则。

本章学习思路：

本章中，首先对舰船的破舱进行了分类总结，并提出了舱组静水的等效舱构建概念，以便针对其不同特征分别加以处理；提出了两种破舱的处理方法——增加重量法与损失浮力法，利用这两种方法预报舰船破损后的浮性与稳性；总结舰船不沉性三原则。

本章内容可归结为以下核心内容。

1. 浸水舱的分类及渗透系数

定义浸水舱的三类破舱分类，理解舱室渗透系数的概念。

2. 计算不沉性的两种基本方法

增加重量法与损失浮力法是不沉性计算的两种基本方法，其中损失浮力法又称固定排水量法，该方法可巧妙地解决第三类破舱问题，同时该方法的思路在处理潜艇水下平衡与稳性问题时也有应用。

3．三类破舱的处理

三类破舱根据其各自特点，对其破舱后舰船浮态及稳性的处理采用不同的处理方法，其中对于第一类破舱的处理，增加重量法与损失浮力法殊途同归。舱组浸水的处理采用等值舱的概念，等值舱的构建是其处理的关键所在。

4．可浸长度

什么是舰船的可浸长度？如何计算舰船的可浸长度？在此基础上绘制舰船的可浸长度曲线。

5．不沉性三原则

不沉性三原则是根据历年来的实践经验与教训总结出来的，透彻理解不沉性三原则的内涵及其执行要点。

本章难点：

（1）计算不沉性的两种基本方法：增加重量法与损失浮力法；

（2）三类破舱的处理；

（3）可浸长度与许用舱长。

本章关键词：

不沉性；渗透系数；可浸长度；许用舱长等。

7.1 浸水舱的分类及渗透系数

7.1.1 浸水舱的分类

在不沉性计算中，根据舱室浸水情况，将舱室分为以下三类（图7-1）。

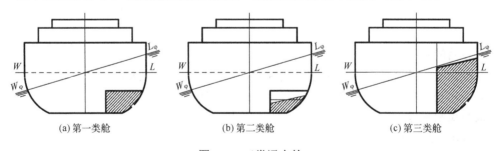

图 7-1 三类浸水舱

第一类舱[图 7-1（a）]：舱的顶部位于水线以下，船体破损后海水灌满整个舱室，舱顶未破损，舱内没有自由液面。舱内的浸水量不随舰船吃水、横倾和纵倾的改变而变化。顶盖在水线以下的舱柜等属于这种情况。

第二类舱[图 7-1（b）]：浸水舱未被灌满，有自由液面，舱内的水与船外的海水不连通。舱内的水量也是不变的，破损舱破洞已经被堵塞，但水未被抽干，或为调整舰船浮态而灌注水的舱等，属于这类情况。

第三类舱[图 7-1（c）]：舱的顶盖在水线以上，舱内的水与船外海水相通，因此舱内水面与船外海水保持在同一水平面，这时浸水量随舰船吃水、横倾、纵倾的改变而改变，并始终与船外海水保持同一水平面。这类舱在舰船破损时较为普遍，也是最典型的情况。

7.1.2 渗透系数

在不沉性计算中，应当注意，舱室的实际浸水体积 v_1 和空舱的型体积 v 之间一般是不相等的，这是因为舱内有各种结构构件、设备、机械和货物等，它们在舱内已经占据了一定的空间。因此，舱内实际浸水的体积 v_1 总是小于空舱的型体积 v。两者的比值称为体积渗透系数 μ_v，即 $\mu_v = v_1/v$，或 $v_1 = \mu_v v$。

体积渗透系数的大小视舱室的用途和装载情况而定，舰船舱室渗透系数如表 7-1 所示。

表 7-1 舰船舱室渗透系数

舱室	渗透系数
水柜、舷舱、底舱	0.98
水兵及军官住舱	0.96
弹药舱	0.90
大型舰船机舱	0.85
小型舰船机舱	0.75
供应舱及粮舱	0.70

除上述体积渗透系数外，还有面积渗透系数 μ_A，表示实际浸水面积 A_1 和空舱面积 A 之比值 $\mu_A = A_1/A$。μ_v 和 μ_A 之间并无一定联系，通常 μ_v 小于 μ_A，但并非所有情况都是这样。在一般计算中，μ_v 和 μ_A 可取相同的数值，往往不加区别写成 μ。通常所谓的渗透系数指体积渗透系数。

7.1.3 计算不沉性的两种基本方法

舰船破损浸水后需要计算其浮态和稳性，对于进入船体内的海水有两种考虑方法。

(1) 增加重量法：这种方法把破损后进入舱室的水看成增加的液体载荷，舰船破损后的浮态和稳性可以按增加液体载荷的情形来计算。应用这个方法，舰船在破损后的重量 P、排水体积 V 都要增加，浮心 B 和重心 G 的位置也要改变。一般计算第一类舱室和第二类舱室的浮性和稳性时多采用该方法。

(2) 损失浮力法：这种方法把破损后进入舱室的水看成船外水的一部分，破损的结果并没有增加任何载荷，只是失去了被进入舱室的水所占据的体积 v，从而相应失去了一部分浮力 $\rho g v$（图 7-2）。舰船破损后水线 WL 上升至 W_1L_1，不是由于重量的增加，而是由于浮力的减少。应用这个方法，舰船在破损后的重量 P、排水体积 V 都是不变的，重心 G 的位置也不改变，变化的只是浮心 B 的位置，事实上破损后舰船在水线 W_1L_1 下的排水体积 V_1 和破损前舰船在水线 WL 下的排水体积 V 完全相等，只是排水形状不同（从 $WadLW$ 变为 $W_1abcdL_1W_1$），从而浮心 B 的位置发生了相应的改变。一般计算第三类舱室的浮性和稳性时多采用该方法。

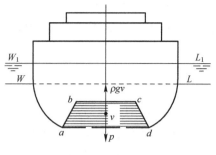

图 7-2 三类浸水舱

7.2 舱室浸水后舰船浮态与稳性的计算

现对各类舱室浸水后舰船浮态和初稳性的计算分述如下。在计算中，如不特别指出都假定舱室在浸水前是空的，即渗透系数 μ=1.0。

7.2.1 第一类舱室浮性与初稳性计算

对于这类舱室，用重量增加法比较方便，可以应用第三章中的有关结论。

如图 7-3 所示，舰船在舱室浸水前浮于水线 WL，艏艉吃水分别为 T_f、T_a，排水量为 P，横稳性高为 h，纵稳性高为 H，水线面面积为 A_w，漂心纵向坐标为 x_f，设浸水舱的体积为 v，其中心在 $b(x_v, y_v, z_v)$ 处。可把进入该舱的水看成在 b 处增加了重量为 $q=\rho g v$ 的液体载荷，但没有自由液面。因此，舱室浸水后舰船的浮态和稳性按下列步骤进行计算。

1．平均吃水的改变量

$$\delta T = \frac{q}{\rho g A_W} \tag{7-1}$$

2．新的横稳性高

$$h_1 = h + \frac{q}{P+q}\left(T + \frac{\delta T}{2} - h - z_v\right) \tag{7-2}$$

3．新的纵稳性高

$$H_1 = H + \frac{q}{P+q}\left(T + \frac{\delta T}{2} - H - z_v\right) \approx \frac{PH}{P+q} \tag{7-3}$$

4．横倾角与纵倾角

$$\begin{cases} \varphi = \dfrac{q \cdot y_v}{(P+q)h_1} \\ \theta = \dfrac{q \cdot (x_v - x_f)}{(P+q)H_1} \end{cases} \tag{7-4}$$

5. 艏艉吃水

$$\begin{cases} T_{f1} = T_f + \delta T + \left(\dfrac{L}{2} - x_f\right)\theta \\ T_{a1} = T_a + \delta T - \left(\dfrac{L}{2} + x_f\right)\theta \end{cases} \quad (7\text{-}5)$$

以上各公式中的符号与第 3 章所采用的相同，这里不再重复说明。以下再用损失浮力法对第一类舱破损后的浮态及初稳性进行计算。

1. 平均吃水的改变量

由图 7-3 可见，舰船由破损前水线 WL 平行下沉至水线 W_1L_1，损失的浮力是破损舱浸水体积 v，其大小为 $q=\rho g v$，增加的浮力则是水线 WL 与水线 W_1L_1 之间的排水体积 $\delta T \cdot A_w$，浮力大小为 $\delta T \cdot \rho g A_w$，增加的浮力和损失的浮力应大小相等，于是得平均吃水改变量为

$$\delta T = \dfrac{q}{\rho g A_w} \quad (7\text{-}6)$$

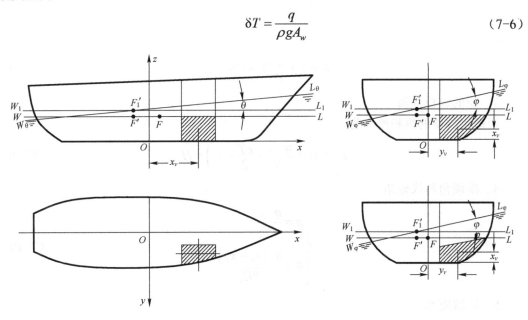

图 7-3　第一、第二类舱浮态与初稳性

2. 新的横稳性高

初稳性高的改变量应为

$$\delta h = \delta z_b + \delta r - \delta z_g \quad (7\text{-}7)$$

在损失浮力法中，破损前后舰船重量和重心不变，因此重心高度改变量 $\delta z_g = 0$。稳性半径的改变量则为

$$\delta r = \dfrac{I_{x1}}{V} - \dfrac{I_x}{V}$$

在直舷假定下，破损前后水线面面积大小和形状不变，因而有 $I_{x1} - I_x = 0$，所以 $\delta r = 0$。排水体积浮心高度的改变量则根据体积静矩来确定：水线 W_1L_1 下提供浮力的体

积大小仍为 V，它由水线 WL 与水线 W_1L_1 之间的排水体积 $\delta T \cdot A_w(=v)$ 和水线 WL 下排水体积 V 再扣除破损舱浸水体积 v 构成，这三部分体积中心高度分别是 $\left(T+\dfrac{\delta T}{2}\right)$，$z_b$ 和 z_v，这三部分体积对通过原排水体积中心 B 的水平面取体积静矩，则应等于破损水线 W_1L_1 下提供浮力的排水体积相应的静矩，即

$$V\delta z_b = v\left(T+\frac{\delta T}{2}-z_b\right)+V \cdot 0 - v(z_v - z_b)$$

所以

$$\delta z_b = \frac{v}{V}\left(T+\frac{\delta T}{2}-z_v\right)$$

将上式代入式（7-7）中，得到初稳性高的改变量：

$$\delta h = \frac{v}{V}\left(T+\frac{\delta T}{2}-z_v\right)$$

所以

$$h_1 = h + \frac{q}{P}\left(T+\frac{\delta T}{2}-z_v\right) \tag{7-8}$$

3．新的纵稳性高

同理可得新的纵稳性高为

$$H_1 = H + \frac{q}{P}\left(T+\frac{\delta T}{2}-z_v\right) \approx H \tag{7-9}$$

4．横倾角与纵倾角

$$\begin{cases} \varphi = \dfrac{q \cdot y_v}{Ph_1} \\ \theta = \dfrac{q \cdot (x_v - x_f)}{PH_1} \end{cases} \tag{7-10}$$

5．艏艉吃水

$$\begin{cases} T_{f1} = T_f + \delta T + \left(\dfrac{L}{2}-x_f\right)\theta \\ T_{a1} = T_a + \delta T - \left(\dfrac{L}{2}+x_f\right)\theta \end{cases} \tag{7-11}$$

应该指出：用上述两种方法计算所得到的初稳性高式（7-2）与式（7-8）不相等，这是因为稳性高是单位排水量的稳性系数，重量增加法对应的排水量为 $P+q$，损失浮力法对应的排水量是 P。但是回复力矩、横倾角、纵倾角、艏艉吃水的计算结果完全一致。

7.2.2 第二类舱室浮性与初稳性计算

这类舱与第一类舱的不同之处在于，舱室未被注满，存在自由液面，在用增加重量法时，应当考虑浸水舱的自由面影响。

如图 7-3 所示，舰船在舱室浸水前浮于水线 WL，艏艉吃水分别为 T_f，T_a，排水量为 P，横稳性高为 h，纵稳性高为 H，水线面面积为 A_w，漂心纵向坐标为 x_f，设浸水舱的体积为 v，其中心在 $b(x_v, y_v, z_v)$ 处，浸水舱自由液面对其自身的纵向主轴和横向主轴的惯性矩分别为 i_x 和 i_y。可把进入该舱的水看成在 b 处增加了重量为 $q=\rho gv$ 的液体载荷，且需要考虑自由液面的影响。因此，舱室浸水后舰船的浮态和初稳性按下列步骤进行计算。

1. 均吃水的改变量

$$\delta T = \frac{q}{\rho g A_w} \tag{7-12}$$

2. 新的横稳性高

$$h_1 = h + \frac{q}{P+q}\left(T + \frac{\delta T}{2} - h - z_v\right) - \frac{\rho g i_x}{P+q} \tag{7-13}$$

3. 新的纵稳性高

$$H_1 = \frac{PH}{P+q} - \frac{\rho g i_y}{P+q} \tag{7-14}$$

4. 横倾角与纵倾角

$$\begin{cases} \varphi = \dfrac{q \cdot y_v}{(P+q)h_1} \\ \theta = \dfrac{q \cdot (x_v - x_f)}{PH} \end{cases} \tag{7-15}$$

5. 艏艉吃水

$$\begin{cases} T_{f1} = T_f + \delta T + \left(\dfrac{L}{2} - x_f\right)\theta \\ T_{a1} = T_a + \delta T - \left(\dfrac{L}{2} + x_f\right)\theta \end{cases} \tag{7-16}$$

与第一类舱室的不同之处在于，第二类舱室的计算式（7-13）和式（7-14）中增加了自由液面影响一项。

7.2.3 第三类舱室

这类舱室破损浸水后，舱内的水面与船外海水保持在同一水平面上，其浸水量需由最后的水线来确定，而最后的水线位置又与浸水量有关。因此，用增加重量法进行计算就很不方便。对于这类舱室宜采用损失浮力法来进行计算。

设舰船原漂浮于水线 WL，吃水为 T，浮心坐标为 $B(x_b, 0, z_b)$，横稳性高为 h，纵稳性高为 H，水线面积为 A_w，面积漂心 F 坐标为 x_f。

破损舱在水线 WL 下的浸水体积为 v，体积中心坐标为 $b(x_v, y_v, z_v)$，破损舱在水线 WL 处的浸水面积为 a，a 称为损失水线面面积（图 7-4），其面积漂心坐标为 $f(x_a, y_a)$。

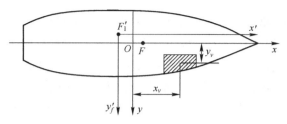

图 7-4 第三类舱水线面图

当海水进入该舱后，舰船损失了浮力 $\rho g v$，但因舰船的重量没有改变，故需下沉至 W_1L_1 处，以获得补偿浮力，方能使舰船保持平衡。可按下列步骤进行计算。

1. 平均吃水的增加

假设在吃水变化的范围内，舰船是直舷的，舱是直壁的，根据失去的浮力等于补偿的浮力可得

$$\delta T = \frac{v}{A_w - a} \tag{7-17}$$

式中：$(A_w - a)$ 为有效水线面面积。

2. 有效水线面面积的漂心位置 $F'(x'_f, y'_f)$

有效面积 $(A_w - a)$ 的面积漂心 F' 不难由下式得到：

$$\begin{aligned} x'_f &= \frac{A_w \cdot x_f - a \cdot x_a}{A_w - a} \\ y'_f &= \frac{-a \cdot y_a}{A_w - a} \end{aligned} \tag{7-18}$$

3. 有效水线面面积对通过其漂心 F' 的横向及纵向惯性矩

根据平行移轴定理，有效面积 $(A_w - a)$ 对中心轴 x'_f 的惯性矩应为有效面积 $(A_w - a)$ 对 x 轴的惯性矩 I_{x1} 减去 $(A_w - a) \cdot y'^2_f$，即

$$I'_x = I_{x1} - (A_w - a) \cdot y'^2_f \tag{7-19}$$

而有效面积对 x 轴的惯性矩 I_{x1} 是原水线面面积 A_w 对 x 轴的惯性矩 I_x 与损失面积对 x 轴的惯性矩 i_{ax1} 之差，即

$$I_{x1} = I_x - i_{ax1} \tag{7-20}$$

式中：i_{ax1} 为损失面积对 x 轴的惯性矩，再根据平行移轴定理，其大小为

$$i_{ax1} = i_{ax} + a \cdot y^2_a \tag{7-21}$$

所以将式（7-20）与式（7-21）分别代入式（7-19）中，得到有效面积对通过其漂心的横向惯性矩为

$$I'_x = I_x - (i_{ax} + a \cdot y^2_a) - (A_w - a) \cdot y'^2_f \tag{7-22}$$

同理可得纵向惯性矩为

$$I'_y = I_{yf} - [i_{av} + a(x_a - x_f)^2] - (A_w - a) \cdot (x'_f - x_f)^2 \tag{7-23}$$

式中：I_x, I_{yf} 分别为原水线面面积 A_w 对通过其漂心 F 的横向及纵向惯性矩；i_{ax}, i_{ay} 分别

为损失水线面面积 a 对通过其本身形心 f 的横向及纵向惯性矩。

常将完整水线面 A_w 的惯性矩和破损水线面 $(A_w - a)$ 的惯性矩之差称为损失惯性矩，记为 i_{px}, i_{py}，即

$$\begin{cases} i_{px} = I_x - I'_x = (i_{ax} + a \cdot y_a^2) + (A_w - a) \cdot y_f^2 \\ i_{py} = I_{yf} - I'_y = [i_{ay} + a(x_a - x_f)^2] + (A_w - a) \cdot (x'_f - x_f)^2 \end{cases} \quad (7\text{-}24)$$

于是

$$\begin{cases} I'_x = I_x - i_{px} \\ I'_y = I_{yf} - i_{py} \end{cases} \quad (7\text{-}25)$$

4．浮心位置的变化

损失浮力 $\rho g v$ 的作用点在 $b(x_v, y_v, z_v)$ 处，而补偿浮力 $\rho g \delta T (A_w - a)$ 的作用点在 $(x'_f, y'_f, T + \delta T / 2)$ 处。可以认为，由于 $\rho g v$ 自 (x_v, y_v, z_v) 处移至 $(x'_f, y'_f, T + \delta T / 2)$ 处，使舰船浮心位置发生了位移。根据重心移动原理可知，破损以后舰船浮心位置的变化为

$$\delta z_b = \frac{v}{V}\left(T + \frac{\delta T}{2} - z_v\right) \quad (7\text{-}26)$$

5．横、纵稳心半径的变化

破损前后，舰船的排水体积大小未变，因此

$$\begin{cases} \delta r = \dfrac{I'_x}{V} - \dfrac{I_x}{V} = -\dfrac{i_{px}}{V} \\ \delta R = \dfrac{I'_y}{V} - \dfrac{I_{yf}}{V} = -\dfrac{i_{py}}{V} \end{cases} \quad (7\text{-}27)$$

6．新的横、纵稳性高

稳性高的改变量可根据 $\delta h = \delta z_b + \delta r - \delta z_g$ 确定，按照浮力损失法知重心位置没有发生改变，即 $\delta z_g = 0$，因此

$$\begin{cases} \delta h = \delta z_b + \delta r - \delta z_g = \dfrac{v}{V}\left(T + \dfrac{\delta T}{2} - z_v\right) - \dfrac{i_{px}}{V} \\ \delta H = \delta z_b + \delta R - \delta z_g = \dfrac{v}{V}\left(T + \dfrac{\delta T}{2} - z_v\right) - \dfrac{i_{py}}{V} \approx -\dfrac{i_{py}}{V} \end{cases} \quad (7\text{-}28)$$

于是新的横、纵稳性高为

$$\begin{aligned} h_1 &= h + \delta h \\ H_1 &= H + \delta H \end{aligned} \quad (7\text{-}29)$$

7．横倾角和纵倾角

$$\begin{cases} \varphi = \dfrac{v \cdot (y_v - y'_f)}{V h_1} \\ \theta = \dfrac{v \cdot (x_v - x'_f)}{V H_1} \end{cases} \quad (7\text{-}30)$$

8．新的艋艇吃水

$$\begin{cases} T_f = T + \delta T + \left(\dfrac{L}{2} - x'_f\right)\theta \\ T_a = T + \delta T - \left(\dfrac{L}{2} + x'_f\right)\theta \end{cases} \quad (7\text{-}31)$$

7.2.4 舱组浸水

如果舰上有若干个舱同时破损浸水，舰船的浮态和稳性的计算就要采取等值舱法计算。这一方法是把多个破损舱用某个设想的单舱来代替，而这个单舱破损后引起的浮态和稳性的改变应当和舱组破损所引起的结果完全相同，符合这个条件的想象中的单舱就叫等值舱。

当舱组中没有第三类舱时，用增加重量法计算一般比较方便，而有第三类舱时，统一用损失浮力法计算比较方便，以下列出计算等值舱的等量数值的方法和步骤。

1．等值舱的浸水体积

$$v = \sum_{1,2,3} v_i \quad (7\text{-}32)$$

式中：下标 1，2，3 分别为第一、第二、第三类舱，也就是将三类舱浸水体积全部相加。值得注意的是，第三类舱的体积是指舰船破损前水线以下的浸水体积。

2．等值舱的体积中心位置

$$x_v = \dfrac{1}{v}\sum_{1,2,3} v_i \cdot x_{vi}, \quad y_v = \dfrac{1}{v}\sum_{1,2,3} v_i \cdot y_{vi}, \quad z_v = \dfrac{1}{v}\sum_{1,2,3} v_i \cdot z_{vi} \quad (7\text{-}33)$$

式中：x_{vi}, y_{vi}, z_{vi} 分别为各单舱浸水体积中心坐标。

3．等值舱的损失面积及中心

$$a = \sum_{3} a_i, \quad x_a = \dfrac{1}{a}\sum_{3} a_i \cdot x_{ai}, \quad y_a = \dfrac{1}{a}\sum_{3} a_i \cdot y_{ai} \quad (7\text{-}34)$$

式中：$\sum$ 符号下注脚 3 为只针对第三类舱求和；x_{ai}, y_{ai} 为各第三类舱的损失面积中心坐标。

4．等值舱损失惯性矩

$$\begin{cases} i_{px} = \sum_{2} i_{xi} + \sum_{3}(i_{axi} + a_i \cdot y_{ai}^2) + (A_w - a) \cdot y'^2_f \\ i_{py} = \sum_{2} i_{yi} + \sum_{3}[i_{ayi} + a_i \cdot (x_{ai} - x_f)^2] + (A_w - a) \cdot (x'_f - x_f)^2 \end{cases} \quad (7\text{-}35)$$

有了以上等值舱的数据，就可以利用第三类舱的单舱浸水公式来计算舱组浸水后舰船的浮态和稳性了。

应该指出，前面单舱和舱组所用的计算公式都是根据初稳性公式而得的，只有在浸水量不大（不超过排水量的 10%～15%）的情况下，才能获得比较正确的结果。若浸水量较大，则可按下面介绍的逐步近似法（或称累次近似法）以求得比较正确的结果。此外，在前面推导有关计算公式时，假定浸水舱是空的，即渗透系数取 1.0。事实上各浸水舱的渗透系数 μ 总是小于 1.0 的。因此，应根据浸水舱的实际渗透系数值，先计算出浸水重量及实际的损失水线面面积，再按相关公式计算浮态和稳性。

7.2.5 逐步近似法

逐步近似法往往用于"大舱"浸水时计算舰船破损后的浮态和初稳性。所谓大舱，是相对"小舱"而言的，在前面推导小舱的计算公式时，假定在吃水改变的范围内，船体和破损舱是直舷和直壁的，在倾角改变的范围内初稳性公式适用，在浮态改变的范围内破损舱类型不变等。如果以上的假定改变较大时，就可能导致较大的计算误差。当某个破损舱采用"小舱"公式计算不能得到准确的结果时，可以认为这种舱为"大舱"。

以下介绍逐步近似法的要点。为介绍逐步近似法方便起见，假设舰船对称浸水，只引起纵倾，没有横倾。

1. 第一次近似计算

计算的方法和步骤和"小舱"浸水计算完全一样。

设舰船原正浮于水线 WL，舰船诸元为 V，A_w，x_f，h 及 H，见图 7-5。有一对称大舱破损，破损舱诸元为 $v(x_v, 0, z_v)$，$a(x_a)$，i_{ax}，i_{ay}。

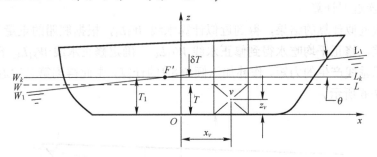

图 7-5 大舱浸水第一次近似

根据"小舱"浸水计算公式可求得舰船浮态，具体步骤如下。

（1）舰船平均下沉至水线 $W_k L_k$ 其吃水的增加为

$$\delta T = \frac{v}{A_w - a} \tag{7-36}$$

（2）其有效水线面面积的漂心位置 $F'(x_f')$：

$$x_f' = \frac{A_w \cdot x_f - a \cdot x_a}{A_w - a} \tag{7-37}$$

（3）损失惯性矩为

$$i_{py} = [i_{ay} + a(x_a - x_f)^2] + (A_w - a)(x_f' - x_f)^2 \tag{7-38}$$

（4）破损后舰船的纵稳性高：

$$H_1 = H - \frac{i_{py}}{V} \tag{7-39}$$

（5）纵倾角为

$$\theta = \frac{v \cdot (x_v - x'_f)}{VH_1} \tag{7-40}$$

（6）中船吃水为

$$T_1 = T + \delta T - x'_f \theta \tag{7-41}$$

通过上述计算，按照第三类小舱的计算公式[式（7-18）～式（7-31）]不难得到第一次近似计算水线 W_1L_1 下有关要素如下：

$$V_1(x_{b1}, z_{b1}), \quad A_{w1}(x_{f1}), \quad I_{x1}, \quad I_{yf1}$$

破损舱诸元如下：

$$v_1(x_{v1}, z_{v1}), \quad a_1(x_{a1}), \quad i_{a1x}, \quad i_{a1y}$$

注意，上述各量中舰船的水线元及破损舱的损失面积诸元均是它们在基平面上的投影。

2．第二次近似计算

由第一次近似计算的结果，得到近似计算水线 W_1L_1，根据舰船的重量与水线 W_1L_1 下的浮力之差，修正平均吃水得到修正水线 $W_{k1}L_{k1}$，确定修正水线 $W_{k1}L_{k1}$ 下重力与浮力不在同一条铅垂线产生的力矩，作补加纵倾角 $\delta\theta$ 的计算，由此得到第二次近似计算水线 W_2L_2，如图 7-6 所示。

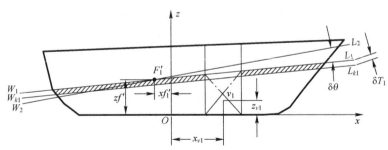

图 7-6 大舱浸水第二次近似

1）平均吃水修正

按损失浮力法，水线 W_1L_1 下舰船的浮力为

$$\rho g(V_1 - v_1)$$

舰船的排水重量 P 与浮力之差为

$$P - \rho g(V_1 - v_1) = \rho g \delta V$$

在直舷直壁假设下，平均吃水的修正为

$$\delta T_1 = \frac{\rho g \delta V}{\rho g (A_{w1} - a_1)} = \frac{V - (V_1 - v_1)}{A_{w1} - a_1} \tag{7-42}$$

式中：δV 为从水线 W_1L_1 到水线 $W_{k1}L_{k1}$ 之间舰船的补加浮力体积（如图 7-6 画线部分所示），经平均吃水 δT_1 的修正，得到水线 $W_{k1}L_{k1}$。

2）算水线 $W_{k1}L_{k1}$ 上的不平衡力矩及稳性高

首先要计算出水线 $W_{k1}L_{k1}$ 的有效诸元在基平面上的投影。由于水线 $W_{k1}L_{k1}$ 和水线 W_1L_1 很接近，可以用 W_1L_1 的水线诸元代替 $W_{k1}L_{k1}$ 的水线诸元，因此有效面积在基平面上的投影为

$$A'_{w1} = A_{w1} - a_1 \tag{7-43}$$

有效面积中心坐标在基平面上投影为

$$x'_{f1} = \frac{A_{w1} \cdot x_{f1} - a_1 \cdot x_{a1}}{A_{w1} - a_1} \tag{7-44}$$

有效面积在基平面上的投影的中心惯性矩：

$$\begin{cases} I'_{x1} = I_x - i_{a1x} = (i_{ax} + a \cdot y_a^2) + (A_w - a) \cdot y_f^2 \\ I_{yf1} = I_{y1} - i_{a1y} - a_1 \cdot x_{a1}^2 - A'_{w1} \cdot x_{f1}^2 \end{cases} \tag{7-45}$$

再计算出的 $W_{k1}L_{k1}$ 舰船诸元。

按失去浮力法考虑时，排水重量为 P，重心在 $G(x_g, 0, z_g)$，浮力则由以下几部分排水体积提供：

$$V_1 - v_1 + \delta V = V$$

各部分中心坐标为 $V_1(x_{b1},z_{b1})$，$v_1(x_{v1},z_{v1})$，$\delta V(x'_{f1},z'_{f1})$，其中 δV 的中心可近似地认为在水线 W_1L_1 的有效面积中心 (x'_{f1}, z'_{f1}) 上，而 $z'_{f1} = T_1 + x'_{f1} \cdot \tan\theta_1$，于是水线 $W_{k1}L_{k1}$ 之下有效体积中心坐标为

$$\begin{cases} x'_{b1K} = \dfrac{V_1 \cdot x_{b1} - v_1 \cdot x_{v1} + \delta V \cdot x'_{f1}}{V} \\ z'_{b1K} = \dfrac{V_1 \cdot z_{b1} - v_1 \cdot z_{v1} + \delta V \cdot z'_{f1}}{V} \end{cases} \tag{7-46}$$

相当于水线 $W_{k1}L_{k1}$ 的初稳性高为

$$h_{1K} = \frac{I'_{x1}}{V\cos\theta_1} - \frac{z_g - z'_{b1K}}{\cos\theta_1}, \quad H_{1K} = \frac{I'_{yf1}}{V\cos^3\theta_1} - \frac{z_g - z'_{b1K}}{\cos\theta_1} \tag{7-47}$$

3）定纵倾角的修正量 $\delta\theta_1$

舰船在水线 $W_{k1}L_{k1}$ 时，由重力和浮力所形成的纵倾力矩及补加纵倾角 $\delta\theta$ 可按下式计算（图 7-7）。

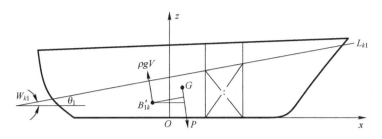

图 7-7 大舱浸水第二次近似纵倾力矩计算

纵倾力矩：

$$\overline{M} = \Delta \cdot [(x_g - x_{b1K})\cos\theta_1 + (z_g - z'_{b1K})\sin\theta_1] \qquad (7\text{-}48)$$

补加纵倾角 $\delta\theta_1$：

$$\delta\theta_1 = \frac{\overline{M}}{\Delta \cdot H_{1K}} \qquad (7\text{-}49)$$

至此，得到平衡水线的第二次近似值 W_2L_2，其参数为

$$\begin{cases} T_2 = T_1 + \delta T_1 - x'_f \cdot \delta\theta_1 \\ \theta_2 = \theta_1 + \delta\theta_1 \end{cases} \qquad (7\text{-}50)$$

如果 $\delta\theta_1$ 比较小，计算至此可结束，否则应当再以 W_2L_2 为原始水线按上述步骤求平衡水线的第三次近似值。但实际一般算到第二次近似值已足够了。

7.2.6 舰船不沉性规范简介

在舰艇规范中，对舰艇不沉性的基本要求有以下几点。

（1）舰艇应对满载排水量状态下对称浸水和标准排水量状态下的不对称浸水进行不沉性核算。

（2）按表 7-2 所指定数目的任意相邻隔舱对称或不对称浸水时，舰艇都应能保持漂浮；最小干舷高度不小于表 7-2 中所规定的值；同时，舰艇的初横稳性高（$\overline{GM}$）应为正值。

表 7-2　最小干舷指标

正常排水量 Δ/t	最小浸水隔舱数	最小干舷高度/m
2500≤Δ<5000	3	0.6
1000≤Δ<2500	2	0.6
500≤Δ<1000	2	0.5
200≤Δ<500	2	0.4

以上要求的相邻隔舱，其总长度如果小于舰艇设计水线长度的 20% 时，应在该相邻隔舱的一端加一个较小的相邻隔舱计算。

（3）在（2）中所述隔舱浸水条件下，舰艇破损纵倾不得影响主动力装置和螺旋桨的

连续运转；不对称浸水时，舰艇的静横倾角不应大于 12°～15°。对设有平衡设施的舰艇，上述横倾角允许适当超过，但不得大于 15°。

（4）在（1）中所述隔舱浸水条件下，破损舰艇的静稳性曲线的最大力臂不应小于 10cm。

在舰艇的设计中，完成总布置设计后就可以根据总布置图按条款（1）进行不沉性计算，计算的结果满足（2）～（4）的要求，则表明不沉性设计指标达到要求，否则要调整总布置设计，增加或调整水密隔舱壁等。

在上述不沉性要求中，除（4）外关于舰艇的浮态和稳性的计算在前面已经介绍。关于（4）的要求涉及破损舰艇静稳性曲线的计算，原理与第 5 章介绍的舰船静稳性曲线计算相同，但要考虑扣除破损舱的影响，计算较为复杂，这里不再介绍。仅就几种典型的破损对大角稳性影响作一定性分析。

1. 对称浸水

破损前舰船的静稳性曲线图如图 7-8（a）中曲线 I 所示。

如果是第一类舱破损，由于重心降低，初稳性高往往是增加的，但由于吃水增加干舷减小，稳性消失角将减小，破损后的静稳性曲线大致如图 7-8（a）中曲线 II 所示。

如果是第二类舱或第三类舱，由于自由液面影响和水线面面积的损失，干舷又减小了，通常初稳性和大角稳性都是要降低的，破损后的静稳性曲线大致如图 7-8（a）中曲线 III 所示。当浸水范围较大，即破损舱的自由液面或损失面积比较大，那么稳性高可能成为负值，静稳性曲线可能呈现曲线 IV 和曲线 V 的样子。对于一般中小舰艇来说，曲线 IV 很可能是由下述情况造成的，即在小角度时，自由液面影响较大，使初稳性高降低为负值，而当舰船倾斜至 φ_1 时，自由液面的影响迅速减小，使对应于 φ_1 的初稳性高又变为正值，于是尽管浸水是对称的，但舰船倾斜地平衡于 φ_1，虽然并不翻掉，但稳性是很不好的。对于曲线 V 这种情况则舰船将倾覆。

2. 不对称浸水

破损前的静稳性曲线如图 7-8（b）中曲线 I 所示。

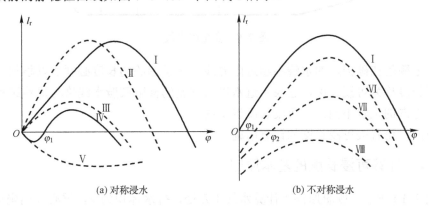

(a) 对称浸水　　　　　　　　　(b) 不对称浸水

图 7-8　破损下典型静稳性曲线

由于浸水不对称，舰船将产生倾斜，止浮位置将不再是平衡位置，破损后的静稳性曲线如曲线 VI、曲线 VII、曲线 VIII 所示。根据浸水程度的不同舰船将倾斜在 φ_1 或 φ_2，从曲线Ⅵ和曲线Ⅶ可见，舰船一旦发生倾斜其大角稳性就明显恶化，无论是最大复原力矩、稳性消失角，还是曲线包围的面积都大大减小了。即使破损的是第一类舱（破损后初稳性高可能增大）也是这样。至于曲线Ⅷ则对应于更严重的浸水，舰船肯定将倾覆，因所有倾角的复原力矩均已变为负值。

7.3 可浸长度与许用舱长

当船体破损后，海水进入船舱，船身即下沉。为了不使舰艇沉没，其下沉应不超过一定的限度，这就需要对船舱的长度有所限制。相关规范规定，舰船的下沉极限是在舱壁甲板上表面的边线以下一定距离 m 处，也就是说，舰艇在破损后至少应有一定高度的干舷，一般见表 7-3。

表 7-3 干舷高度要求

正常排水量 Δ/t	最小浸水隔舱数/个	最小干舷高/m
2500≤Δ	3	0.6
1000≤Δ<2500	2	0.6
500≤Δ<1000	2	0.5
200≤Δ<500	2	0.4
50≤Δ<200	2	0.3

在舰艇侧视图上，舱壁甲板边线以下 M 高度处的一条曲线（与甲板边线相平行）称为安全限界线（简称限界线），如图 7-9 所示。限界线上各点的切线表示所允许的最高破舱水线（或称极限破舱水线）。

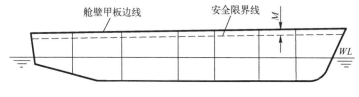

图 7-9 安全限界线

为保证舰艇在破损后的水线不超过限界线，对于船舱的长度必须加以限制。船舱的最大许可长度称为可浸长度，它表示进水以后舰艇的极限破舱水线恰与限界线相切。船舱在船长方向的位置不同，其可浸长度也不同。

下面，讨论有关可浸长度的计算问题。

7.3.1 计算可浸长度的基本原理

如图 7-10 所示，舰艇原浮于计算水线 WL 处，排水体积为 V，浮心纵向坐标为 x_B。设某舱破损进水后，舰艇恰浮于极限破舱水线 W_1L_1 处，其排水体积为 V_1，浮心纵向坐标为 x'_B。若破舱的进水体积为 V_i，形心纵向坐标为 x_i，则舰艇浮于极限破舱水线 W_1L_1 处时应该存在下列关系：

$$V_1 = V + V_i$$
$$V_1 x'_B = V x_B + V_i x_i$$

或

$$\begin{cases} V_i = V_1 - V \\ x_i = \dfrac{(M_1 - M)}{V_i} \end{cases} \quad (7\text{-}51)$$

式中：$M_1 = V_1 x'_B$ 为极限破舱水线 $W_1 L_1$ 以下的排水体积 V_1 对于中横剖面的体积静矩；$M = V x_B$ 为计算水线 WL 以下的排水体积 V 对于中横剖面的体积静矩。

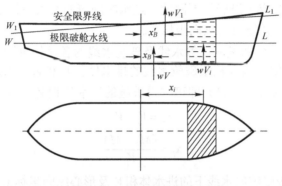

图 7-10　极限破舱水线面

式（7-51）是计算可浸长度的基本公式，其中 V，M，V_1 及 M_1 可以根据邦戎曲线图用数值积分法求得。将这些数据代入式（7-51）内，便可算出船舱的进水体积 V_i 及其形心纵向坐标 x_i。这样，可浸长度的计算问题便归结为：在已知船舱的进水体积 V_i 及其形心纵向坐标 x_i 的情况下，如何求出船舱的长度和位置。

7.3.2　可浸长度曲线的计算

计算可浸长度曲线虽有多种方法，但其基本原理一致。这里介绍一种常用的计算方法，其优点是简明扼要，可以节省计算时间，现将此种方法的计算步骤概述如下。

1．绘制极限破舱水线

在邦戎曲线图上，先画出计算水线和限界线，并从限界线的最低点画一条水平的极限破舱水线 H。然后在艏艉垂线处，自 H 线向下量一段距离 z，其数值可按下式计算：

$$z = 1.6D - 1.5d$$

式中：D 为舱壁甲板的型深；d 为吃水。

在距离 z 内取 $2\sim 3$ 个等分点，并从各等分点作与限界线相切的纵倾极限水线 $1F$，$2F$，$3F$，$1A$，$2A$，$3A$ 等，如图 7-11 所示。

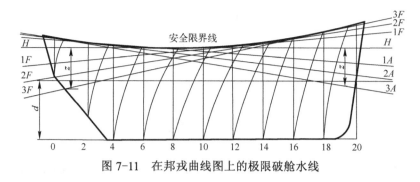

图 7-11 在邦戎曲线图上的极限破舱水线

通常极限破舱水线取 7~10 条,其中艉倾水线 3~5 条,水平水线 1 条,艏倾水线 3~4 条。这些破舱水线对应于沿船长不同舱室进水时舰艇的最大下沉限度。

2. 计算进水体积 V_i 及形心纵向坐标 x_i。

在邦戎曲线图上,分别量取计算水线及破舱水线的各站横剖面面积,并用数值积分法分别算出相应于计算水线和极限破舱水线的排水体积 V 和 V_1,以及对于中横剖面的体积静矩 M 和 M_1。根据式(7-51)即可求得破舱的进水体积 V_i,及形心纵向坐标 x_i,即

$$V_i = V_1 - V$$

$$x_i = \frac{(M_1 - M)}{V_i}$$

为简便起见,各极限破舱水线下的进水体积 V_i 及形心纵向坐标 x_i 的计算可用表格手算或计算机进行。其计算结果应绘制成浸水舱的容积曲线,即 $V_i - x_i$ 曲线,如图 7-12 所示。

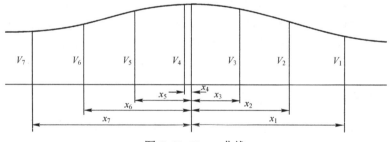

图 7-12 $V_i - x_i$ 曲线

3. 计算浸水舱的可浸长度。

设某极限破舱水线 W_1L_1 处的破舱进水体积为 V_i,其形心纵向坐标为 x_i。现在的问题是如何求出船舱的长度和位置,当该舱破损后,进水体积正好为 V_i;而形心纵向坐标恰好又在 x_i 处,对于这种计算用图解法较为简便。

先画出极限破舱水线 W_1L_1 在 x_i 附近一段的横剖面面积曲线及该段的积分曲线,如图 7-13 所示。然后,在 x_i 处作一垂线与积分曲线相交于 O 点,在该垂线上截取 $CD=V_i$,并使面积 AOC 等于面积 BOD,则 A 点和 B 点间的水平距离即可浸长度 l。同时该舱中点至中横剖面的距离 x 也可在该图上量出。由此求得的舱长和位置,即能满足该舱破损进水后进水体积确为 V_i 而形心纵向坐标在 x_i 处的条件。这可应用积分曲线的特性说明如下:在图 7-13 中,舱长 l(A 与 B 点间的水平距离)一段的体积为 $CD = V_i$,而面积 AOC=面积 BOD 则表示该舱对于通过

COD 的横剖面的体积静矩等于零，亦即该舱的体积形心在 x_i 处。

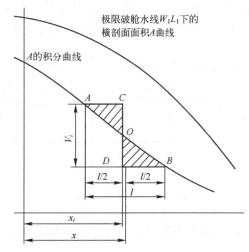

图 7-13　极限破舱水线下横剖面面积曲线

应用同样方法，可以求出各极限破舱水线的舱室可浸长度及其位置，但这种方法需要绘制每一破舱水线的横剖面面积曲线及其积分曲线，因而计算和制图工作过于繁杂。实践证明：浸水舱的位置通常是在其相应破舱水线与限界线相切的切点附近，故破舱水线下的横剖面面积曲线与限界线下的横剖面面积曲线在浸水舱附近几乎相同。因此在实际计算中，常用限界线的横剖面面积曲线及其积分曲线代替所有破舱水线的横剖面面积曲线及其积分曲线，如图 7-14 所示。这样便可以迅速地求出所有破舱水线的浸水舱长度及位置。在浸水舱附近，限界线下的横剖面面积略大于破舱水线下的横剖面面积。故计算所得的可浸长度略小于实际长度，偏于安全方面，因此是被允许的。

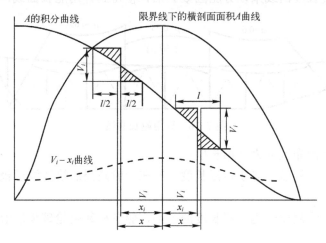

图 7-14　限界线下横剖面面积曲线

4．绘制可浸长度曲线。

根据上面算得的各浸水舱的可浸长度及其中点至中横剖面的距离，在船体侧视图上标出各浸水舱的中点，并向上作垂线；然后截取相应的可浸长度为纵坐标，并连成曲线，即得可浸长度曲线,如图7-15所示。由此所得的可浸长度系假定浸水舱的渗透率 $\mu=1.0$,事实上各浸水舱的 μ 总是小于1.0 的,故在图7-15中还需画出实际的可浸长度曲线,并注明 μ 的具体数值。可浸长度曲线的两端,被舰艇艏艉垂线处 $\theta = \arctan 2$ 的斜线所限制。

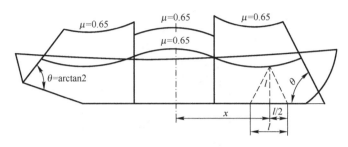

图 7-15　可浸长度曲线

以上介绍了可浸长度计算的基本原理及方法,具体的数值计算可用近似积分法列表进行或用计算机程序计算。

7.3.3　许用舱长

本章开头已经提到,舰艇的不沉性是由水密舱壁将船体分隔成适当数量的舱室来保证的。如果只用可浸长度曲线来检验舰艇横舱壁的布置是否满足不沉性要求,那就未免过于粗略,因为它不能体现出各类舰艇在不沉性方面要求的不同。为此,在相关民船规范中采用了一个分舱因数 F 来决定许用舱长。F 是一个等于或小于 1.0 的系数,即 $F \leqslant 1.0$。这样就有

$$\text{许用舱长} = \text{可浸长度} \times \text{分舱因数} = l \cdot F$$

将实际的可浸长度曲线乘以分舱因数 F 后,便得到许用舱长曲线,如图 7-16 所示。

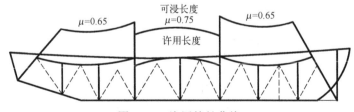

图 7-16　许用舱长曲线

假定水密舱壁的布置恰为许用长度:

当 $F=1.0$ 时,许用舱长等于可浸长度,船在一舱破损后恰能浮于极限破舱水线处而不致沉没。

当 $F=0.5$ 时,许用舱长为可浸长度的一半,船在相邻两舱破损后恰能浮于极限破舱水线处。

当 $F=0.33$ 时,许用舱长为可浸长度的 $\frac{1}{3}$,船在相邻三舱破损后恰能浮于极限破舱水线处。

如果舰艇在一舱破损后的破舱水线不超过限界线,但在两舱破损后其破舱水线超过

限界线，则该船的不沉性只能满足一舱不沉的要求，称为一舱制船，相邻两舱破损后能满足不沉性要求的船称为两舱制船，相邻三舱破损后仍能满足不沉性要求的船则称为三舱制船。若用分舱因数 F 来表示，则

对于一舱制船：$1.0 \geqslant F > 0.5$；

对于二舱制船：$0.5 \geqslant F > 0.33$；

对于三舱制船：$0.33 \geqslant F > 0.25$。

由此可见，分舱因数 F 是决定舰艇不沉性的一个关键因素，其具体数值与舰艇长度、用途及业务性质有关，在《海船法定检验技术规则》中有详细规定，这里不多介绍。

舰艇水密舱的划分，是根据实际需要而布置的。许用舱长曲线仅作为保证舰艇满足不沉性的要求，而对舱的长度加以一定的限制。若实际舱长小于或等于许用舱长，则舰艇的不沉性满足要求。

最后应该指出：在上述可浸长度和许用舱长的计算中，没有考虑破舱后的稳性问题，故尚需对稳性进行校核计算。对于一舱制舰艇，应计算任意一个舱室进水后的稳性；对于二舱制舰艇，应计算任意两个相邻舱室同时进水后的稳性；对于三舱制舰艇，则应计算任意三个相邻舱室同时进水后的稳性。

7.4 舰船破损后应采取的措施

确保舰船不沉性，一方面是在舰船的设计中保证舰船舱室破损后具有一定的浮性和稳性，要满足舰船不沉性规范所提出的要求。如对于一定排水量的舰船，不对称浸水时，舰艇的静横倾角不应大于 $15°$，破损舰艇的静稳性曲线的最大力臂不应小于 10cm 等。另一方面是舰船的有效抗沉措施，这直接关系到舰船的生命力。这些措施包括：

（1）及时堵漏和加强结构：及时发现破损浸水的位置，确定破损区的范围，限制水漫延；用支柱加固舱壁、甲板、平台和水密舱盖；堵塞破洞，从已堵漏的舱中排水。

（2）恢复稳性：加载、移载和排出载荷，其目的是降低破损舰船的重心和减少由破损浸水所产生的自由液面引起的稳性损失。

（3）扶正舰船：消除或减小由舰体破损产生的横倾和纵倾。

根据我海军历年来处理海损事故及战斗破损的经验，《水面舰艇损管条例》总结出有效抗沉措施的三条原则。

7.4.1 限制水的漫延——抗沉原则之一

一般来说，一两个破损口浸水，甚至两三个舱被淹，在舰艇的不沉性设计中已保证其具有一定的储备浮力和稳性，不一定会很快损耗其储备浮力而沉没，舰船破损浸水后的最大威胁来自水的漫延。根据海战的经验，多数舰船的沉没或失去航行与战斗能力，是由水在舰艇内部漫延造成的。经验也表明，虽然有的舰艇破损严重，但由于注意了限制水的漫延，舰艇得以保存并保证了一定的航行与战斗能力。

限制水漫延的基本方法如下。

1. 堵漏

堵塞破洞，阻止海水进入舰内，对于不沉性来说，是比较彻底的方法，但不是都能实现的。能否实现堵漏，与破口的大小、破口在水下深度（水压）、海水灌入舰内的速度（破损舱室灌水时间）及舰员所用堵漏器材及操作的水平有关。

2. 支撑

支撑是限制水漫延的主要措施。通常由于水密门、舱口盖的结构比较弱，舱室淹没后，海水往往由此向邻舱漫延。炸弹、炮弹等在舱内爆炸时，舱壁受损，更是海水漫延的主要根源。因此，加固水密舱壁、水密门及舱口盖是抗沉的一项重要措施。

3. 排水

排干破损舱内的海水能彻底消除浸水对舰船不沉性能的影响，是抗沉的一项重要措施。但是，由于破口的浸水量与舰上排水设备的排水能力之间可能会存在比较大的差异，所以排水的作用比较局限。

7.4.2 破损舰船的扶正——抗沉原则之二

当破损舰船浸水时，限制水的漫延是关系到舰船存亡的主要问题。但是在限制水的漫延问题解决之后，则必须尽快解决倾斜、倾差和稳性降低的问题。倾斜、倾差和稳性降低对舰船航行和作战很不利，严重时也可能因舰船稳性降低在风浪中倾覆。

扶正舰船的目的就是消除和改善倾斜、倾差，提高稳性，保障舰船的不沉性和武器、机器的正常工作。

扶正舰船的基本方法如下。

（1）灌水：一般是在破损舱的对角或对端加灌海水。

（2）导移载荷：将破损舱附近的载荷移至破损舱的对角，通常是导移油水，也可搬动其他重物，如粮食、弹药等。

（3）排出载荷：排出破损舱附近的载荷，或排出堵好破洞的灌注舱的积水。

事实证明，舰船因稳性丧失而倾覆是突然的，时间很短，而丧失储备浮力使舰船正直下沉的时间较长，往往在几个小时以上。通过牺牲储备浮力换取稳性，赢得时间，一方面继续作战，另一方面继续进行抢救工作。并且，储备浮力经过堵漏排水之后，也能有所恢复。所以扶正的基本原则：在扶正舰船的过程中必须充分注意："节约储备浮力，提高稳性，必要时才以储备浮力换取稳性。"

扶正的方法基本不外乎以上介绍的三种，但所有这些措施都必须在计算的基础上进行。否则，可能会使舰船产生更大的横倾和纵倾，甚至使船翻掉。而在战斗中又应使有关扶正的计算工作量减少到最低限度。这样就有必要设想在战斗中可能出现的一系列破损情况，针对每种情况，通过事先计算，选择相应的扶正方案，供作战时快速使用。这就是设计部门给舰船使用人员制定的各种文件，称扶正参考文件，供扶正舰船参考用。

常用的扶正参考文件有标板图和各种类型的不沉性表。

1. 不沉性标板图及其应用

不沉性标板图是一块指示板，上面标有舱室分布、载荷分布、舰船不沉性情况，如图 7-17 和图 7-18 所示。它的功用是供抗沉参考。

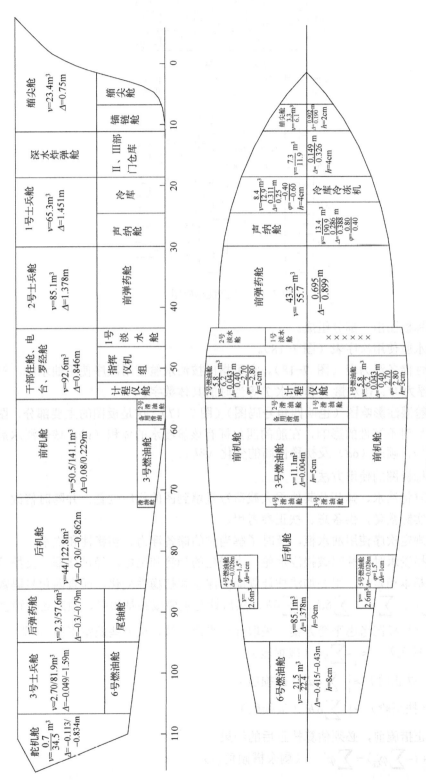

图 7-17 不沉性标板图

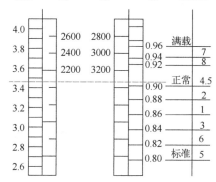

图 7-18 不沉性标板图

典型的标板图由三部分组成。

(1) 油水舱使用次序表(图 7-18)。

(2) 稳性储备浮力表(图 7-18)。它可指出按油水舱使用次序使用油水时,初稳性高 h、储备浮力 W、排水量 P 和吃水 T 等当时的具体数字。

(3) 单舱灌注影响图(也叫四角号码图)(图 7-17)。这是板图的主要部分,图上标出单舱浸水后对不沉性的影响,在舱的四角标有该舱浸水的体积(v)、该舱浸水后的倾斜角度($\varphi°$)、倾差(δd)及初稳性高的变化(δh)。

不沉性标板图的使用方法:

(1) 及时将油水、弹药及其他重大载荷数量填到图的相应位置,并随时修改,使之符合当前的实际数量,供备忘、扶正参考用。

(2) 按规定次序使用油水柜,及时了解当时的储备浮力、初稳性和吃水。

(3) 破损浸水时,标明破损浸水舱、水漫延的趋势和范围。经过堵漏、支撑等措施使水的漫延基本稳定后,用叠加法估计舰船的浮态和初稳性变化。即查四角号码数字的代数和:$\sum v$、$\sum \varphi$、$\sum \delta d$、$\sum \delta h$,然后针对主要威胁是倾斜、倾差还是稳性大幅度下降,根据标板图考虑平衡方案(采取什么平衡方法,选哪些舱室平衡),即

$$\sum \varphi (\text{扶正舱}) \approx \left|-\sum \varphi\right| (\text{破损舱})$$

$$\sum \delta d (\text{扶正舱}) \approx \left|-\sum \delta d\right| (\text{破损舱})$$

$$\sum \delta h (\text{扶正舱}) \approx \left|-\sum \delta h\right| (\text{破损舱})$$

采取扶正措施前,必须估算扶正后的结果。

$$\sum \varphi_{\text{扶}} + (-\sum \varphi_{\text{破}}) = \sum \varphi' \quad (\text{剩余横倾角} \varphi)$$

$$\sum \delta d_{扶} + (-\sum \delta d_{破}) = \sum \delta d' \quad （剩余倾差 \delta d）$$

$$\sum \delta h_{扶} + (-\sum \delta h_{破}) = \sum \delta h' \quad （剩余初稳性变化 \delta h）$$

2．战用不沉性表

为了解决多舱浸水问题，舰船上还使用一种"战用不沉性表"，也称"多舱灌注平衡方案"。此表是假定一系列的舱室破损浸水，按舱组破损的等量法进行计算，并拟好相应的扶正舱组，供平时训练和战时灌注扶正作参考。表 7-4 所示为其中一种形式。

表 7-4 战用不沉性表

问题号数	破损浸水结果									破损舱及扶正舱排注水后的总结果								
	破损舱肋骨号	破损舱名称	浸水体积	吃水改变			横倾角改变	纵倾角改变	横稳性高改变	扶正舱肋骨号	扶正舱名称	破损舱和浸水舱总浸水量	总吃水改变			总横倾角改变	总纵倾角改变	总横稳性高改变
				首	平均	尾							首	平均	尾			
1	2	3	4	5	6	7	8	9	10	11	12	13	14	15	16	17	18	19

值得注意的是，过去采用的战用不沉性表大多采用灌注法，即一次灌注就基本上同时消除倾斜倾差。其优点是正、负初稳性都一样同时扶正，其缺点是单纯采用灌注法，对储备浮力不利，而且只能用一次，多次破损浸水就难以应用。所以，目前新建造的舰船的不沉性表，已废弃采用单纯的灌注法，而采用综合抗沉措施的舰船抗沉调整参考书。

所谓抗沉调整参考书的文件形式与战用不沉性表的形式基本相同，不同的是，一种扶正方案一张表，在表内所采用的扶正方法，根据情况有灌、导移、排或综合运用。而且还有其他相应的不沉性措施，如支撑、排水、堵漏。

3．抗沉计算仪

随着计算机的发展，计算机的运算速度和存储容量不断提高，这为提高舰艇抗沉的自动化程度创造了有利条件。目前建造的新型舰船借助计算机，在不沉性措施的制定上也开始采用新的方法。

4．分步扶正法

利用标板图扶正舰船必须了解舰船破损的情况，确知舰船的浮态和稳性，如果对舰船的破损情况不明，不了解破损后稳性的变化，只知道倾斜角度，此时只能采用分步扶正方法。也就是扶正分 2~3 步进行，扶正一步，试试破损舰船的稳性，在此基础上再确定剩余倾斜角（或倾差）所需要的力矩，进行下一步的扶正。在每次扶正过程中确认稳性是否提高，扶正措施是否正确。

具体方法举以下例子说明

例 7-1 设有一护卫舰，破损前的排水量 $P_0=1200t$，横稳性高 $h_0=0.80m$。破损后横倾角 $\varphi=15°$。

扶正步骤：

（1）由于对破损后稳性情况不了解，决定选一个位置较低的小舱作为实验舱灌水，能造成 33t·m 的倾斜力矩。估计第一次扶正产生扶正角 $\frac{1}{5}\varphi_{破} = 3°$，这时所需复原力矩约为

$$M_r = P_0 h_0 \frac{1}{5}\phi_{破} = 1200 \times 0.8 \times 3 \times \frac{\pi}{180} = 50.24 \quad (t·m)$$

灌水后舰船横倾角变为 11°，即实际上引起了 4° 的横倾。所以，破损后：

$$k_1 = P_1 h_1 = \frac{m_{kp}}{\varphi} = \frac{33 \times 57.3}{4} \approx 472.7 \quad (t·m)$$

即 $k_1 \approx \frac{1}{2}k_0 = \frac{1}{2}P_0 h_0$，这说明破损后舰船稳性降低了。

（2）假定 k_1 不变，要扶正剩余的 11°，则需要复原力矩：

$$M_r = P_1 h_1 \phi = 472.7 \times 11 \times \frac{\pi}{180} \approx 90.7 \quad (t·m)$$

考虑到破损后初稳性的降低，在灌注过程中舰船稳性还可能产生预料不到的变化，将 11° 横倾再分为两步扶正。

选取位置较低能提供 45t·m 力矩的诸舱灌水。灌水后实际扶正 5°。这说明这次灌水过程中初稳性增加了。因为预计扶正：

$$\frac{45}{k_1} \times 57.3 = 5.6°$$

（3）这时要扶正剩余的 6° 横倾，需要复原力矩：

$$M_r = 54 \, t·m$$

再选取能提供约 50t·m 的诸舱灌水，就基本上将舰船扶正。

7.4.3 舰船负初稳性的处理——抗沉原则之三

舰船多舱浸水，往往存在大面积自由液面，于是稳性大大降低，甚至初稳性可能出现负值，使舰船处于危险状态，如果处理不当，则可能发生翻船事故。因此"在战斗破损时，凡出现大面积自由液面，应先按负初稳性对待"，这就是抗沉中应遵守的第三个原则。关于舰船负初稳性的扶正问题在大角稳性一章中已经介绍，下面就判断负初稳性的方法简单给予介绍。

舰船破损浸水后，当初稳性仍然为正值时，如果浸水是对称的，则舰船不会产生倾斜；如果浸水不对称，则舰船会产生倾斜，但必然只能倾斜停留于浸水的一边（重边）。

当初稳性为负值时，即使浸水对称，也会产生倾斜，而且两舷都可倾斜停留，同时两舷倾角是相等的。如果浸水不对称，则有以下两种情况。

（1）当不对称载荷所形成的倾斜力矩大于舰船本身的最大负复原力矩，如图 7-19 中 m_{kp1} 所示，它与静稳性曲线相交于所对应的角度为 φ，比正初稳性情况下所对应的倾斜力矩 m_{kp1} 所造成的倾斜角 φ' 大许多，即 $\varphi \gg \varphi'$；

（2）当倾斜力矩小于舰船本身最大负复原力矩，如图 7-19 中 m_{kp2} 表示向右舷的倾斜

力矩，它与静稳性曲线相交于 φ_2 或 φ_3，即舰船将停留在 φ_2 处，也可能停留在另一舷（轻边）φ_3 处，如果倾斜停留在重边 φ_2 处则比初稳性高为正时的倾斜角 φ_2' 要大得多，另外也可停留在轻边 φ_3 处。

所以，凡破损浸水出现大面积自由液面时，当发现舰船不定期地在左舷或右舷轮换倾斜停留而且倾角相等，或虽只停留于一舷，但倾角远大于因浸水不对称所造成的倾角，或者倾斜停留于轻边，即可判定该舰艇的横稳性高为负值。

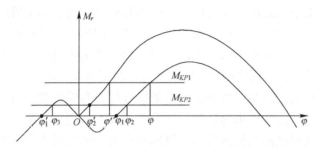

图 7-19 负初稳性静稳性曲线

思考题：
（1）试说明舰船不沉性计算中三类浸水舱的特点。
（2）增加重量法与损失浮力法这两种处理舰船不沉性方法的基本思路有何区别？
（3）分别叙述三类舱室浸水后舰船浮态与稳性的计算方法。
（4）试简述抗沉三原则。
（5）舰船出现向一侧倾斜时，如何区分其是不对称装载引起的还是负初稳性引起的？

第 8 章　舰船下水计算

舰船在船台上建造到一定阶段后就要移入水中,将船从船台上移入水中的过程,称作舰船下水。舰船的下水是舰船建造中的一个重要环节。为了保证舰船顺利下水,事先应该作周密的考虑,并进行必要的下水计算,以确保舰船下水过程中的安全。舰船下水有多种方式,小船多用起重机吊入水中,在船坞中建造的船只需要船坞放水将船浮起拖走,这些虽也都属于舰船下水的形式,但由于过程较简单,不是这里要讨论的主要内容。大中型舰船最常采用的方法是重力下水,即依靠舰船自身重力的作用沿船台倾斜滑道滑入水中。这里主要介绍此种下水的计算,因为它涉及的问题较复杂。

重力下水的方式有纵向及横向两种。纵向下水时船体的纵中剖面平行于滑道运动,横向下水时船体的中横剖面平行于滑道运动。鉴于纵向下水的过程最为复杂,其安全问题也最为突出,且我国各主要船厂普遍采用纵向下水方式,本章只限于讨论舰船纵向下水的计算。从根本上说,舰船下水是一个动力过程,但是实践经验证明,应用舰船静力学的观点来处理下水问题,其结果与实际情况很接近,且计算比较简单,所以本章只讨论舰船下水的静力计算方法。

本章目的:

舰船下水过程是一个很复杂的动力问题,实践表明,应用静力学观点来处理这一问题,简单有效,可保证工程应用的精度要求,本章阐述了舰船下水的处理思路与可能发生的事故,并阐述了舰船下水曲线的计算方法。

本章学习思路:

本章中,首先对舰船下水装置作一介绍,以纵向下水为对象,利用静力学观点,讨论舰船下水的阶段划分,并分析各阶段可能存在的事故隐患与预防措施;然后介绍了舰船的下水曲线计算,并分析下水后舰船浮态的确定和稳性校核。

本章内容可归结为以下核心内容。

1. 纵向下水布置

纵向下水布置的设备分为固定部分和运动部分,其滑道坡度等参数需遵循相关规定。

2. 纵向下水四阶段

纵向下水可分为四个阶段,每个阶段均有不同的受力分析情况与运动特点,在此基础上讨论各阶段可能存在的事故隐患与预防措施。

3. 下水曲线的计算

舰船下水前完成舰船下水曲线的计算,并据此预报舰船下水各过程的安全性,避免事故的发生。

本章难点:

(1) 舰船下水四阶段;

(2) 各阶段可能存在的事故隐患与预防措施;

（3）下水曲线的计算。

本章关键词：

舰艇下水；下水曲线；下水装置等。

8.1 舰船纵向下水装置

纵向下水的设备由固定部分和运动部分组成。固定部分由木方铺在船台上，称为底滑道；运动部分在下水过程中与舰船一起滑入水中，称为下水架。下水架的底板称为滑板，在滑板与滑道之间敷设有润滑油脂，使滑板易于滑动。下水架两端比较坚固，以支撑船体艏、艉两端的尖削部分，分别称为前支架和后支架。除上述主要设备外，还有若干辅助设备，例如：防止舰船在开始下水之前滑板可能滑动的牵牢装置、防止舰船在下水过程中滑板发生偏斜的导向挡板、使舰船下水后能迅速停止于预定位置的制动装置、有时为了使舰船在开始下水时能迅速滑动还设有驱动装置。图 8-1 所示为舰船纵向下水装置简图。

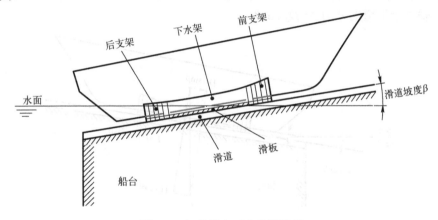

图 8-1 舰船纵向下水装置简图

滑道通常采用两条，其中心线之间的距离约为船宽的 1/3。滑道与水平面的交角称为滑道坡度 β，一般取 1/12～1/24，其具体数值取决于船的大小（表 8-1）。大船的滑道坡度一般较小，以免船首部分离地过高，影响施工。舰船底龙骨线与水平面之间的夹角称为龙骨坡度 α，龙骨坡度 α 与滑道坡度 β 大体相同，有的 α 较 β 小 1/100～1/200。

表 8-1 滑道坡度大致范围

舰船的尺度	滑道坡度角 β	
小型船（L=100m 以下）	1/12～1/15	5°～4°
中型船（L=100～200m）	1/15～1/20	4°～3°
大型船（L=200m 以上）	1/20～1/24	3°～2°

对于大型舰船虽然 β 取得较小，但艏部离地面仍太高，导致生产过程中起重设备工作困难，若 β 取得太小则有可能下滑困难。为解决上述问题，对大型舰船可采用变 β 的

弧形滑道，即滑道坡度随滑行距离增大而增加，这样既保证生产过程方便，又保证下滑容易。通常采用半径为5000~15000m的一段圆弧作为滑道的弧形。

8.2 下水阶段的划分与分析

根据舰船下水过程中运动的特点、作用力的变化和可能发生的危险情况，通常把纵向下水分为四个阶段。

8.2.1 第一阶段

自舰船开始下滑至船体尾端接触水面，这一阶段舰船的运动平行于滑道。

如图8-2所示，设滑道坡度为β，下水重量为D_c，重心在G点。这一阶段的作用力有：

1. 下水重量D_c

下水重量D_c包括船体重量及下水架重量。重力D_c沿滑道方向的分力$T=D_c\sin\beta$，即下滑力，垂直于滑道的分力$N=D_c\cdot\cos\beta$。

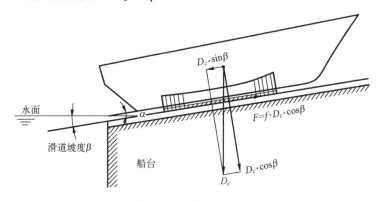

图8-2 下水第一阶段

2．滑道反作用力R

滑道的法向反力R_N与下水重量的垂向分量N大小相等、方向相反，滑道上的切向力即阻止船体下滑的摩擦力$R_T=f\cdot D_c\cdot\cos\beta$，其中$f$为摩擦系数，其数值取决于润滑油脂成分、质量、气温及所受压力的大小等，通常要用实验的方法才能可靠地测定。f又可分为静摩擦系数f_s（舰船开始运动时的摩擦系数）和动摩擦系数f_d（舰船在滑道上运动时的摩擦系数），通常f的数值为

$$f_s=0.03\sim 0.07, f_d=0.02\sim 0.05$$

舰船在本身重力作用下沿滑道开始滑动的条件应是下滑力大于静摩擦力：$T>R_T$，即$D_c\cdot\sin\beta>f_s\cdot D_c\cdot\cos\beta$，或写成

$$\tan\beta>f_s \tag{8-1}$$

也就是说，要使舰船自行下滑，必须使滑道坡度$\tan\beta$大于静摩擦系数。

这一阶段可能出现的问题是舰船能否滑动。其中的关键是润滑油脂的摩擦系数和承压能力，若润滑油脂的摩擦系数过大或承压能力过低，则舰船不能自动下滑，使下水工作遇到阻碍。这时采用的措施通常是机械驱动顶推滑板前端，使舰船沿滑道滑动。

8.2.2 第二阶段

从船体尾端开始接触水面至船尾开始上浮为止。在这一阶段，舰船的运动仍然平行于滑道，作用力有：

（1）船体下水重量 D_c。

（2）浮力 $\rho g V$（其中 V 为舰船入水部分的排水体积）。

（3）滑道反力 R。

设下水重量 D_c、浮力 $\rho g V$ 及滑道反力 R 的作用点至前支架端点的距离分别为 l_G、l_B 及 l_R（图 8-3），则在该阶段中，力及力矩的平衡方程式为

$$\begin{cases} D_c = \rho g V + R \\ D_c \cdot l_G = \rho g V \cdot l_B + R \cdot l_R \end{cases} \tag{8-2}$$

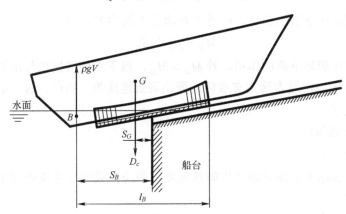

图 8-3 下水第二阶段

应该说明的是，上式平衡方程只是近似成立，严格来讲，应该在垂直于滑道方向上满足力和力矩的平衡，由于滑道坡度 β 比较小，通常在下水计算中采用式（8-2）能够满足工程要求，以下都在垂直于水平面方向讨论问题。

浮力 $\rho g V$ 和滑道反力 R 大小在第二阶段下滑过程中不断变化，对下水前支架端点的力臂 l_B 和 l_R 也是不断变化的，只有下水重心到前支架端点力臂 l_G 是常数。

在计算浮力 $\rho g V$ 及浮心位置时，通常认为下水架的重量、重心与其本身的浮力、浮心相当，因而只需要根据邦戎曲线计算船体部分的浮力及浮心位置。

这一阶段可能出现的事故是艉落现象，即当舰船下滑到某一位置，出现重力对滑道末端的力矩大于浮力对滑道末端的力矩时，舰船将绕滑道末端转动（图 8-4）。出现艉落现象时，舰船对滑道的压力集中在滑道的末端，这可能使船台末端损坏或使船体产生很大的变形。艉落是一种极其危险的现象，舰船在下水过程中不允许发生这种情况。

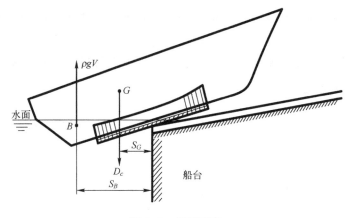

图 8-4 艉落现象

设下水重量 D_c 和浮力 $\rho g V$ 的作用点至滑道末端的距离分别为 S_G 和 S_B，当舰船的重心 G 已在底滑道末端之后，重力对滑道末端的力矩为

$$M_D = D_c \cdot S_G$$

该力矩有使船尾下落的趋势，而浮力对滑道末端的力矩为

$$M_B = \rho g V \cdot S_B$$

该力矩有阻止船尾下落的作用。若 $M_B > M_D$，则下水架滑板仍与滑道紧紧相贴。若 $M_B < M_D$，则舰船以滑道末端为支点转动而出现艉落现象。所以，这一阶段判别是否出现尾沉的条件如下：

$M_B > M_D$ 无艉落；

$M_B < M_D$ 艉落。

如果根据计算结果发现可能产生艉落现象，则应该采取措施避免发生这种情况。通常采取的方法有：

（1）增加滑道下水部分的长度。这相当于增加浮力，减小重力对滑道末端的力矩；

（2）在船首部分加压载重量，使重心 G 向船首移动，减小重量对滑道末端的力矩；

（3）增加滑道坡度，以增大浮力对滑道尾端的力矩；

（4）等待潮水更高时下水，这相当于增加滑道水下部分的长度。

8.2.3 第三阶段

从船尾开始上浮到下水架首端离开滑道（全浮）为止。

船尾开始上浮简称艉浮，艉浮是舰船下水中必然出现的现象。令 $M'_B = \rho g V \cdot l_B$、$M'_D = D_c \cdot l_G$ 分别为浮力和下水重力对前支架端点的力矩。艉浮时，下水架滑板前端成为支点，因而艉浮的条件是

$$M'_B = M'_D \quad \text{或} \quad D_c \cdot l_G = \rho g V \cdot l_B \tag{8-3}$$

这个阶段内舰船不再只是沿平行于滑道的方向滑动，而是一面下滑一面绕前支架端点转动。舰船的受力情况与第二阶段基本相同，只是滑道反力集中在前支架首端。

如图 8-5 所示，此时力及力矩的平衡方程式为

$$\begin{cases} D_c = \rho g V + R \\ D_c \cdot l_G = \rho g V \cdot l_B \end{cases} \quad (8\text{-}4)$$

艉浮时滑道反力 R 一般为 $0.25D_c \sim 0.3D_c$。在理论上，此力集中作用于下水架前支点处，故该处受到的瞬时压力很大。在这一阶段可能出现的不利情况有：

（1）因滑道反力 R 集中作用于下水架前支点处，可能损坏船首结构和设备。

（2）当舰船绕前支架端点转动时，艏柱底部可能撞击船台，损坏船首结构和船台。

艉浮是舰船下水过程中必然发生的现象，通常可以采用下列措施以消除由此产生的不利情况：

（1）加强前支架处的结构，并使反力平均作用于前支架的全体部分上，这是过去习用的老方法。船在下水时通常都有很强的前支架，并规定设置于船体舱壁或强肋骨架处，船体内部则用支柱进行临时加强。因此，这种措施费工费时，现已逐步废弃，为新方法所代替。

（2）取消前支架，在滑板与船体之间的相当长度内只需要填入普通楞木，这些楞木随船体及滑板一起下水。当船尾上浮时，可使反力分布在相当长度内，因而大大降低局部受力，船体内部也不必采用支柱临时加强。

（3）适当加强艉浮时前支架下方的滑道结构。

（4）两滑道后端的中间挖一凹槽（图 8-6），以免船首或下水架碰触船台。

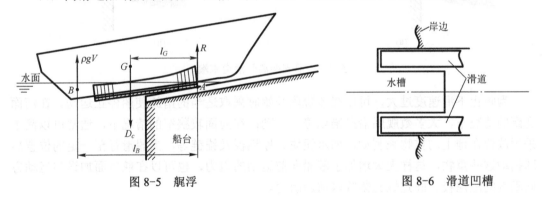

图 8-5　艉浮　　　　　　　　图 8-6　滑道凹槽

8.2.4　第四阶段

从下水架首端离开滑道至舰船停止运动。这一阶段舰船已完全自由漂浮，全部重量均由浮力来支撑。

在下水架前端离开船台滑道末端时可能有两种情况：

（1）船已完全浮起；

（2）舰船的下水重力仍大于浮力。

如图 8-7（a）所示，下水架前端离开滑道末端时的水线低于船体自由漂浮时的水线，当下水架前端离开船台时，在惯性作用下船首将下沉超过自由漂浮水线，如图 8-7（b）所示，这种现象称为艏落。这时下水重力与浮力之差称为艏落重量 d。

这一阶段可能出现的事故是：

（1）下水后稳性不足翻船；

（2）艉落时船首部受碰撞；

（3）滑速度过大，在惯性作用下冲至对岸。

设图 8-7（a）中两水线的艉吃水之差为 a，则 a 称为下落高度。艉落时艉垂线处下沉的最深水线与自由漂浮水线之间距离 a' 称为艉沉深度。根据实际观察，通常 $a' \approx 1.1a$。船首下落时，船首或下水架可能由于碰击船台或河底而引起损伤。因此，在下水过程中最好避免这类现象。通常可采用的措施有：

（1）增加滑道入水部分的长度。

（2）等待潮水更高时下水。

（3）如因条件限制无法避免时，则应在船台末端水下部分挖出中心水槽（图 8-6），并在船台滑道末端增加河床深度，以免在下落时损伤船首和下水架结构。

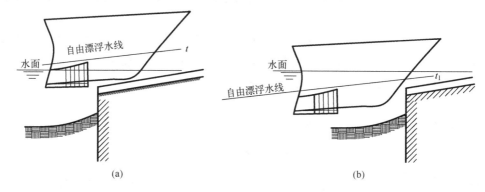

图 8-7 前支架离开滑道末端

为防止下滑速度过大，可以在该阶段开始时采取适当的措施使船停止运动。在河面宽阔的情况下，大多数舰船借抛锚以停止运动；在河面较狭窄的情况下，通常可以简单采用放置在地上的重物来制动，如水泥块、厚钢板及锚链等，当船滑行至一定的位置后即拖动这些重物，这样大大增加了舰船向前运动的阻力，也可以在舵后面加设与运动方向垂直的阻尼板、固定螺旋桨等以增加阻尼。

下水后舰船的稳性不足可能引起翻船的严重事故，在军舰制造史上有过严重的教训，所以，下水后舰船的浮态和稳性要进行专门的校核。

上述四个阶段中所有可能发生的事故都应当力求避免，而其中危害最严重的是下水后稳性不足、艉落和前支架压力过大。

8.3 下水曲线计算

8.3.1 舰船规范中下水计算内容简介

从上一节的分析可知，舰船下水过程中可能出现一些不利的情况，有些甚至是非常严重的事故。因此，在舰船下水之前需要进行细致的计算工作，确保下水工作安全顺利进行。舰船规范中对舰船下水工作提出了明确的下水计算要求，通过下水计算来检验：舰艇能否沿滑道滑动，滑板压力，首端支架压力，艉落，艏落，艉浮滑程及艉浮时初稳性，全浮滑程、全浮后吃水及初稳性，最低下水水位，下滑速度。

以上内容除稳性校核和下滑速度外，都可以通过下水曲线得到。规范同时对下水计算应满足的指标提出了明确的要求：舰艇下水的全过程中，在扣除自由液面影响后的初稳性值应不小于 0.3m；下水时最低计算水位中应留有不小于 0.3m 的水深裕度；下水过程中船体和下水滑行装置不得碰及船台和水底；采用纵向滑行式下水时，不得产生艉落和艏落，不应使舰艇撞及对岸或其他水上建筑物。

8.3.2 舰船下水曲线图

把舰船下水重量、浮力及其对滑道末端、前支架端点的力矩随下滑行程的变化曲线集中作在一张图上，称该曲线图为舰船下水曲线图。

从下水曲线可以判断有无艉落，确定艉浮的位置及前支架压力的大小，所以下水曲线图的计算是舰船下水计算的重要内容。典型的下水曲线图如图 8-8 所示，图中横坐标为下滑行程 x，纵坐标为力和力矩。

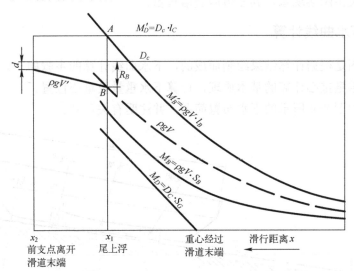

图 8-8　舰船下水曲线

下水曲线图通常包括下列曲线。

1. 下水重量曲线

$$D_c = 常数（水平直线）$$

2. 浮力曲线

$$\rho g V = f_1(x)（曲线）$$

3. 下水重量对滑道末端的力矩曲线

$$M_D = D_c \times S_G = f_2(x)（倾斜直线）$$

4．浮力对滑道末端的力矩曲线

$$M_B = \rho g V \cdot S_B = f_3(x)$$

5．下水重量对前支架首端的力矩曲线

$$M'_D = D_c \cdot l_G = 常数 \quad （水平直线）$$

6．浮力对前支架首端的力矩曲线

$$M'_B = \rho g V \cdot l_B = f_4(x)（曲线）$$

在下水曲线图上，下水重量 D_c 与浮力 $\rho g V$ 之差即舰船在不同滑程时滑道反力。M'_D 直线与 M'_B 曲线的交点（图中 A 点）表示船尾开始上浮，与之对应的 x_1 表示舰船艉浮开始时的滑程。根据图中 M_D 曲线与 M_B 曲线，可以判断舰船下水过程中是否发生艉落现象。若 M_B 曲线位于 M_D 曲线之上，则表示在整个下水过程中，M_B 总是大于 M_D，因而不会发生艉落现象。若 M_B 与 M_D 两曲线相交，则将产生艉落。图 8-8 中的 $\rho g V$、M_B、M'_B 曲线在艉浮以后的部分已经没有实际意义，因为艉浮以后，舰船不再平行于滑道的方向运动，而是一面下滑一面绕前支架端点转动。当下水进入第三阶段后，浮力随滑程的变化规律应如图中 $\rho g V'$ 曲线所示。设 x_2 为下水架滑板首端离开滑道的滑程，若浮力小于下水重量，则将发生艏落现象，其差值即艏落重量。

8.3.3 下水曲线计算

下水曲线图是根据计算结果绘制而成的，下水曲线计算的步骤如下。

（1）根据重量重心计算的基本原理，计算下水重量及重心位置。

（2）绘制如图 8-9 所示的下水布置简图，并注明有关尺寸。

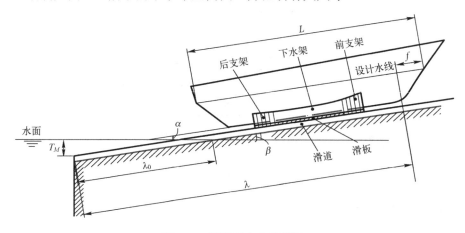

图 8-9 舰船下水布置简图

（3）确定舰船滑行某一距离（滑程）x 时的艏艉吃水。

设舰船垂线间长为 L，龙骨坡度为 α（以弧度计），滑道坡度为 β（以弧度计），船在未滑动时艉垂线处的龙骨基线在水面以上的高度为 H。

当舰船沿滑道向下滑行 x 距离时，艏艉吃水与滑程 x 之间的关系是（图 8-10）

$$\begin{cases} T_f = -H + x\beta + f(\beta - \alpha) \\ T_a = -H + x\beta + L\alpha \end{cases} \quad (8-5)$$

由上式可以计算出各不同滑程 x 时的艏艉吃水。

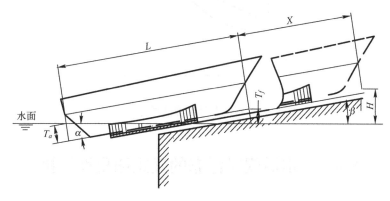

图 8-10 不同滑程下艏艉吃水

（4）根据上述求得的不同滑程下艏艉吃水值在邦戎曲线上画出一系列水线。然后利用数值积分法求出每一条水线下的浮力 $\rho g V$ 及浮心纵向位置，由此可以进一步分别求出浮力对于前支架端点 M'_B 及滑道末端的力矩 M_B。由此得到不同滑程时的 $\rho g V$、M'_B 及 M_B 的数值。同时，根据下水重量 D_c 及重心 G 点位置，可算出 M_D 及 M'_D。

（5）由上述计算所得的下水重量 D_c 及各个不同滑程 x 时的 $\rho g V$、M'_B、M_B、M_D 及 M'_D，便可绘制如图 8-8 所示的下水曲线图。由 M'_B 及 M'_D 的交点（图中 A 点）可知舰船艉浮开始的位置 x_1。

（6）计算艉浮以后的浮力 $\rho g V'$。艉浮前下水支架紧贴滑道下滑，水线位置是确定的，即可根据式（8-5）计算艏艉吃水，艉浮后下水架前端点沿滑道下滑，同时舰船绕前支架端点转动，水线位置是未知的，即艉浮后龙骨坡度 α 随滑程变化。因此，必须先确定艉浮后不同滑程下的龙骨坡度才能够确定水线位置，而后计算浮力 $\rho g V'$。

艉浮后计算浮力的条件是，浮力对前支架端点的力矩 M'_B 等于重量对前支架端的力矩 M'_D。具体的计算方法如下。

先选定某一个滑程 x（应大于 x_1），设定 3~5 个龙骨坡度 α_i，使其能够覆盖自由漂浮水线的龙骨坡度。按式（8-5）计算艏艉吃水，把倾斜水线画在邦戎曲线图上，计算每个倾斜水线下的浮力、浮心位置，由此再算出浮力对前支架端点的力矩 M'_B。根据计算结果绘制以龙骨坡度为横坐标轴、浮力 $\rho g V$ 和浮力对前支架端点力矩 M'_B 为纵坐标轴的曲线图，把下水重量对前支架端点的力矩 M'_D 也画在该图上，如图 8-11 所示。M'_B 曲线与 M'_D 直线的交点就是 $M'_B = M'_D$，对应交点的龙骨坡度则是该滑程 x 下的自由漂浮水线的龙骨坡度，交点对应的浮力即所求浮力 $\rho g V'$。

再假定若干个滑程 x，重复上述计算，即可求得艉浮以后各个不同滑程下的舰船浮力值（图 8-8 中的 $\rho g V'$ 曲线）。

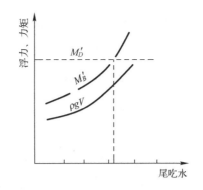

图 8-11 不同龙骨坡度的浮力、力矩

8.4 下水后舰船浮态的确定和稳性校核

从下水曲线图上无法得到舰船下水后的浮态，特别是有艉落现象时更不能从下水曲线上得到完全漂浮后的浮态。因此，关系到舰船安全性的稳性校核必须在确定浮态之后方可进行。在这一节里，首先确定下水后舰船的浮态，其次根据确定的浮态来校核下水后舰船的稳性。

8.4.1 下水后舰船浮态的确定

舰船下水前已知舰船的下水重量 D_c 及重心 G，此外，还知道舰船的静水力曲线和邦戎曲线，确定其浮态的条件是根据重量和浮力平衡确定平均吃水，根据重心和浮心位置偏差产生的纵倾力矩确定纵倾角的大小（艏艉吃水）。以下用逐次逼近方法介绍下水后浮态的确定步骤。

1. 第一次近似水线的确定

已知舰船下水重量为 D_c，重心位置为 $G(x_g)$。由 $V=D_c/\rho g$ 从静水力曲线查得该下水重量对应的平均吃水 T_m，对应的水线为 W_0L_0，如图 8-12 所示。同时从静水力曲线图上查得对应于平均吃水 T_m 的下列数据：

(1) 每厘米纵倾力矩：M_t^{cm}；
(2) 浮心坐标：x_{b0}、z_{b0}；
(3) 每厘米吃水吨数：q_1^{cm}；
(4) 纵稳性半径：R_0；
(5) 纵稳性高：$H_0 = R_0 + z_{b0} - z_g$；
(6) 水线面面积中心坐标：x_{f0}。

此时，一般重力与浮力不在同一铅垂线上（图 8-12），重力与浮力形成的力矩为 $P(x_{b0} - x_g)$，该力矩作用下舰船纵倾 θ_0 角度，复原力矩则为 $PH\theta_0$，近似有

$$P(x_{b0} - x_g) \approx PH_0\theta_0$$

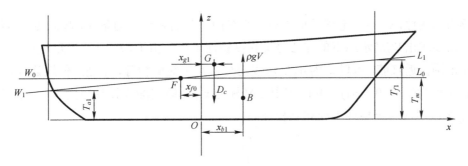

图 8-12 平衡水线第一次近似

所以

$$\theta_0 \approx \frac{x_{b0} - x_g}{H_0}$$

由此得第一次近似下艏艉吃水：

$$\begin{cases} T_{f1} = T_m + \dfrac{x_g - x_{b0}}{H_0}\left(\dfrac{L}{2} - x_{f0}\right) \\ T_{a1} = T_m - \dfrac{x_g - x_{b0}}{H_0}\left(\dfrac{L}{2} + x_{f0}\right) \end{cases} \qquad (8\text{-}6)$$

若第一近似水线 W_1L_1 对应的 δT_m 较大，说明第一次近似平衡水线误差较大，必须作第二次近似值的计算。

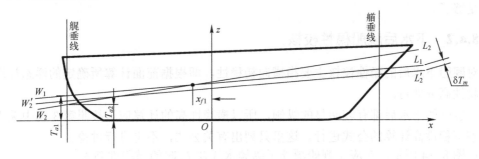

图 8-13 平衡水线第二次近似

2. 平衡水线第二次近似计算

根据第一次近似水线 W_1L_1 的艏艉吃水 T_{f1} 和 T_{a1} 在邦戎曲线上作出水线，求出 W_1L_1 下的 ρgV、x_{b1}、z_{b1}。

其次在线型图上作出 W_1L_1 水线，求出对应的水线面面积 A_1、面积中心坐标 x_{f1}、面积纵向惯性矩 I_{yf1}。

由重力与浮力之差 $\delta(\rho gV) = D_c - \rho gV$ 对第一次近似水线 W_1L_1 作平均吃水修正，即平均吃水改变量为 $\delta T_m = (D_c - \rho gV)/\rho gA_1$。

根据近似水线 W_1L_1 和吃水改变量 δT_m 作出水线 $W_2'L_2'$，此时水线 $W_2'L_2'$ 虽然满足重力等于浮力的条件，但不一定满足重心和浮心在同一条铅垂线上的条件，故需要调整纵倾。为此，需要求出 $W_2'L_2'$ 水线下的浮心坐标和纵稳性半径。由于 δT_m 一般不会太大，这段吃水变化范围接近直舷，可以认为 $W_2'L_2'$ 水线面与 W_1L_1 水线面相等，于是近似地认为 $W_2'L_2'$ 下的浮心坐标为 $(x_{b1}, 0, z_{b1})$，其面积中心坐标为 x_{f1}，纵向面积惯性矩为 I_{yf1}。于是可求得 $W_2'L_2'$ 水线对应的纵稳性半径和纵稳性高：

$$\begin{cases} R_1 = \dfrac{I_{yf1}}{V_1} \\ H_1 = R_1 + \dfrac{z_{b1} - z_g}{\cos\theta} \end{cases} \tag{8-7}$$

其中

$$\theta \approx \frac{x_g - x_{b0}}{H_0} \tag{8-8}$$

所以第二次近似水线的艏艉吃水为

$$\begin{cases} T_{f2} = T_{m1} + \dfrac{x_g - x_{b1}}{H_1}\left(\dfrac{L}{2} - x_{f1}\right) \\ T_{a2} = T_{m1} - \dfrac{x_g - x_{b1}}{H_1}\left(\dfrac{L}{2} + x_{f1}\right) \end{cases} \tag{8-9}$$

可以按照上述第二步作下一次的近似，一般来说，第二次近似值对下水浮态的计算已经足够了。

8.4.2 下水后舰船稳性校核

对舰船下水后的稳性校核主要指横向初稳性，即根据前面计算所确定的浮态计算出其横稳性高 h 即可。

一般舰船下水后都有较明显的纵倾，所以横稳性高的计算应该按照第 3 章中关于纵倾状态下稳性高计算的公式进行。这里只列出有关公式，不再进行讨论。

如图 8-14 所示，对应于舰船漂浮于纵倾水线 $W_\theta L_\theta$ 时的横稳性高为

$$h_\theta = \overline{Gm} = \overline{Bm} - \overline{GB} \tag{8-10}$$

其中

$$\begin{aligned} \overline{Bm} &= \frac{I_{x\theta}}{V} = r_\theta \\ \overline{GB} &= \frac{z_g - z_b}{\cos\theta} \end{aligned} \tag{8-11}$$

所以

$$h_\theta = \frac{I_{x\theta}}{V} - \frac{z_g - z_b}{\cos\theta} \tag{8-12}$$

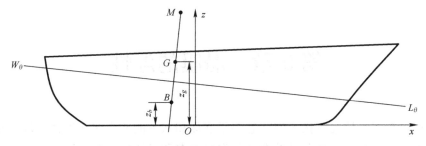

图 8-14 纵倾状态下初稳性高

思考题：

（1）舰船有哪几种下水的方式？

（2）舰船纵向下水可以分为哪几个阶段？如何划分？每个阶段舰船的受力特点是什么？

（3）在舰船纵向下水过程中，艉落现象可能在哪个阶段发生？发生艉落现象的条件是什么？

（4）在舰船纵向下水过程中，艉浮现象是不是必须出现？发生艉浮现象的条件是什么？

（5）舰船纵向下水过程中各个阶段可能出现的事故分别有哪些？如何预防？

第 9 章　潜艇的浮性

潜艇在一定载重情况下按一定状态浮于水面和水下的能力叫作浮性。浮性是潜艇最基本的航海性能，也是其他各种航海性能得以存在和发挥的基础。浮性研究的是静浮潜艇在重力和浮力作用下的平衡和补偿问题。

潜艇在水面状态的浮性具有与水面舰船相同的规律性，但是，在下潜、上浮过程中以及水下状态时，其浮性具有独特的规律性。

本章介绍了潜艇上浮和下潜的原理、潜艇的浮态及其表示方法；对潜艇的受力和正浮、横倾、纵倾及任意状态的平衡条件进行分析；介绍了潜艇排水量的分类方法、静水力曲线的意义，引入了储备浮力和剩余浮力的概念；导出了潜艇重量、重心、浮力和浮心的计算方法；对潜艇特有的下潜条件、载荷补偿方法、均衡计算和定重实验进行了分析；最后介绍了邦戎曲线和浮心稳心曲线。

本章目的：

潜艇的浮性与水面舰船相比具有特殊性，除了要解决静水中潜艇漂浮于水面时的平衡条件与平衡方程问题，还要解决潜艇在水下状态时的平衡问题，以及潜艇上浮、下潜和水下航行过程中重力与浮力、重心与浮心的变化及其所引起的平衡问题。

本章学习思路：

潜艇静水中平衡方程的建立必须首先确定浮态，只有将水线相对于艇体的位置确定下来，即确定了水线下船体的形状（研究对象），才可建立平衡方程，讨论舰艇的浮性。

本章内容可归结为以下核心内容。

1．浮态的描述

确定水线相对于艇体的位置，以便进一步建立平衡方程。

2．平衡条件与平衡方程

对静水中漂浮的潜艇进行受力分析，讨论平衡条件，建立平衡方程。

3．重力与重心、浮力与浮心的计算

解决静水中潜艇受到的一对矛盾又和谐的力——重力与浮力及其作用点重心与浮心的计算问题，为水面与水下状态潜艇平衡方程的确定提供基础。

4．平衡状态的维持与破坏

潜艇上浮与下潜过程实质上是打破旧的平衡状态建立新的平衡状态的过程，可采用增载法与失浮法来研究这一过程，其核心是重力与浮力、重心与浮心变化所引起的平衡方程的改变。

本章难点：

（1）重力与浮力、重心与浮心的计算；

（2）上浮与下潜过程中重力与浮力、重心与浮心的变化；

(3) 重力与浮力、重心与浮心变化所引起的平衡方程的改变。

本章关键词：

重力与浮力；重心与浮心；平衡条件；平衡方程；上浮与下潜；下潜条件；增载法与失浮法；水下均衡；载荷补偿等。

9.1 潜艇上浮和下潜原理

9.1.1 潜艇的有关基本知识

双壳体结构潜艇示意图如图 9-1 所示，大致可分为耐压艇体和非耐压艇体及各种液舱。现介绍如下。

1．耐压艇体和非耐压艇体

双壳体结构潜艇由双层艇体组成。内艇体在潜艇潜入水中时要承受深水的压力，称为耐压艇体。外艇体在潜艇潜入水中时不承受水的压力，称为非耐压艇体。

2．水密艇体和非水密艇体

耐压艇体和非耐压艇体艏部与艉部之间的艇体上有一些开口，水可以从这些开口自由流进和流出，潜艇的内部这些空间称为非水密艇体，除此以外的称为水密艇体。显然耐压艇体是水密的，下面介绍的主压载水舱也是水密艇体。

3．主压载水舱

耐压艇体和非耐压艇体之间设有一些舷舱，用于注排水的舷舱称为主压载水舱。它的作用是使潜艇上浮和下潜。在主压载水舱顶部有通气阀，底部有通海阀。

将通气阀和通海阀打开时，海水经通海阀进入压载水舱，而舱内的空气经通气阀流出。当主压载水舱注满水时，艇体就完全潜入水中。

潜艇在水下航行时，通海阀和通气阀都是关闭的。当潜艇需要上浮时，先将通海阀打开，用高压空气把主压载水舱内的水吹出，压载水舱排空后，潜艇上浮到水面。

4．调整水舱

调整水舱的作用是调整潜艇的重力和浮力之间的平衡，当潜艇的重力或浮力变化时，向调整水舱中注水（或排水）使水下状态的潜艇始终保持重力等于浮力。

调整水舱一般设置一个至两个。若设置两个调整水舱时，其中一个的纵向位置在变动载荷总的重心附近，另一个的纵向位置在艇的浮心附近。调整水舱可布置在舷间或布置在耐压艇体内。

5．速潜水舱

潜艇的上浮和下潜完全由主压载水舱的注排水来实现。为了使潜艇快速下潜或在水下状态能迅速改变艇下潜深度，某些潜艇设有速潜水舱。一般速潜水舱在略偏于潜艇重心前的艇体下部，布置在舷间，紧靠调整水舱，也有的布置在耐压艇体内。速潜水舱位于潜艇重心前，该舱注满水后，艇的重力大于浮力，且产生艏纵倾，因而能够迅速下潜或迅速改变下潜深度。

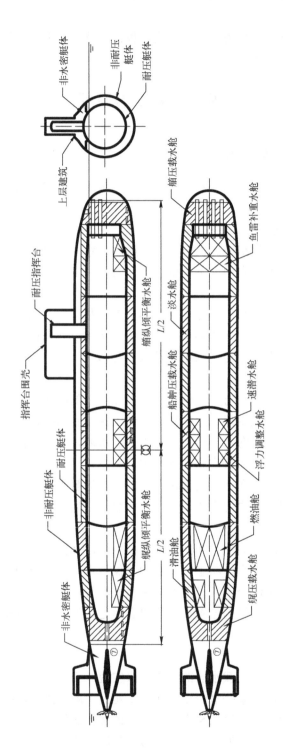

图 9-1 双壳体结构潜艇示意图

6．艏艉均衡水舱（纵倾平衡水舱）

潜艇都设置艏艉均衡水舱。该水舱通常设置在耐压艇体内的首、尾端，并且分隔成互不相通的左、右两部分。艏艉均衡水舱的作用是调整潜艇不平衡纵倾力矩，达到控制潜艇纵倾状态的目的。

7．其他水舱

除上述介绍的水舱外，潜艇上还设有一些专用水舱，如淡水舱、蒸馏水舱、污水舱、雷（弹）补重水舱、导弹瞬时补重水舱、燃油舱、滑油舱等。这些专用舱部分用于储备相应的物品，部分用于补偿潜艇在短时间内消耗大量载荷而减少的艇重量。

以上介绍的水舱中，除主压载水舱外，其他水舱在水下状态时，都要承受深水压力，所以它们是"耐压舱"，而主压载水舱则为非耐压水舱。总结起来就是"耐压一定水密，非水密一定不耐压，水密不一定耐压"。

9.1.2 作用在潜艇上的力

静止处于水面或水下状态的潜艇（图9-2），将受到以下两种力的作用。

1．重力

潜艇的重力是组成潜艇的全部载荷质量所引起的重力的总和，这些载荷包括艇体、动力装置、武器装备、燃料、油水、食品、艇员等。潜艇的重力用 W 表示，单位为牛顿（N）。在工程上，为表示方便，通常用潜艇的质量来表示，称为潜艇的重量，用符号 P 表示，单位为吨（t）。重力与重量两者相差一个重力加速度 g，即 $W=Pg$。

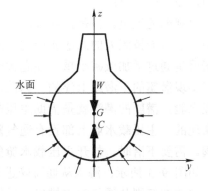

图9-2 静浮潜艇的受力

重力作用于潜艇的重心 G 处，方向铅垂向下（垂直于水线 WL 或海平面）。组成潜艇的全部载荷的合重心就是潜艇的重心 G。重心 G 在艇上的位置可用 (x_g, y_g, z_g) 三个坐标表示，单位为米（m），其中：x_g 为重心 G 距艏肋骨面的距离，是 G 在 x 轴上的坐标；y_g 为重心 G 距对称面的距离，是 G 在 y 轴上的坐标；z_g 为重心 G 距基平面的距离，是 G 在 z 轴上的坐标。

例如，某艇水面巡航状态时，重量 P=1319.36t，重心位置为 $G(x_g=0.76\text{m}, y_g=0.00\text{m}, z_g=3.00\text{m})$。

2．浮力

潜艇的浮力为 F，单位为牛顿（N），方向铅垂向上，浮力作用点称为浮心，用 C 表示。

浮于水中的潜艇，艇体和水接触的表面上各点都将受到水的静水压力，其方向垂直于艇体湿表面，大小随埋水深度而增加。静水压力的水平分力相互抵消，各点静水压力的垂向分力的合力铅垂向上，就是潜艇所受到的浮力 F，如图9-2所示。

根据阿基米德定律，浮力的大小应等于潜艇所排开水的重量，若排开水的体积（简称排水容积）用 V 表示，则有

$$F = \rho g V \tag{9-1}$$

式中：ρ 为潜艇所在水域液体的密度，通常为海水（$\rho_{海水}\approx1.025\text{t/m}^3$）；$V$ 为容积排水量，单位是 m^3。在工程上，常用对应于该容积的排开液体的重量 D（称为重量排水量）表示浮力，单位是 t，浮力和重量排水量相差一个重力加速度，即 $F=Dg$。后文中，浮力用 D 表示。

潜艇排开的海水的密度认为是均匀的（密度变化通常很小），因此浮心 C 也就是排水容积 V 的形心。浮心 C 在艇上的位置用 (x_c, y_c, z_c) 三个坐标表示。

例如，某艇水面巡航状态时 $V=1319.36\ \text{m}^3$，浮心坐标为 C（$x_c=1.63\text{m}$，$y_c=0.00\text{m}$，$z_c=2.65\text{m}$）。

9.1.3 潜艇的上浮和下潜

水中物体所受到的浮力等于物体排开水的重力。当两者平衡时，舰艇能够漂浮于水中，一旦平衡被破坏，舰艇将发生下沉或上浮。例如，水面舰船水面以下水密部分因为破损导致船体外部水大量涌进船舱，这就等于船上增加了液体载荷，破坏了舰船原有的平衡，使舰船提供的浮力不再能平衡舰船的重力，从而导致舰船的沉没。但是，如果能够合理地打破这种平衡，也就能按照人的意愿实现舰艇的上浮或下潜。潜艇就是通过增加或减小重力使之大于潜艇所受的浮力来实现潜艇的下潜或上浮的。为此，潜艇上设有主压载水舱，潜艇的潜浮就是借助主压载水舱的注排水来实现的。主压载水舱上部设有通气阀，下部设有通海阀。需要下潜时，打开主压载水舱的通海阀和通气阀，如图 9-3 所示。海水从通海阀进入主压载水舱，水舱中的空气则从通气阀中排出，潜艇开始下潜。随着海水不断地灌入主压载水舱中，潜艇不断地下潜，直至完全潜入水中。

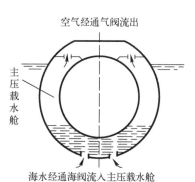

图 9-3 潜艇的主压载水舱

潜浮在水中的潜艇也应满足水下的平衡条件，但是在水下状态时，由于受到温度、盐度、海流、深度等各种因素的影响，水下平衡会受到各种干扰，总是不能完全保持原有的平衡。当潜艇在水下受到的重力大于潜艇所受浮力时，潜艇将下沉；当潜艇在水下受到的重力小于潜艇所受浮力时，潜艇将上浮。潜艇如何适应各种干扰，保持水下的平衡呢？在自然界中，鱼类利用自身具有的鱼鳔来调节其在水中的平衡。当鱼感到所受浮力变小时，通过鱼鳃吸取含在水中的空气向鱼鳔内充气，增大排水体积，以增大浮力；当鱼感到所受浮力变大时，则将鱼鳔内的空气吐出，减小排水体积，以减小浮力。采用这种方式，鱼就可以适应周围环境的变化而自由地在水中游动。潜艇也采用类似鱼鳔的装置来调节其在水中的平衡，这种装置就是浮力调整水舱。当由某种原因，造成潜艇所受浮力大于其重力时，潜艇就会有上升的趋势，这时可以通过向浮力调整水舱内注水来增加潜艇的重力以平衡浮力；当潜艇的重力大于其所受浮力时，可以通过将浮力调整水舱内的水排出艇外，减轻潜艇的重力以平衡浮力。利用这种调节重力和浮力平衡的水舱，可以实现潜艇在水中某一深度范围内的潜浮。

1．潜艇的下潜

潜艇由巡航状态或其他水面状态过渡到水下状态叫作下潜。

潜艇的下潜是通过将舷外海水注入主压载水舱增加潜艇的重力的方法，使潜艇完全沉入水下。潜艇的下潜通常有一次下潜和两次下潜之分。一次下潜又称速潜，由巡航状态向所有主压载水舱同时注水而形成潜艇下潜，一般在战斗巡航中采用。两次下潜又称正常下潜，先向艏、艉组主压载水舱注水，使潜艇过渡到半潜状态（又称潜势状态），此时指挥室围壳和甲板仍露于水面，然后再向中组主压载水舱注水形成潜艇下潜，一般在日常训练中采用。

2．潜艇的上浮

潜艇由水下状态过渡到水面状态叫作上浮。

潜艇上浮是用压缩空气或其他压缩气体吹除主压载水舱内水的方法来实现的。潜艇的浮起也分一次上浮及失事浮起（速浮）和两次上浮（正常上浮）。

正常上浮时，先用高压气排出中组主压载水舱的水，使潜艇上浮到半潜状态；然后用低压气排出艏、艉组主压载水舱的水，潜艇上浮到水面状态。而用高压气同时吹除全部主压载水舱的水所形成的潜艇上浮叫作一次上浮。失事浮起或速浮，指潜艇在水下损失大量浮力、出现危险纵倾等险情时，用高压气排出中组及一端甚至全部其他主压载水舱的水，使潜艇紧急浮起。因此失事浮起也可能就是一次上浮。

9.2　潜艇的浮态及其表示法

浮态是指潜艇和静水平面的相对位置，或者说是潜艇浮于水中时的姿态。为了描述潜艇的浮态，需要建立坐标系。

9.2.1　坐标系

潜艇静力学中采用的是固连在艇上的 $oxyz$ 直角坐标系（左手系），如图 9-4 所示。

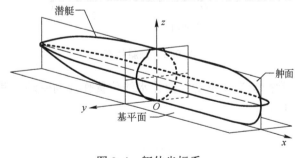

图 9-4　艇体坐标系

原点 o 是基平面、对称面和舯横剖面的交点；ox 轴是基平面和对称面的交线，向首为正；oy 轴是基平面和舯横剖面的交线，向右舷为正；oz 轴是对称面和舯横剖面的交线，向上为正。依次称 x 轴为纵轴、y 轴为横轴、z 轴为垂轴，它们是三个主要投影面的交线。

9.2.2 浮态及其表示法

以水面状态为例,此时的浮态是潜艇和静水表面的相对位置,静水表面与潜艇表面的交线叫作水线。只要通过一些参数把水线在坐标系中的位置确定下来,潜艇的水面漂浮状态也就确定了。

潜艇可能的浮态有以下四种。

1. 正浮状态

潜艇既没有向左、右舷的横倾,也没有向艏、艉的纵倾,即潜艇的肋骨面和对称面是铅垂的,oy 轴和 ox 轴都是水平的,这时水线 WL 和基平面平行,如图 9-5 所示。为了确定水线 WL 的位置,只要用一个参变数——舯吃水 T 表示。T 为水线面与 oz 轴交点的坐标。

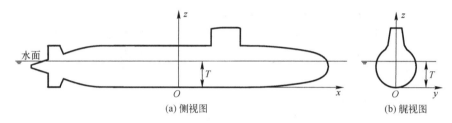

图 9-5 正浮状态

2. 横倾状态

潜艇有向右或向左舷的横斜,但没有向艏或向艉的纵倾。此时 ox 轴仍是水平的,oy 轴则不再保持水平了,如图 9-6 所示。

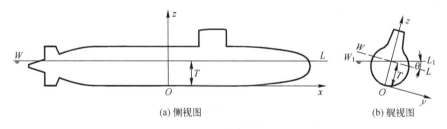

图 9-6 倾斜状态

在实际作图时,常把艇当作不动,而让水线位置作反向变动,其结果相同,但使用更为方便,如图 9-7 所示。

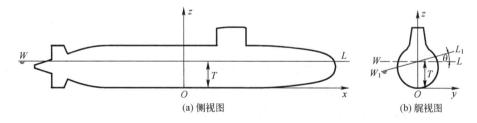

图 9-7 横倾状态

这时要确定水线 WL 的位置，需用两个参数——舯吃水 T 及横倾角 θ。θ 为横倾水线和正浮水线间的夹角，在潜艇上用横倾仪来确定，并且规定向右舷横倾时 θ 为正，反之为负。

3．纵倾状态

潜艇只有向艏或向艉的纵倾，或者说只有艏艉吃水差，而没有向右或向左舷的横倾，此时 oy 轴是水平的，ox 轴则不再保持水平了，如图 9-8 所示。

这种浮态需用舯吃水 T 和纵倾角 φ 来表示，φ 为纵倾水线和正浮水线间的夹角，在潜艇上用纵倾仪来确定，并规定向首纵倾时 φ 为正，反之为负。

纵倾状态也可以用艏吃水 T_b 和艉吃水 T_s 表示。在静力学中定义的艏、艉吃水分别为艏、艉水密舱壁处的吃水，如图 9-8 所示。

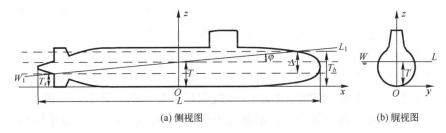

(a) 侧视图　　　　　　　　(b) 艉视图

图 9-8　纵倾状态

艏、艉吃水差，又称倾差，用 Δ 表示，且有

$$\Delta = T_b - T_s \tag{9-2}$$

纵倾角 φ 与倾差之间有如下关系：

$$\tan\varphi = \frac{\Delta}{L} \tag{9-3}$$

式中：L 为巡航水线长。

4．任意状态

潜艇既有横倾又有纵倾的状态，如图 9-9 所示。显然要表示这种状态需用舯吃水 T、横倾角 θ 和纵倾角 φ 三个参变数，或用艏、艉吃水 T_b、T_s 和横倾角 θ 表示。

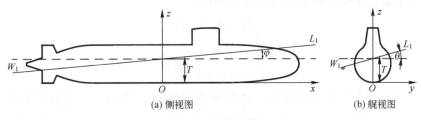

(a) 侧视图　　　　　　　　(b) 艉视图

图 9-9　任意状态

大多数情况下，潜艇处于稍带艉倾的状态或正浮状态。而横倾状态、大纵倾状态和任意状态（不是指潜艇在风浪中航行时的状态），对潜艇的航海性能和战斗性能都是不利的，一般不会出现，往往只在失事进水等特殊情况下才出现。

潜艇在水下状态同样可用上述四种状态表示潜艇与静水平面的相对位置。因为潜艇在水下状态时不存在静水表面,应为水平面,故无吃水参数。这时用横倾角θ和纵倾角φ表示即可,有时还需指出下潜深度。

9.3 潜艇的平衡方程

潜艇为什么会以各种状态漂浮于水中?这是作用在潜艇上的重力和浮力矛盾双方在不同条件下互相平衡的结果。为此需研究作用于静浮潜艇的力,即浮力与重力的性质、大小、变化规律及其作用方式。

9.3.1 潜艇的平衡条件

因为静浮潜艇仅受重力和浮力的作用,为了使潜艇能在水面任一水线位置或水下保持漂浮即平衡于一定的浮态的充分必要条件(称为平衡条件)应是:

(1)潜艇的重力等于浮力,即合力为0,没有移动;
(2)潜艇的重心和浮心在同一条铅垂线上,即合力矩为0,没有转动。

这两个条件缺一不可,必须同时满足,才能保证潜艇在水中处于平衡状态。如图9-10所示情况,虽然重量P等于浮力D,潜艇也不可能按WL水线漂浮,由重量和浮力所构成的力矩将使潜艇发生向艉的转动。

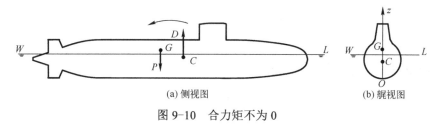

图9-10 合力矩不为0

以下分别介绍水上、水下状态平衡方程式。

9.3.2 水上状态平衡方程式

潜艇水上状态平衡方程式与水面舰船相同:

$$\begin{cases} P_\uparrow = \Delta_\uparrow = \rho g V_\uparrow \\ \quad x_{g\uparrow} = x_{c\uparrow} \\ \quad y_{g\uparrow} = y_{c\uparrow} = 0 \end{cases} \quad (9-4)$$

式中:符号"↑"为水上状态;$P_\uparrow$为潜艇重量;$\Delta_\uparrow$为水上状态潜艇的排水量,简称水上排水量;$V_\uparrow$为水上状态潜艇水密艇体的体积;$x_{g\uparrow}$、$y_{g\uparrow}$为水上状态潜艇重心$G_\uparrow$的坐标;$x_{c\uparrow}$、$y_{c\uparrow}$为水上状态潜艇浮心$C_\uparrow$的坐标。

值得注意的是,式(9-4)中$V_\uparrow$指艇体的水密艇体体积。因为非水密艇体内部有水自由流进、流出,不产生浮力,只有水密艇体才提供浮力,所以,在浮性和初稳性计算中,水线面面积、排水体积按水密艇体的长度计算。

9.3.3 水下状态平衡方程式

潜艇下潜依靠主压载水舱注水来实现。对主压载水舱中的水有两种处理方式，也就是前面不沉性中讨论的增加重量法和损失浮力法。将主压载水舱中的水看成潜艇重量的一部分，即增加重量法；将主压载水舱中的水看成与舷外水一样，潜艇的重量没有增加，只是失去了主压载水舱所提供的浮力，即损失浮力法。潜艇的浮性与稳性中常将增加重量法称为可变排水量法，而损失浮力法称为固定排水量法。两种方法在潜艇的浮性和稳性计算中都要用到。

1. 增加重量法的水下状态平衡方程

依据增加重量法，潜艇正浮于水下时的平衡方程式为

$$\begin{cases} P_\downarrow = \Delta_\downarrow = \Delta_\uparrow + \rho g \sum v = \rho g V_\downarrow \\ x_{g\downarrow} = x_{c\downarrow} \\ y_{g\downarrow} = y_{c\downarrow} = 0 \end{cases} \quad (9-5)$$

式中：$P_\downarrow$ 为把主压载水舱中的水视为潜艇重量时，潜艇的水下重量；$\Delta_\downarrow$ 为潜艇水下状态排水量，简称水下排水量；$V_\downarrow$ 为潜艇水下状态水密艇体体积；$\rho g \sum v_m$ 为主压载水舱注水总量；$x_{g\downarrow}$、$y_{g\downarrow}$ 为将主压载水舱中水的重量视为艇体重量时的艇体重心坐标；$x_{b\downarrow}$、$y_{b\downarrow}$ 为将主压载水舱中水的重量视为艇体重量时的艇体浮心坐标。

水下水密艇体排水体积 $V_\downarrow$ 由耐压艇体、耐压水舱（浮力调整水舱、速潜水舱）、主压载水舱以及提供浮力的所有附体体积等组成、不包括非水密艇体内部的体积。$\rho g \sum v_m$ 为主压载水舱注水总重量，即潜艇从水上下潜到水下后增加的总重量。其中，v_m 为一个主压载水舱的体积；$\sum v_m$ 为所有主压载水舱的总体积[图 9-11（a）]。

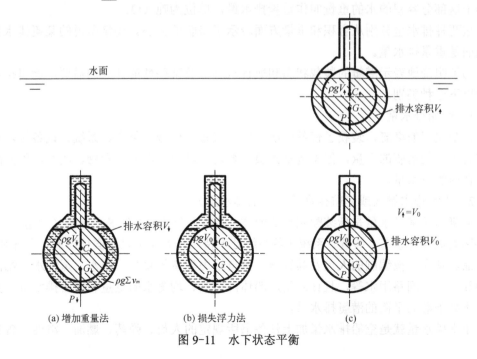

图 9-11 水下状态平衡

2. 损失浮力法的水下状态平衡方程

依据损失浮力法,潜艇水下正浮时的平衡方程式为

$$\begin{cases} P_\uparrow = \Delta_\uparrow = \rho g V_0 \\ x_{g\uparrow} = x_{c_0} \\ y_{g\uparrow} = y_{c_0} = 0 \end{cases} \tag{9-6}$$

损失浮力法是将主压载水舱注水看成与艇外水一样[图9-11(b)],下潜后潜艇本身的重量并没有改变,重心位置也没有改变。所以,艇的排水量依然是$\Delta_\uparrow$,艇的重心也依然是$x_{g\uparrow}$和$y_{g\uparrow}$。式(9-6)中,V_0为潜艇处于水下状态时所有排水物排开水的体积:耐压艇体体积,耐压舷舱体积,所有提供浮力的艇外附属体、非耐压艇体外板,非水密艇体内部构架等的排水体积,习惯上称V_0为固定浮容积。x_{c_0}、y_{c_0}是固定浮容积V_0的几何形心坐标,即浮心B_0的坐标。

式(9-5)和式(9-6)虽然表达形式不同,但都是潜艇水下状态平衡方程式,只是采用了不同的观点。两种方法在实际计算中都将采用,但式(9-6)在水下状态平衡的计算中应用较多。

9.4 排水量分类与静水力曲线

9.4.1 潜艇排水量的分类

若潜艇浮于 WL 水线,则水下部分的容积 V 叫作容积排水量,单位为米^3(m^3);而相当于这部分容积的水的重量叫作重量排水量,单位为吨(t)。

这两种排水量分别从容积和重量方面表示了潜艇的大小。通常所说的某艇排水量大多指的是重量排水量。

为了明确地表示潜艇的装载状态和航行状态以及某些性能计算的需要,潜艇排水量常用以下五种类别。

1. 空船排水量

完全完工的潜艇,装载了任务中所规定的武备、机械、装置、系统、设备等,也就是装备齐全的潜艇的重量,但不包括人员、弹药、燃料、滑油、食物、淡水、供应品等重量在内的排水量。

2. 正常排水量(或巡航排水量、水上排水量)

潜艇的正常排水量是指装配完整的船体,装有:全部装配完整的机械(湿重)、武器装备和其他各种设备、装置、系统(各系统处于待工作状态)以及固体压载,全部弹药、供应品、备品、按编制的人员及其行李,按自给力配备的食品、淡水、蒸馏水、燃油、滑油和一、二回路用水等,且计入耐压船体内空气、均衡水的重量和储备排水量,并能在水下处于静力平衡的潜艇排水量。

正常排水量就是空船排水量加上任务书所规定的人员、弹药、燃油、滑油、食物、

淡水、供应品以及供潜艇水下均衡用的初水量等变动载荷时的排水量，即处于巡航状态的潜艇可随时下潜的重量。这时速潜水舱注满水（但不计入正常排水量内）、主压载水舱未注水，但潜艇已均衡好。正常燃油储备，并保证任务书规定的各航速下达到全航程（续航力）。对续航力较大的潜艇，只将燃油总贮量的 60%计入正常排水量，其余作为超载燃油。通常所指的潜艇排水量就是正常排水量（如某艇的巡航排水量为 1319.36t），也是试潜定重（见 9.9 节）后确定的装载状态。

3．超载排水量

潜艇的超载排水量是指正常排水量加上超载燃油、滑油、食品、淡水和蒸馏水等的排水量。超载燃油装在部分主压载水舱内，这些水舱叫作燃油压载水舱。例如，某艇的 4、7、8 号主压载水舱，此时潜艇的超载排水量为 1474.71t。

4．水下排水量

潜艇的水下排水量是指水面正常排水量加上全部主压载水舱中水的总重量。例如某艇水下排水量为 1712.78t，由 9.6 节可知，水下排水量也就是水面正常排水量加上储备浮力。

5．水下全排水量

水下全排水量是指潜艇裸船体及全部附体外表面所围封的总体积的排水量，即包括非水密部分在内的整个艇体所排开水的重量。例如，某艇水下全排水量为 2040t。

另外潜艇还预留了部分排水量，称为储备排水量，是舰船设计时预先计入在排水量中用于设计建造及现代化改装的一项备用量。潜艇的现代化改装，其储备排水量一般可按 0.5%正常排水量留取，但最大不宜超过 20t，储备重心高一般可按比正常排水量时艇的重心垂向坐标高出 0.5m 留取。

此外，时常用到固定浮容积排水量和标准排水量。前者指潜艇处于水下状态时，耐压船体和耐压指挥台及其他附体等所有排水体所占的总容积（叫作固定浮容积 V_0）的排水量，其数值和水面正常排水量相等，后者指正常排水量扣除燃、滑油等储备后的排水量。

潜艇水下状态时对主压载水舱内这部分水的看法不同，潜艇水下排水量就有两种观点：

（1）增加载重法（或排水体积法）观点：将主压载水舱内的进水看成艇上增加的重量，即水下排水量是正常排水量加上全部主压载水舱的注水量之和；

（2）损失浮力法观点（或固定浮容积法）：潜艇下潜时打开通海阀后，主压载水舱变成非水密舱与舷外相通，故主压载水舱进水也可看成潜艇失去了主压载水舱容积这部分浮力。按失浮法观点，潜艇水下排水量就是固定浮容积所提供的排水量，所以又称为固定浮容积法。

损失浮力法于 1938 年提出，用于设计阶段对潜艇浮性的控制，但通常情况下都是采用增载法。

按正常排水量的大小，将潜艇划分为：

① 大型潜艇，$D \geqslant 2500\text{t}$；
② 中型潜艇，$2500 > D \geqslant 1000\text{t}$；
③ 小型潜艇，$D < 1000\text{t}$。

9.4.2 潜艇静水力曲线

潜艇在服役过程中，艇上载荷的变化，必将引起潜艇浮力和浮心的改变，所以仅知道设计水线（巡航水线）下的排水量和浮心位置是不够的。为了迅速地查找出不同吃水时潜艇的排水量 V、浮心坐标 (x_c, y_c, z_c) 及其他船型要素，设计部门已将它们做成随吃水而变的曲线，这就是静水力曲线，常称作"浮力与初稳度曲线"，静水力曲线一般包括：

（1）容积排水量 V 曲线；
（2）浮心坐标 x_c 曲线；
（3）浮心坐标 z_c 曲线；
（4）水线面面积 S 曲线；
（5）水线面面积主中心纵坐标 x_f 曲线；
（6）水线面面积主中心惯性矩 I_x 和 I_{yf} 曲线；
（7）横稳定中心半径 r 曲线；
（8）纵稳定中心半径 R 曲线。

有的静水力曲线图中还包括每厘米吃水吨数 q_{cm} 曲线、纵倾 1cm 力矩 M_{1cm} 曲线以及各种船形系数曲线等。潜艇的静水力曲线通常只包含 V、x_c、z_c、(z_c+r) 和 R 曲线。各曲线的意义将在后续章节中介绍。

所有这些曲线都视为（艏）吃水 T 的函数，并且都是针对潜艇的正浮状态，根据型线图算出来的，所以也叫作型线图诸元曲线（其中 S、x_f、I_x、I_{yf} 叫作水线元，V、x_c、z_c 叫作容积元）。它较全面地反映了潜艇在静水中漂浮时船形的几何特征，是确定潜艇浮性和初稳性的基本资料。需要注意的是，图中的吃水零点取自型线图的基线，称为理论吃水，而实艇吃水标志的零点则是从艇底最低点起算的。

9.4.3 排水量和浮心坐标的计算——查静水力曲线法

1．曲线的使用条件

潜艇静水力曲线是按潜艇的正浮状态计算的，因此严格讲应是正浮状态的潜艇才可使用此曲线。但当潜艇有不大的横倾和很小的纵倾时误差不大，处于初稳性范围，故也可使用。一般此曲线的使用条件是：横倾角 $\theta \leqslant \pm(10°\sim15°)$，纵倾角 $\varphi \leqslant \pm(0°\sim0.5°)$。

2．曲线使用方法

（1）已知（艏）吃水 T，求排水量 V 和浮心坐标 $C(x_c, 0, z_c)$。

例 9-1 某艇巡航状态时，实际吃水 $T_{标}$=4.96m，求该艇的 V 和 $C(x_c, 0, z_c)$。

解： 先将实际吃水换算成距基线的理论吃水，即

$$T = T_{标} - t = 4.96 - 0.37 = 4.59 \text{（m）}$$

（t 为导流罩底部离基线的距离）。

在静水力曲线吃水坐标上取 T=4.59m，并作一水平线。水平线与各曲线相交，根据各交点引垂线和对应的 V、x_c、z_c 的缩尺坐标相交，可以读出

$$V = 1319.36 \text{（m}^3\text{）}$$

$$C(x_c = 1.63, 0, z_c = 2.65) \text{ (m)}$$

（2）已知排水量 V，求潜艇吃水 T 浮心 C（x_c, 0, z_c）。

例 9-2 某艇卸全部蓄电池组后艇重 P= 1167.66t，求该艇卸载后的吃水 T 和浮心坐标 C（x_c, 0, z_c）值。

解：∵ $P = \rho V$ （t）

∴ $V = \dfrac{P}{\rho} = \dfrac{1167.66}{1} = 1167.66$（m³）

（这里取水的密度 ρ = 1t/m³）

然后在排水量 V 横坐标上找到 V =1167.66m³ 的点，过该点作垂直线与排水量=$f(T)$ 曲线相交。通过相交点作一水平线，在吃水纵坐标上查得 T=4.17（m），其相应的浮心坐标为 C（1.84，0，2.43）（m），舯船实际吃水为 $T_{标}$=$T+t$=4.17 + 0.37 = 4.54（m）。

9.5 潜艇固定浮容积及容积中心位置的计算

水下状态时，潜艇的排水体积及其形心是固定的。固定浮容积包括耐压艇体容积、耐压舷舱容积、耐压指挥台容积及所有能够提供浮力的附属体、非耐压艇体外板和构架等排水体积。

9.5.1 耐压艇体容积及容积形心计算

潜艇耐压艇体通常是由圆柱体和截头圆锥体组成，艏艉端为球面舱壁，其计算方法分类如下。

1. 圆柱体

如图 9-12 所示，设圆柱体的半径为 R，长度为 l，其容积为

$$V = \pi R^2 l \tag{9-7}$$

其容积形心坐标为 x_b 和 z_b。

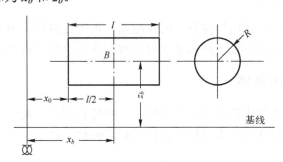

图 9-12 圆柱体容积及形心计算

2. 截头圆锥体

如图 9-13 所示，设 l 为圆锥体长度，R_1 为艏端面半径，R_2 为艉端面半径，x_0 为艏端面至舯剖面距离，a 为艏端面至截头圆锥体容积中心的距离。其容积及容积中心的坐标可按式（9-8）和式（9-9）求得

$$\nabla = \frac{\pi}{3}(R_1^2 + R_1R_2 + R_2^2)l \tag{9-8}$$

$$\begin{cases} x_b = x_0 + a \\ z_b = z_2 - \dfrac{z_2 - z_1}{l}a \end{cases} \tag{9-9}$$

式中：
$$a = \frac{l}{4} \times \frac{R_2^2 + 2R_1R_2 + 3R_1^2}{R_2^2 + R_1R_2 + R_1^2}$$

3．艏艉球面舱壁

球面舱壁尺度如图 9-14 所示，其容积及容积中心坐标可按式（9-10）和式（9-11）计算：

$$\nabla = \frac{1}{3}\pi h^2(3R - h) \tag{9-10}$$

$$\begin{cases} x_b = x_0 - a \\ z_b = z_0 \end{cases} \tag{9-11}$$

式中：$h = R - \sqrt{R^2 - r^2}$；$a = h/3$。

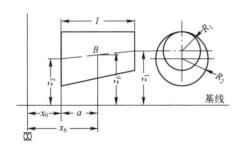 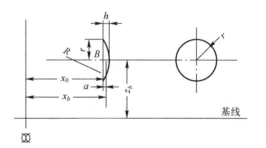

图 9-13　截头圆锥体容积及形心计算　　　　图 9-14　球面舱壁容积及形心计算

9.5.2　耐压附属体

对于耐压附属体，如耐压指挥台、耐压舷舱、鱼雷发射管、出入舱口和鱼雷装卸舱口等，其容积及容积形心可以按照形状求得，容积形心坐标可以从总布置图中求得。

9.5.3　非耐压附属体

非耐压附属体包括主压载水舱、上层建筑、指挥台围壳、艏艉端及耐压艇体外全部装置和系统。上述各部分的排水体积可以按照式（9-12）确定：

$$\nabla = \frac{m_i}{\rho} \tag{9-12}$$

式中：m_i 为结构的质量；ρ 为材料的密度。

固定浮容积 ∇_0 及容积形心的计算通常列表进行，计算方法与求重力、重心位置类似。表 9-1 是固定浮容积综合表，将表中最后一项代入式（9-13）和式（9-14）则得到

$$\nabla_0 = \sum \nabla_i \tag{9-13}$$

$$\begin{cases} x_{c_0} = \dfrac{\sum \nabla_i x_{bi}}{\nabla_0} \\ z_{c_0} = \dfrac{\sum \nabla_i z_{bi}}{\nabla_0} \end{cases} \quad (9\text{-}14)$$

在重力、重心、固定浮容积及容积形心求出以后，可以根据式（9-4）判断潜艇在水下状态是否平衡。如果 $P_\uparrow = \rho \nabla_0$，且 $x_{g\uparrow} = x_{c_0}$，则表示潜艇能够在水下平衡并保持纵倾角 $\varphi = 0$。若 $x_{g\uparrow} \ne x_{c_0}$，则将产生纵倾，其纵倾角 φ 为

$$\tan \varphi = \frac{x_{c_0} - x_{g\uparrow}}{z_{g\uparrow} - z_{c_0}} \quad (9\text{-}15)$$

潜艇艇体总是左右对称的，重力分布也应左右对称，即 $y_{g\uparrow} = y_{c_0} = 0$，一般不会产生横倾。

表 9-1 固定浮容积计算表

	名称	容积 ∇_i/m^3	对基线		对横剖面			
					艏		艉	
			z_i/m	$\nabla_i z_i/\text{m}^4$	x_i/m	$\nabla_i z_i/\text{m}^4$	$-x_i/\text{m}$	$-\nabla_i z_i/\text{m}^4$
1	耐压艇体							
2	耐压艇体壳板							
3	耐压液舱							
4	耐压指挥台							
5	鱼雷发射管							
6	出入舱口							
7	主轴、推进器							
8	主压载水舱壳板及构架							
9	艏艉端壳板及构架							
10	舵装置							
……	……							
	总计	$\nabla_0 = \sum \nabla_i$		$\sum \nabla_i z_i$		$\sum \nabla_i x_i$		$-\sum \nabla_i x_i$

9.6 储备浮力和下潜条件

9.6.1 储备浮力

潜艇设计水线以上所有排水体（巡航水线以上的全部水密容积，包括水密艇体和附体的容积）提供的浮力之和，叫作储备浮力，用 V_{rb} 表示。它表示从设计水线开始继续增加载荷还能保持漂浮的能力。潜艇只有在水面状态才有浮力贮量，在水下状态时储备浮力为 0。所以潜艇的储备浮力等于水下排水量与水上排水量之差：

$$V_{rb} = V_\downarrow - V_\uparrow \quad (9\text{-}16)$$

储备浮力单位为 m³，也可用 t（ρV_{rb}）来计量，通常用水上排水量的百分数来表示，即

$$储备浮力\% = \frac{V_{rb}}{V} \times 100 \tag{9-17}$$

储备浮力的大小，表示潜艇水面抗沉和水下自浮能力的好坏，也是保障潜艇水面适航性的重要因素。浮力贮量较大，将改善潜艇的不沉性和水面航海性能，但同时增加了潜艇的下潜时间，因此以水下航行为主的现代潜艇在保障不沉性与水面适航性的前提下，浮力储备应尽量少，大型潜艇与小型潜艇相比，前者可用比较小的储备浮力百分数，一般为水面排水量的 15%~30%，见表 9-2。

表 9-2 各国典型常规潜艇的排水量表

按排水量、动力装置分类 (1)		潜艇类型的名称 (2)	排水量（水面/水下）/t (3)	长×宽×吃水/m×m×m (4)	储备浮力/% (5)	开始服役时间 (6)
常规动力潜艇	大型	G 级（苏联）	2845/3600	98.9×8.2×8.0	约 26.5	1958
		东方旗鱼级（美）	2485/3168	106.8×9.1×5.5	约 20.7	1956
		苍龙级（日）	2950/4200	84×9.1×8.5		2009
	中型	R 型（苏联）	1320/1710	76.6×6.7×4.5	29.5	1958
		基洛级 877 型（俄）	2325/3075	72.6×9.8×6.6		1982
		大青花鱼号（美）	1516/1837	62.2×8.2×5.6	20	1953
		长颌须鱼级（美）	2145/2895	66.8×8.8×8.5	约 35	1955
		奥白龙（英）	1610/2410	88.5×8.1×5.6	约 18.7	1961
		支持者级（英）	2168/2455	70.3×7.6×5.5	约 10	1990
		女神级（法）	869/1043	57.8×6.8×4.6	20	1964
		阿哥斯塔级（法）	1490/1740	67.6×6.8×5.4	14	1977
		209 级（德）	1105/1230	54.4×6.2×5.5	25.5	1975
		212 级（德）	1320/1800	53.2×6.8×5.8		2004
		212A 级（德/意）	1450/1830	55.9×7×6		2005
		萨乌罗级（意）	1460/1640	63.8×6.83×5.7	12	1980
		西约特兰级（瑞典）	1070/1143	48.5×6.1×5.6		1987
		哥特兰级（瑞典）	1240/1490	60.4×6.2×5.6		1996
		乌拉级（挪威）	1040/1150	59×5.4×4.6		1989
		亲潮号（日）	1130/1420	78.8×7×4.6	25.7	1959
		涡潮级（日）	1850/2430	72×9.9×7.5		1972
		夕潮级（日）	2250/2450	76×9.9×7.4		1980
		春潮级（日）	2450/3200	77×10×7.7		1990
		亲潮级（日）	2750/3000	82×8.9×7.9		1998
		033 型（中）	1350/1750	76.6×6.7×5.34		1965
		035 型（中）	1584/2113	76.0×7.6×5.1		1974
		039 型（中）	1700/2250	74.9×8.4×5.3		1998
	小型	206（德）	450/498	48.8×4.6×4.5	20	1973
		鲨鱼级（瑞典）	720/900	66×5.1×5		1954
		科本级（挪威）	435/485	45.4×4.6×4.3		1964

9.6.2 潜艇的潜浮和下潜条件

1. 增载法观点

潜艇上采用把舷外水注入主压载水舱的方法使艇潜入水下,并使艇正直悬浮于水中。因此,潜艇不仅要求满足水面正浮平衡条件,还要同时满足水下正浮平衡条件,这就是下潜条件所要研究的问题。

假设潜艇在巡航水线 WL 时艇的重量为 $P_\uparrow$,排水容积是 $V_\uparrow$,因是正浮平衡状态故满足平衡方程式:

$$\begin{cases} P_\uparrow = \rho V_\uparrow \\ x_{g\uparrow} = x_{c\uparrow}, y_{g\uparrow} = y_{c\uparrow} = 0 \end{cases} \quad (9\text{-}18a)$$

当主压载水舱注满水,潜艇全潜后,如潜艇是正浮平衡的,则应满足水下平衡方程式:

$$\begin{cases} P_\downarrow = \rho V_\downarrow \\ x_{g\downarrow} = x_{c\downarrow}, y_{g\downarrow} = y_{c\downarrow} = 0 \end{cases} \quad (9\text{-}18b)$$

且有

$$P_\downarrow = P_\uparrow + \rho \sum v_m$$

式中:$\sum v_m$ 为主压载水舱总容积;$P_\downarrow$ 和 $V_\downarrow$ 分别为水下状态的潜艇重量和排水容积。由式(9-16)可得 $V_\downarrow = V_\uparrow + V_{rb}$。

$$\therefore P_\uparrow + \rho \sum v_m = \rho(V_\uparrow + V_{rb})$$

即有

$$\rho \sum v_m = \rho V_{rb} \quad (9\text{-}19)$$

又因为是在原海区下潜,海水密度 ρ 可认为不变,则

$$\sum v_m = V_{rb} \quad (9\text{-}20)$$

由式(9-20)表示,若使潜艇正常下潜,必须满足主压载水舱里水的重量等于储备浮力,即使潜艇水下的重量 $P_\downarrow$ 与浮力 $D_\downarrow$ 相等,或者主压载水舱的总容积等于巡航水线以上的全部水密容积(图9-15)。这是潜艇正常下潜的第一个条件。

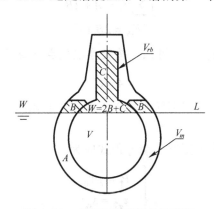

图 9-15 水密容积和储备浮容积

此外，由潜艇的正浮平衡条件已知，要保证潜艇在水面和水下同时满足正浮条件，还必须做到潜艇在水面的重心、浮心和水下的重心、浮心分别都在同一条铅垂线上。即

$$x_{g\uparrow} = x_{c\uparrow} \text{ 和 } x_{g\downarrow} = x_{c\downarrow}$$

因此欲使潜艇水下浮心纵坐标 $x_{c\downarrow}$ 与重心纵坐标 $x_{g\downarrow}$ 相等，则要求主压载水舱总容积中心纵坐标 x_m 和储备浮容积中心纵坐标 x_{rb} 也相等：

$$x_m = x_{rb} \tag{9-21}$$

因为艇体形状左右对称，故主压载水舱和储备浮容积也要对称分布，这样应有

$$y_m = y_{rb} = 0 \tag{9-22}$$

$$(y_{g\downarrow} = y_{c\downarrow} = 0)$$

于是正常下潜的第二个条件是：主压载水舱容积中心和储备浮容积中心在同一条铅垂线上。所以，保证潜艇正常下潜（下潜后艇无横倾和无纵倾）的条件是：

$$\begin{cases} \sum v_m = V_{rb} \\ x_m = x_{rb} \\ y_m = y_{rb} = 0 \end{cases} \tag{9-23}$$

实际潜艇在水面巡航状态时都有一小的艉纵倾角（不大于 $0.6°$，但不允许有艏纵倾），即纵坐标 $x_{g\uparrow} < x_{c\uparrow}$，目的是改善水面适航性。为了保证潜艇下潜后能正直漂浮，则应有 $x_m > x_{rb}$，下潜后由此产生的艏倾力矩和水面状态的艉倾力矩相抵消。

2. 失浮法观点

潜艇下潜主压载水舱进水后，主压载水舱和舷外相通，可看成失去了浮力 ($\rho \sum v_m$)。按失浮法来看，潜艇下潜过程中艇的重量、重心位置是不变的，即 $P_\uparrow =$ 常数、$x_{g\uparrow} =$ 常数 ($y_{g\uparrow} = 0$)。

由图 9-15 可知，潜艇下潜后排水体积形状发生了变化，失去主压载水舱这部分总容积 ($\sum v_m = A + 2B$) 的同时，又增加了巡航水线以上这部分储备浮容积 ($V_{rb} = 2B + C$)。而且潜艇排水体积由水面的 $V_\uparrow$ 变成水下的固定浮容积 $V_0 (V_\uparrow = V_0)$。根据

$$\begin{cases} \sum v_m = A + 2B \\ V_{rb} = 2B + C \end{cases}$$

由第一个下潜条件 $\sum v_m = V_{rb}$ 可知，按失浮法观点下潜条件又可表示成另一形式：

$$A = C \tag{9-24}$$

即欲要潜艇正常下潜必须使巡航水线以下的主压载水舱容积 A 等于巡航水线以上的耐压艇体及附体的容积 C。

按失浮法观点，潜艇水下正浮平衡方程式应为

$$\begin{cases} P_\uparrow = \rho V_0 \\ x_{g\uparrow} = x_{c_0} \\ y_{g\uparrow} = y_{c_0} = 0 \end{cases} \tag{9-25}$$

式中：x_{c_0}，y_{c_0} 均为固定浮容积中心坐标。

将式（9-25）与按增载法观点列出的式（9-18b）相比，二者表面形式虽不同，但其实质上是相同的。

$$\rho V_\downarrow = \rho V_\uparrow + \rho V_{rb} = \rho V_0 + \rho \sum v_m$$

当 $\rho \sum v_m = \rho V_{rb}$ 时，

$$\rho V_\uparrow = \rho V_0 = P_\uparrow$$

可见当满足下潜条件时，两种观点都要求水面排水容积 $V_\uparrow$ 和固定浮容积 V_0 相等，这样可得下潜条件的第三种表示形式：

$$V_\uparrow = V_0 \quad 或 \quad P_\uparrow = \rho V_0 \tag{9-26}$$

和

$$x_{g\uparrow} = x_{c\uparrow} = x_{c_0} \tag{9-27}$$

即下潜前后都处于正浮平衡状态时，潜艇的重心、巡航状态的浮心和固定浮容积中心位于同一铅垂线上。

9.7 剩余浮力及载荷补偿

9.7.1 潜艇的剩余浮力和剩余力矩

世间的事物，平衡是暂时的相对的，不平衡是经常的、绝对的。潜艇在水中的重量和浮力是变化的，潜艇在水下状态的实际重量与实际浮力之差称为剩余浮力，俗称浮力差，可表示为

$$\Delta D = D_\downarrow - P_\downarrow = \rho V_\downarrow - P_\downarrow \tag{9-28}$$

且　$\Delta D > 0$　　艇有正浮力（艇轻），使艇上浮；
　　$\Delta D < 0$　　艇有负浮力（艇重），使艇下潜；
　　$\Delta D = 0$　　艇为零剩余浮力，潜艇不下潜也不上浮，处于理想状态。

注：在潜艇操纵中，由于坐标系的取法不同，改用剩余静载力 $\Delta P = P_\downarrow - D_\downarrow$。如 $\Delta P > 0$，艇有向下的正静载，使艇下潜（艇重）。

潜艇在水下产生浮力差的同时，一般还存在剩余浮力矩（俗称力矩差）ΔM。规定：

　　$\Delta M > 0$　　称为正力矩，艇有艏纵倾；
　　$\Delta M < 0$　　称为负力矩，艇有艉纵倾；
　　$\Delta M = 0$　　称为零剩余力矩，艇正直漂浮，处于理想状态。

实际潜艇在水下静止状态正浮于某个给定深度几乎是不可能的，故潜艇在水下只能是接近水下正浮条件。一般要求浮力差 ΔD 不超过潜艇水面排水量的 ±（1‰～5‰）、力矩差 ΔM 近似为 0。

小量的浮力差和力矩差，通常用浮力调整水舱注排水，或是依靠潜艇运动时所产生

的艇体和舵的水动力来平衡的。因此，潜艇在水下只能保持运动中的定深航行。如果要求潜艇静止地在水下保持给定深度，则必须设置专门的深度稳定系统。

9.7.2 影响剩余浮力变化的因素

造成剩余浮力的原因归结起来不外乎是：艇内可变载荷的消耗引起重量的变化；艇环境（海水盐度、温度和水压力）的变动引起浮力的改变，这里先介绍浮力变化情况，关于重量的变动将在"载荷补偿"中介绍。

1. 海水密度变化

海水密度的变化，主要由海水盐度、温度和压力引起，其中盐度和温度起着主要作用。盐度大、温度低则密度大，盐度小、温度高则密度小。世界上海水密度最大的地区是冬季的地中海，$\rho=1.0315\text{t/m}^3$，海水密度最小的海区是夏季的波罗的海，$\rho=1.006\text{t/m}^3$。我国沿海海水密度变化情况见表9-3所示。

表9-3 我国沿海海水密度变化情况表

海区	渤海	黄海	东海	南海	长江口附近
密度/(t/m^3)	1.021~1.023	1.023~1.026	1.022~1.026	1.021~1.024	1.012~1.015

均衡好的潜艇，当由海水密度小的海区进入海水密度大的海区时，潜艇浮力增大，产生正浮力，反之产生负浮力。因为海水密度变化所引起的浮力变化的作用点就是浮心，而消除浮力差所用的浮力调整水舱布置在浮心附近，故由海水密度变化引起的力矩差可忽略不计。海水密度变化所产生的浮力差用式（9-29）计算：

$$\Delta D = (\rho_2 - \rho_1)V_\downarrow \tag{9-29}$$

式中：ρ_1 为原海区的海水密度；ρ_2 为新海区的海水密度；$V_\downarrow$ 为潜艇水下排水容积（因为当潜艇进入新海区后，即使主压载水舱和舷外相通，自然交换主压载水舱内的水也是困难的，如果是水面航渡进入，则改用 V_0）。

例 9-3 某艇由 $\rho_1=1.024\text{t/m}^3$ 的海区，水下航行到 $\rho_2=1.023\text{t/m}^3$ 的海区，求浮力差 ΔD？

解： $\Delta D = (\rho_2 - \rho_1)V_\downarrow = (1.023-1.024)\times 1713 = -1.7$（t）

例9-3说明，海水密度变化对浮力的影响是很大的。当海水密度变化1‰时，某艇的浮力变化约1.7t，式中的负号表示浮力减小。

2. 海水温度变化

海水温度随水的深度增加而降低，水温度的降低将引起海水密度的增加和艇体耐压容积的收缩，这些都会引起潜艇浮力的改变。

1）水温 t 对海水密度的影响

温度下降使海水密度增加，一般可取：

当温度 t 从20℃降至10℃时，每降温1℃，海水密度增加率为

$$\Delta\rho_1 = 0.014\% = 1.4\times 10^{-4}$$

当温度 t 从10℃降至4℃时，每降温1℃，海水密度增加率为

$$\Delta\rho_2 = 0.003\% = 0.3\times10^{-4}$$

由此引起的浮力变化 ΔD_1 则为

$$\Delta D_1 = \Delta\rho_i(t_1-t_2)\rho V_0 \quad (i=1,2) \tag{9-30}$$

通常水温是随水深增加而均匀下降的,但也和季节有关。例如旅顺海区夏季由 25m 浮至 9m 时,对某艇会产生 1～1.5t 的负浮力,这是上面水温高密度低的结果;冬季则相反。有些海区在某一深度上,水温突然下降,叫作温度突变层,密度突增,故也称为海水密度突变层。当潜艇进入这一水层时,由于浮力突然增大,此时潜艇如同潜在海底一样。在一定负浮力作用下,潜艇可潜坐在海水密度突变层上,称为液体海底(按操纵条例规定,液体海底的强度 $\Delta\rho >1‰$)方可潜坐,即液体海底对潜艇所作用的正浮力应大于千分之一的水下排水量。

此外,如果有海水的盐度和温度资料时,可按式(9-31)计算浮力改变:

$$\Delta D = (\rho_{s_2t_2} - \rho_{s_1t_1})V_0 \tag{9-31}$$

式中:S_i 为海水盐度,‰;t_i 为海水温度,℃;$\rho_{s_it_i}$ 为盐度 S_i 和水温 t_i 时的密度,见表9-4。

表9-4 密度随盐度温度变化表 $\rho=f(S,t)$

$S_i=0$							
t_i (℃)	0	5	10	15	20	25	30
$\rho_{s_it_i}$ (g/cm³)	0.9998	1.0000	0.9997	0.9991	0.9982	0.9970	0.9956
$S_i=20‰$							
t_i (℃)	0	5	10	15	20	25	30
$\rho_{s_it_i}$ (g/cm³)	1.0160	1.0158	1.0153	1.0145	1.0134	1.0121	1.0105
$S_i=40‰$							
t_i (℃)	0	5	10	15	20	25	30
$\rho_{s_it_i}$ (g/cm³)	1.0321	1.0316	1.0309	1.0298	1.0286	1.0271	1.0255

2)水温对潜艇耐压艇体容积的影响

水温降低将引起潜艇排水容积的收缩,使浮力减少。由实验资料得知:水温降低 1℃,潜艇耐压艇体收缩率为 4×10^{-5}。由此产生的浮力变化 ΔD_2 为

$$\Delta D = -4\times10^{-5}(t_1-t_2)\rho V_0 \tag{9-32}$$

由式(9-32)可知,水温变化引起海水密度变化和艇体收缩,两者对浮力的影响正好相反,但密度变化引起的浮力差大于艇体收缩引起的浮力差。当水温下降了 10℃ 时,某艇的浮力差为正浮力,即 $\Delta D = \Delta D_1 + \Delta D_2 = 2.4 - 0.56 = 1.86$ (t),反之为负浮力。

3. 水压力(水深)改变

随着海水深度增加,水的压力增大,将引起海水密度增加和潜艇耐压艇体容积的压缩。这些也会引起潜艇浮力的改变。

(1)水压力变化对海水密度的影响。通常认为海水是不可压缩的,但实际上压力每增加一个大气压,海水密度将增加 5×10^{-5} 倍(或 4.8×10^{-5}),也就是说深度每增加 1m,

海水密度将增加 5×10^{-6} 倍。如水深增加 Hm，则由水压力引起密度变化而使浮力产生改变值 ΔD_3：

$$\Delta D_3 = 5\times10^{-6}\rho HV_0 \tag{9-33}$$

（2）水压力对潜艇耐压艇体容积的影响。由实验资料得知，水压力增加一个大气压，将引起耐压艇体容积的压缩率为 $(2.0\sim2.5)\times10^{-4}$。所以当水深增加 H（m）时，由此使浮力改变值为 ΔD_4，则

$$\Delta D_4 = -2.5\times10^{-5}\rho HV_0 \tag{9-34}$$

由式（9-34）可知，水深变化引起海水密度变化和艇体收缩，两者对浮力的影响也正好相反，但艇体收缩引起的浮力差大于密度变化引起的浮力差。因此，水深增大时，将使潜艇变重（有负浮力），但在不同的海区或不同的水深层有所不同。例如，某艇在中国南海深潜 250m 时，在 $50\sim100$m 深度曾累计注水 2000L，但从 150m 开始每下潜 10m 需排水 200L。由此可见，在 150m 以内艇体虽然随下潜深度增大而压缩，但随之水温降低使密度增大，水压力增大也使密度增大，此时产生的正浮力大于因艇体收缩产生的负浮力，故需从舷外向浮力调整水舱内注水。但当潜水深度超过 150m 以后温度变化较小，艇体压缩产生的负浮力大于因海水密度增大产生的正浮力，所以要排水。

（3）此外，潜艇下潜过程中，残存于上部结构或水舱中的气体，随潜水深度增加而被压缩，也使潜艇浮力发生某些改变。

（4）艇体表面吸声覆层压缩的影响。

9.7.3 载荷补偿和艇内载荷变化

1．载荷补偿原则与专用辅助水舱

如上所述，水中潜艇由于重量和浮力的改变引起剩余浮力和剩余浮力矩（ΔD、ΔM）变化，破坏潜艇水下正浮平衡条件，而潜艇不具有自行均衡的能力，为此必须经常消除潜艇的浮力差和力矩差，保持潜浮条件，并称为载荷的补偿或载荷代换。

根据力系平衡原理，载荷补偿的原则是：

（1）补偿载荷的重量等于消耗载荷的重量或浮力差；

（2）补偿载荷力矩等于消耗载荷的力矩或力矩差，但方向相反。

为此，在潜艇上设有专门代换水舱和浮力调整水舱，以及纵倾平衡水舱，如图 9-16 所示。

专用代换水舱，用于补偿瞬间消耗的大量载荷，如备用鱼雷、水雷或导弹等消耗时，在相应补重水舱中注入相当重量的水来补偿，并布置在大量消耗载荷的附近，如某艇的鱼雷补重水舱就设在艏、艉舱。

浮力调整水舱，用于补偿逐渐消耗的载荷（如粮食、淡水、滑油和其他消耗备品等）、海水密度的变化和深潜时艇体压缩等引起的浮力差。为了减小补偿引起的附加力矩差，对于设有两个调整水舱的艇，其中一个纵向位置在潜艇的浮心附近，另一个纵向位置应在变动载荷总的重心附近。其容积为正常排水量的 $3\%\sim4.5\%$。

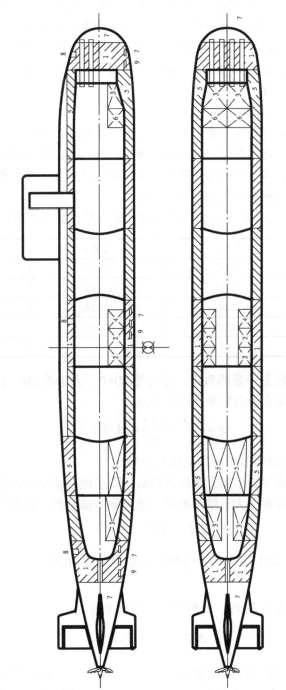

图 9-16 潜艇均衡用的辅助水舱

1—压载水舱；2—浮力调整水舱；3—纵倾平衡舱；4—速潜水舱；5—燃油舱；6—鱼雷补重水舱；7—非水密空间；
8—压载水舱通风阀；9—压载水舱注水阀。

纵倾平衡水舱，用于补偿各种因素产生的力矩差。为了获得较大的补偿力矩，必须设置艏、艉纵倾平衡水舱，其容积为正常排水量的1%～1.2%。

此外，潜艇上还设有速潜水舱、无泡发射水舱和环形间隙水舱等辅助水舱，也可参与部分均衡水量的调节。同时具体补偿方法也可分成两类：通常采用浮力差、力矩差分别由浮力调整水舱注排水和纵倾平衡水舱的调水来补偿。这种方法分工明确、使用方便，但要求纵倾平衡水舱中具有较大的原始水量；有时将补偿用水注入调整水舱和一个纵倾平衡水舱，与此同时消除浮力差和力矩差。

2．艇内载荷变化后的补偿方法

潜艇内部载荷的变化可分成三类，补偿的方法也不同，但遵循同一补偿原则。

（1）瞬间消耗大量载荷的补偿。如鱼雷、水雷、导弹等的消耗都是瞬间发生的，它们都有专门的代换水舱，并且在发射过程中有专门的自动代换系统，使浮力差为零。但有一定的力矩差，用纵倾平衡水舱进行补充均衡。

例 9-4 某艇发射一条 1.835t 艏鱼雷的补偿计算，结果如下表所示。

名称	重量/t	力臂/m	力矩/(t·m)
鱼雷发射	-1.835	30.87	-56.65
环形间隙水出管	-0.520	29.63	-15.41
发射管进海水	+2.00	30.54	61.08
无泡发射水舱进水	+0.355	26.60	9.44
共计	0		-1.54

解：由上表可知，发射一条艏鱼雷，浮力差$\Delta D=0$，力矩差$\Delta M=-1.54$t·m。为消除此艉倾力矩，应由艉平衡水舱向艏平衡水舱调水：

$$\Delta q = \frac{\Delta M}{l} = \frac{1.54}{50} \approx 31 (L)$$

式中：l为艏、艉平衡水舱间的距离，某艇的$l=50$m。

（2）燃油消耗后的补偿。潜艇上燃油消耗后，海水便自动地注入燃油舱，所以也称自动代换载荷。由于海水密度大于燃油密度，使潜艇增加重量，其大小按下式确定：

$$\Delta D = (\rho_T - \rho)V_T = 0.2V_T \qquad (9-35)$$

式中：V_T为消耗燃油的容积，m³；ρ_T为燃油密度，取$\rho_T=0.825$t/m³；ρ为海水密度，取$\rho=1.025$t/m³。

当已知消耗的燃油重量P_T时，则潜艇增加的重量为

$$\Delta D = \frac{\rho_T - \rho}{\rho_T} P_T$$

重量ΔD是负浮力，应从浮力调整水舱排出等量的水。海水自动代换消耗的燃油，除了增加艇的重量（浮力差），还产生剩余力矩，其大小可根据燃油舱离艏艉船的距离进行计算，然后用纵倾平衡水舱来消除。

（3）其他逐渐消耗载荷的补偿。对于诸如粮食、淡水等逐渐消耗的载荷，或向舷外

排除舱底污水等，可根据载荷消耗的具体情况，用浮力调整水舱消除浮力差，用纵倾平衡水舱消除力矩差。

（4）航行中可变载荷的补偿建议遵循下列基本原则。当发射鱼雷（导弹）、布设水雷时消耗的雷弹应迅速补偿好；淡水、食品等载荷消耗得慢，可周期地补偿，通常与燃料消耗一起补偿；当长时间的水面航行时，由于燃油的消耗或海水密度的变化，视航速做周期性补偿；水下航行或变深机动时，按照潜艇的潜浮情况和水下航行中操纵潜艇的必要性进行补偿。

9.8 均 衡 计 算

9.8.1 均衡计算原理、目的和时机

1．均衡计算原理

潜艇试潜定重后的载荷叫作正常载荷，即水面排水量或巡航排水量或正常排水量。潜艇载荷由固定载荷和变动载荷两部分组成。固定载荷是艇体、机械、武备、系统和装置电气、惯导设备等固定载荷的统称；变动载荷为潜艇航行期间可能消耗或变动的载荷，由鱼水雷、导弹、燃油、滑油、粮食、淡水、备品、蒸馏水和均衡水等组成，此外还有临时载荷和不足载荷（临时载荷是不属于艇体本身的重量，而是为某种目的而临时增加的载荷，如倾斜实验时的压载物、临时通信设备等。不足载荷包括在艇体固定载荷之内，但尚未安装在艇上）。

可见影响潜艇平衡条件[式（9-4）或式（9-18）]仅与可变载荷有关。潜艇出航前装载、潜艇坞修、长期停泊或油封后续航时，艇上可变载荷都会有所变化，从而破坏潜艇的下潜条件，为此需按平衡条件进行计算予以恢复，即把潜艇下潜时变动载荷的实际重量、纵倾力矩与正常载荷的重量、纵倾力矩相比较，将其重量差和力矩差借助浮力调整水舱和纵倾平衡水舱来消除，这就叫均衡计算。

2．计算时机和方法

均衡计算的时机和方法一般有两种情况。

（1）大、中、小修（包括长期停泊和启封）后第一次出海潜水前，按潜艇的正常载荷，即以正常排水量（$\rho V_\uparrow$）为标准载重进行比较计算。

（2）每次出海前，按前次出海时潜艇行进间均衡后的实际载重进行比较计算。这样既达到了均衡计算的目的，又比较简便，故是常用的方法。

现行的均衡计算方法，仅仅计算那些与正常载荷或前次均衡相比较有变化（消耗、装载）的可变载荷项的重量差和力矩差，而无须计算所有可变载荷项的重量差和力矩差（实际上这些项的$\Delta D=\Delta M=0$）。

9.8.2 均衡计算的具体方法

1．均衡计算表的组成

为使计算简单、正确、迅速，潜艇上备有专门的均衡计算表，如表 9-5（某艇均衡

计算表）所示。组成均衡计算表的各栏分别表示：

第一栏（①）：载荷名称——将潜艇上所有可变载荷名称，按由艏向艉的次序排列。在此栏下方还列有浮力调整水舱和艏艉纵倾平衡水舱等辅助水舱。

第二栏（②）：载荷重量（t）——它是第一栏（①）内各可变载荷的满载重量（正常排水量时的载重）。

第三栏（③）：力臂（m）——它是各项可变载荷到舯船的纵向距离，且规定在舯船之前（艏部）为正，反之为负。

第四栏（④）：前次载重（t）——将前次均衡计算表中第五栏（⑤）内的实际载重抄入本栏。但浮力调整水舱及纵倾平衡水舱中的水量，应取前次实际均衡好后登记的水量。

第五栏：实际载重（t）——本次出海时各项可变载荷的实际重量。

第六栏：重量差——实际载重减去前次载重之差（第五栏减去第四栏）。规定实际重量大于前次重量为正，反之为负。有时为了检查可用第二栏内的标准重量进行核算。

第七栏：力矩差（t·m）——重量差和对应的力臂之乘积（如第六栏与第三栏的乘积）。正负号由代数法则确定。

2．计算方法及步骤

均衡计算由机电长实施，机电官兵在出海前通过有关人员实际测量和计算确定各项可变载荷的实际重量，并逐项记入第五栏内，同时将前次出海时的实际重量抄入第四栏内。然后依次计算确定：

（1）按表中内容对各栏进行横向计算，求出各项载荷的重量差和力矩差。

（2）求出总重量差，将第六栏纵向相加可得艇的总重量差ΔD。

若$\Delta D>0$，表示本次出海潜艇增加的重量（艇重）；

若$\Delta D<0$，表示本次出海潜艇减少的重量（艇轻）。求出的数值即浮力调整水舱应排、注水的数量。

（3）求出总力矩差：将第七栏各项纵向相加（包括消除重量差，向浮力调整水舱注、排水引起的附加力矩）可得艇的总力矩差ΔM。

若$\Delta M>0$，表示本次出海艇有（剩余）艏倾力矩（艏重）；

若$\Delta M<0$，表示本次出海艇有（剩余）艉倾力矩（艉重）。

首重应从艏向艉调水；艉重应从艉向艏调水。由调水产生的力矩与总力矩差大小相等、方向相反，使艇达到正直平衡状态。调水量公式为

$$调水量 q = \frac{\Delta M(总力矩差)}{l(艏艉纵倾平衡水舱间的距离)} \times 1000$$

3．实例

例 9-5 现以某艇为例，计算结果如表 9-5 所示。

（1）求总的重量差。

由表的第六栏纵向相加后得$\Delta D=+3.72$t，说明潜艇重了 3.72t，应从浮力调整水舱排水 3.72t（常用一号浮力调整水舱），并在第六栏一号浮力调整水舱项内填写（-3.72t）（注水为"+"号）。原来浮力调整水舱内有 12t 水，经排水后现有水量为 12-3.72=8.28（t），将此值填入第五栏内。

表 9-5 某艇均衡计算表

序号	载荷名称 ①	重量(kg) ②	力臂(m) ③	前次载重(t) ④	实际载重(t) ⑤	重量差(t) ⑥=⑤-④	力矩差(t·m) ⑦=⑥×③	附注
1	装水雷时发射管中环形间隙水	6.240	31.26	—	—	—	—	
2	艇首发射管中的鱼雷（每条1.85t）	11.010	30.87	—	—	—	—	
3	艇首发射管中的水（ρ=1.00t/m³）	12.000	30.54	12.34	12.34	—	—	
4	艇首发射管中的水雷	12.600	29.41	—	—	—	—	
5	2号燃油舱的油和水	15.020	27.95	15.02	15.02	—	—	
6	艇首环形间隙水柜	4.700	26.60	4.40	4.40	—	—	
7	艇首无泡发射水柜	3.000	26.40	—	—	—	—	
8	备用鱼雷（12条）	12.600	22.73	—	—	—	—	
9	备用鱼雷（6条）	11.010	22.40	—	—	—	—	
10	1号燃油舱的油和水	11.550	21.97	11.55	11.55	—	—	1.潜艇与深度＿＿m 自＿＿至＿＿均衡潜艇，计＿＿min＿＿s
11	鱼雷补重水舱的水	12.340	19.57	4.00	4.00	—	—	2.下潜地点＿＿
12	1号淡水舱的水	2.650	18.04	0.80	2-65	+1.85	33.37	3.艇首、艇尾、左舷、有限的浪为＿＿
13	水雷补重水舱的水	5.730	17.97	5.73	5.73	—	—	4.风为＿＿级，风向＿＿，艇的航向＿＿
14	4号燃油压载水舱的油和水	49.800	15.55	—	—	—	—	5.水的密度＿＿
15	2号淡水舱的水（前半部）	12.400	13.29	12.40	12.40	—	—	6.最大下潜深度＿＿
16	2号淡水舱的水（后半部）							7.一昼夜潜水的时间＿＿
17	3号燃油舱的油和水	28.820	11.93	28.82	28.82	—	—	8.最长的一次潜水时间＿＿h＿＿min
18	1号污水舱的水	0.550	8.05	—	—	—	—	9.最快速潜时间＿＿
19	第三舱内的食品	2.526	5.80	1.95	3.32	+1.37	+7.95	10.速潜次数＿＿，正常下潜次数＿＿
20	箱内蒸馏水	1.920	5.50	3.10	3.00	-0.10	-0.55	11.各舱人数
21	还原筒（B-64）	6.000	3.04	—	—	—	—	（1）＿＿，（2）＿＿，
22	3号淡水舱的水	1.860	2.64	0.86	0.86	—	—	（3）＿＿，（4）＿＿，
23	艇员和行李	5.200	2.28	—	—	—	—	（5）＿＿，（6）＿＿，
24	1号清滑油舱的油（前半部ρ=0.9t/m³）	6.220	0.47	10.60	9.50	-1.10	+0.48	（7）＿＿，总计＿＿。
25	1号清滑油舱的油（后半部）	5.180	-0.40	—	—	—	—	12.油量表数字＿＿
26	4号燃油舱的油和水	19.250	-2.04	—	—	—	—	13.纵倾平衡水舱水量 艏左＿＿ 艏右＿＿ 艉左＿＿ 艉右＿＿
27	第四舱内粮食	0.058	-2.55	0.40	0.75	+0.35	-0.89	
28	7号燃油压载水舱的油和水	49.300	-6.40	—	—	—	—	
29	2号污水舱的水	0.720	-6.65	0.40	0.40	—	—	
30	第五舱内粮食	0.078	-9.00	—	—	—	—	
31	左舷循环滑油舱滑油	2.073	-10.03	1.80	1.80	—	—	
32	右舷循环滑油舱滑油	2.140	-10.50	1.26	1.26	—	—	
33	8号燃油压载水舱的油和水	25.800	-10.83	—	—	—	—	
34	日用油箱（燃油）	0.874	-10.00	0.70	0.70	—	—	
35	污油舱燃油	0.883	-11.80	—	—	—	—	

续表

序号	载荷名称 ①	重量（kg）②	力臂（m）③	前次载重（t）④	实际载重（t）⑤	重量差（t）⑥=⑤-④	力矩差（t·m）⑦=⑥×③	附注		
36	2号清滑油舱的滑油	2.482	-12.90	2.03	2.03	—	—			
37	5号燃油舱的油和水	14.650	-13.06	14.65	14.65	—	—			
38	主机冷却水舱淡水	2.330	-14.17	2.20	2.20	—	—			
39	第六舱内粮食	1.283	-15.65	0.52	0.85	+0.33	-5.17			
40	推进电机滑油舱滑油	1.180	-17.15	0.68	0.68	—	—			
41	3号污水舱的水	0.230	-21.15	—	—					
42	4号淡水舱的水	1.840	-24.15	1.84	1.84	—	—			
43	6号燃油舱的油和水	28.660	-25.30	30.44	31.02	+0.58	-14.67			
44	艇尾环形间隙水舱的水	1.300	-27.60	1.30	1.30	—	—			
45	艇尾无泡水舱的水	1.800	-28.40	—	—					
46	艇尾发射管中的水	4.200	-29.41	—	—					
47	艇尾发射管中的水雷	4.000	-30.54	4.42	4.42	—	—			
48	艇尾发射管中的鱼雷	3.670	-30.87	—	—					
49	装水雷时发射管环形间隙水	2.080	-31.26	—	—					
50	鱼雷工具、食品、外加床铺	1.000	22.00	1.06	1.50	+0.44	+9.68	实际均衡量		
	总计					+3.72	30.2	各舱内的水	重量的误差	力矩的误差
A	艇首纵倾平衡水舱（ρ=1.00t/m³）	6.67	24.17	4.00	3.80	-0.20	-4.83	3.50	-0.30	-7.25
B	艇尾纵倾平衡水舱（ρ=1.00t/m³）	7.46	-25.87	3.30	3.50	+0.20	-5.17	4.00	+0.50	-12.95
C	1号浮力调整水舱	上6.34/下13.73	4.35/5.45	12.00	8.28	-3.72	-20.27	9.00	+0.74	+3.91
D	2号浮力调整水舱	15.88	29.97	6.00	6.00	—	—			
E	2号浮力调整水舱围壁	5.64	1.90	5.50	5.50	—	—			
						0	-0.06		+0.92	-16.28

由表中所示的一号浮力调整水舱的要素可知，排水后产生附加艉倾力矩 $\Delta M=-3.72×5.45=-20.27$（t·m），将此值填入 C 项（一号浮力调整水舱）的第七栏内。

（2）求总的力矩差。

由表的第七栏纵向相加后得 $\Delta M=+30.20$ t·m，计及消除重量差而排水引起的附加力矩 $\Delta M=-20.27$ t·m，因此实际总力矩差 $\sum \Delta M =30.20-20.27=9.93$（t·m），说明潜艇有艏倾力矩（首重）。为此应由艏纵倾平衡水舱向艉纵倾平衡水舱调水，调水量为

$$调水量 q = \frac{\sum \Delta M}{l} = \frac{9.93}{50} \approx 200（L）$$

调出的水量为（-），调入的水量为（+）。再将（-0.2t）填入第六栏（⑥）的 A 项，而将（+0.2t）填入第六栏（⑥）的 B 项内。

最后算出艏、艉纵倾平衡水舱内的实际水量分别为3.80t和3.50t[由第四栏（④）与第六栏（⑥）的相应项横向相加求得]，并记入第五栏（⑤）实际载重项内。同时把 A～E 各项在第七栏（⑦）的力矩算出填入相应项。

（3）计算结果的检查与要求

将第六栏（⑥）中的重量差、注排水量、调水量纵向相加、要求其代数和应为零（理论均衡计算结果浮力差为零）。由表9-5可知本例为

$$3.72-0.20+0.20-3.72=0 \quad （符合计算要求）$$

将第七栏（⑦）中的总力矩差、注排水附加力矩和调水产生的力矩纵向相加，要求其代数和不应大于±0.5t·m（此时认为理论均衡计算结果力矩差为0）。由表可知本例为

$$30.20-4.83-5.17-20.27=-0.07（t·m）<|±0.5t·m| \quad （计算结果符合要求）$$

均衡计算由机电长完成后，出海前送艇长或政委审批。

9.8.3 均衡计算表中附注栏的意义

由附注栏填写内容可知，它记录了潜艇出海中潜水均衡的海区、天气和均衡结果，以及潜艇变深运动情况，可积累航行资料，并帮助机电长总结经验。本栏除第6~10项返航后填写外，其余各项应在均衡完毕时填写。

"实际均衡量"表的作用。记录潜艇水下均衡后，实测的浮力调整水舱、纵倾平衡水舱的水量，并与理论均衡计算后的实际载重[第五栏（⑤）]相减，得"重量误差"项，将重量误差与相应力臂相乘得"力矩误差"项，最后将各辅助水舱的重量误差和力矩误差纵向相加，所得代数和记入下方最后一行。

经上述测量、计算可检查实际均衡与预先理论均衡计算的误差，以便帮助分析产生误差的原因。通常引起误差的原因可能有以下几点。

（1）计算误差；
（2）可变载荷的重量和位置不准确；
（3）海水密度的变化；
（4）艇务人员在注、排水和调水时不准确等。

对于在航潜艇，本次出海载重和前次载重相比较，二者之间的变动一般不大，如计算结果重量差和力矩差均较大，需认真查明原因，切忌粗枝大叶。

9.9 潜艇定重实验

9.9.1 定重目的

设计潜艇时，通常按海水密度$\rho=1.010t/m^3$（也有按$\rho=1.000t/m^3$）作为载荷的理论正常状态，并依此进行代换计算，确定调整水舱、纵倾平衡水舱的初水量，保证潜艇实现一定的代换要求。因此在设计和建造潜艇的过程中，对重量实施严格监督，还有专门的称重技术文件来保障。尽管如此，实际工作中仍不可避免地存在：设计时的计算误差、建造中的公差偏离和其他诸如装艇设备型号的更换、部分零部件没有称重上船等原因，都会使潜艇的重量、容积和重心，浮心坐标产生累积误差。为此必须进行定重，验明潜

艇实际重量和理论计算值之间的偏差。

如前所述，潜艇重量由固定载荷和变动载荷两部分组成。变动部分是可以测量，并认为测量准确，这样定重所要确定的就是固定载荷部分。通过定重，计算潜艇在实际正常状态（$\rho=1.010t/m^3$）的载荷重量是否等于浮力（重量差），重力矩是否等于浮力矩（力矩差）。依此调整固体压铁的重量和位置，消除实际正常状态载荷与理论下正常状态载荷之间的重量差、力矩差，从而使潜艇的实际装载状态和理论计算的正常状态数值相一致。这就是说，潜艇进行定重实验后，按全部规定的正常载荷装载时，艇上各辅助水舱（调整水舱、艏艉纵倾平衡水舱等）的初水量应与设计计算的数值一致（如某艇的 1 号调整水舱为 1t、艏艉纵倾平衡水舱各为 3t）。以保证潜艇在服役中，能达到设计所规定的载荷代换要求。

对于新建艇，经大、中、小修后的艇，改装、换装或航行修理后重量差力矩差变化较大的艇，都须按"潜艇试潜定重实验"的技术文件的规定进行定重实验。而且凡是须进行水下倾斜实验的艇，在试潜定重完毕后，应接着做倾斜实验。

9.9.2 定重实验的一般方法

潜艇重量由两部分组成：一部分由艇体及其设备的固定部分构成的固定载荷，另一部分为变动载荷。变动载荷部分是可以测量的，并认为测量准确，这样定重所要确定的就是实际正常状态载荷中的固定载荷部分。经过预先的均衡计算后，使潜艇试潜水中，并使艇的浮力和重力相等，浮力矩和重力矩相等，根据排水量法得到浮力与浮力矩，推算出重量与重心位置，由此减去变动载荷部分的重量，即可求出固定载荷的重量与重心位置。

试潜定重的具体实施按 GJB 38.72—1988《常规潜艇系泊、航行实验规程 试潜定重试验》进行。在文件规定的海区、气象、安全保障下，做好实验前必需的准备和检查，尤其要检查潜艇载荷状况并使实际载荷与理论计算值尽可能准确地符合。潜艇试潜定重必须在停止间进行。在试潜过程中，采取逐步加载、逐步均衡的方法，轻载下潜，试潜必须按两次潜水进行。首先使艏艉组主压载水舱注水，潜到半潜状态，经检查正常后，分四个阶段慢速向中间组主压载水舱注水，当潜艇试潜到规定的状态，悬浮于潜望镜深度，经准确均衡后，潜艇处于：纵、横倾为 0°±0.5°，剩余浮力不大于 400~600L（正常排水量<1500t 的潜艇）认为实验符合要求，指挥员立即下令，准确登记各辅助水舱的水量、测量海水密度和燃、滑油密度。

根据表 9-6（试潜定重载荷计算表）的第（13）、第（15）栏的代数和与第（5）、第（9）栏的代数和，算出潜艇实际正常状态载荷与理论正常状态载荷（均为$\rho=1.010t/m^3$ 水中）之间的重量差ΔP 和纵倾力矩差ΔM，具体计算如表 9-6 所示。计算中，习惯取理论值为正，实际值为负，因此：

$\Delta P>0$ 表示理论载重大于实际载重，说明潜艇实际上轻了，须按ΔP 的数值增加固体压载铁；

$\Delta P<0$ 说明潜艇实际上重了，须按ΔP 的数值减少固体压载铁。

同理，

$\Delta M>0$ 表示艉重（有艉倾力矩）；

ΔM<0 表示艉重（有艉倾力矩）。

该力矩差应在调整固体压载铁时一起消除。

如后面的实例所示：

$\Delta P = 1.361t$（艇轻）

$\Delta M = -9.05 t \cdot m$（艉重）

应按上述定重实验结果作调整。调整时，无论潜艇的固定载荷变化如何，一般都不应改变均衡初水量，而以改变压铁数设置来平衡。当压铁的改变不大时，可对均衡水初水量做少量改变，但应满足变动载荷代换要求，并在下次进坞时改用压铁调整（见实例的结论）。

根据定重实验并经进坞校正压载后的潜艇，它的装载状态和理论正常载荷相符，这样的装载就是正常载荷。正常载荷的潜艇，它能保证潜艇达到设计所规定的最大续航力和海水密度代换范围。同时，定重结果所得的正常载荷数值，是潜艇在日常战斗勤务活动中均衡潜艇的基础。

表9-6 试潜定重载荷计算表

序号	载荷项目	液舱容积		理论正常状态的载荷在 $\rho=1.010 t/m^3$ 水中					实验时的载荷在 $\rho=1.018 t/m^3$ 水中			实际正常状态载荷在 $\rho=1.010 t/m^3$ 水中		
		理论/m^3	实测/m^3	重量/t	垂向		纵向		重量/t	纵向		重量/t	纵向	
					力臂/m	力矩/(t·m)	力臂/m	力矩/(t·m)		力臂/m	力矩/(t·m)		力臂/m	力矩/(t·m)
(1)	(2)	(3)	(4)	(5)	(6)	(7)	(8)	(9)	(10)	(11)	(12)	(13)	(14)	(15)
(Ⅰ)	固定载荷			1019.454	3.37		-0.13	-132.97	1019.093		-99.50	1019.093		-99.50
(Ⅱ)	变动载荷													
	1号燃油舱内燃油	14.27	14.00	11.773	2.18	25.67	21.97	258.65	11.410	21.97	250.68	11.550	21.97	253.75
	2号燃油舱内燃油	18.00	18.20	14.85	1.30	19.31	27.95	415.06	14.979	27.95	418.66	15.015	27.95	419.67
	1号淡水舱淡水	2.65	2.65	2.65	1.58	4.18	18.04	47.80	2.650	18.04	47.80	2.650	18.04	47.80
	2号淡水舱淡水	12.82	12.40	12.82	1.26	16.15	13.29	170.38	12.400	13.29	164.80	12.400	13.29	164.80
	……	…	…	…	…	…	…	…	…	…	…	…	…	…
	小计			207.318		407.65		784.95	203.917		208.266			789.87
(Ⅲ)	不足固定载荷													
(Ⅳ)	临时增加的载荷													
	工厂的工具箱和其他设备								0.300		4.00			
	临时增加的单人救生品								0.153		-15.30			
(Ⅴ)	固体压载铁													
	压铁在 $\rho=1.010$ 水中重量			98.782	1.07	105.96	3.66	362.00	96.834		332.66	96.834	3.44	333.66
	定重后增加压铁重（$\rho=1.010$）													
(Ⅵ)	固体压载铁													
	1号浮力调整水舱的水	上14.17/下6.38	20.07	1.00	0.22	0.22	4.35	4.35	上3.02/下6.38	5.45/4.35	16.46/27.75	上/下1.00	5.45/4.35	上/下4.35

续表

序号	载荷项目	液舱容积		理论正常状态的载荷在 $\rho=1.010t/m^3$ 水中					实验时的载荷在 $\rho=1.018t/m^3$ 水中			实际正常状态载荷在 $\rho=1.010t/m^3$ 水中		
		理论/m³	实测/m³	重量/t	垂向		纵向		重量/t	纵向		重量/t	纵向	
					力臂/m	力矩/(t·m)	力臂/m	力矩/(t·m)		力臂/m	力矩/(t·m)		力臂/m	力矩/(t·m)
	2号浮力调整水舱的水	16.02	15.87						2.97					
	调整水舱淡水围壁	5.74	5.64						5.64	1.90	10.72			
	艏纵倾平衡水舱	6.95	6.67	3.00	1.91	5.73	24.17	72.51	2.00	24.17	48.37	3.00	24.17	72.51
	艉纵倾平衡水舱	8.04	7.46	3.00	2.49	7.47	-25.87	-77.61	5.30	-25.87	-137.11	3.00	-25.87	-77.61
	小计			7.00	1.91	13.42	-0.11	-0.75						
(Ⅶ)	固体压载铁													
	由于海水密度不同而修正的压铁重量													
	剩余浮力													
	全船重量总计			1332.554	2.97	3962.98	0.76	1013.20	1343.109	0.76	1020.76	1332.554	0.76	1013.23
	艇的浮力													
	$\rho=1.00$时艇的浮力			1319.36	3.24	4274.73	0.76	1003.20	1319.36	0.76	1002.71	1319.36	0.76	1003.20
	由于海水密度改变而产生的浮力增量			13.194	3.24	42.75	0.76	10.03	23.749	0.76	18.05	13.194	0.76	10.03
	浮力总计			1332.554	3.24	7317.48	0.76	1013.23	1343.109	0.76	1020.76	1332.554	0.76	1013.23

9.9.3 定重实验实例

×××潜艇试潜定重实验

时间：××××

地点：××××

天气：阴

风力：二级

海面情况：无涌、小浪

水深：30m

海水密度 $\rho=1.018t/m^3$

载荷计算如表9-7所示

注：定重时，

（1）1号、4号燃油仓装载的燃油密度 $\rho=0.815t/m^3$；

（2）2号、3号、5号、6号燃油仓装载的燃油密度 $\rho=0.823t/m^3$；

（3）滑油密度 $\rho=0.090t/m^3$。

根据实验结果应改变压铁和纵倾平衡水之和（表9-7、表9-8）。

表 9-7　某潜艇试潜定重试验计算表

序号	名　　称	重量/t	纵向	
			力臂/m	力矩/(t·m)
1	理论正常状态的固定载荷（+）	1019.454		-132.97
2	实际正常状态的固定载荷（-）	-1019.093		-99.50
3	理论正常状态的变动载荷（+）	207.318		784.95
4	实际正常状态的变动载荷（-）	-208.266		-789.87
5	理论敷设的压载铁（ρ=1.010）（+）	98.782		362.00
6	实际敷设的压载铁（ρ=1.010）（-）	-96.834		-332.66
	共　　　计	1.361		-9.05

表 9-8　压铁和纵倾平衡水改变量的确定表

序号	名称	重量/t	纵向	
			力臂/m	力矩/(t·m)
1	压铁在 ρ=1.010 水中的重量			
2	1 号调整水舱	1.361	4.35	5.92
3	艏纵倾平衡水舱	-0.300	24.17	-7.25
4	艉纵倾平衡水舱	+0.300	-25.87	-7.76
	共　　　计	1.361		-9.05

结论：

（1）根据定重实验结果并经计算，本艇实际正常状态在 ρ=1.010t/m³ 海水中的原始初水量为：

1 号调整水舱水量：1+1.361=2.361（t）

艏纵倾平衡水舱：3-0.300=2.700（t）

艉纵倾平衡水舱：3+0.300=3.300（t）

（2）为完全达到设计要求的标准状态，需增加压铁（在 ρ=1.010t/m³ 水中）重 1.361t，产生的艉倾力矩 9.05t·m，具体方法见《压铁敷设报告书》。

（3）另因本艇存在水下 1.2°～1.3°的右横倾，已用搬动压铁方法消除。具体位置见《压铁敷设报告书》。

9.10　邦戎曲线和浮心稳心曲线

在 9.5 节介绍的静水力曲线只适用于潜艇处于正浮状态的情况，或有纵倾但纵倾很小，按舯船吃水可从静水力曲线上查出排水量和浮心坐标的近似值。若潜艇有显著的纵倾，如图 9-17 所示，当潜艇漂浮在任意纵倾状态 $W_\varphi L_\varphi$ 水线，要计算该状态下之 V，x_c，z_c 和 $z_m=z_c+r$ 值，则须借助邦戎曲线和浮心稳心曲线。

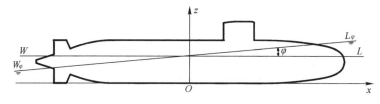

图 9-17 任意纵倾状态

9.10.1 邦戎曲线及用法

邦戎曲线（又称伯阳曲线）是一组表示各肋骨面之面积随吃水而改变的曲线总称，如图 9-18 所示。这些曲线通常画在具有 20 个等距理论肋骨的侧面图上。

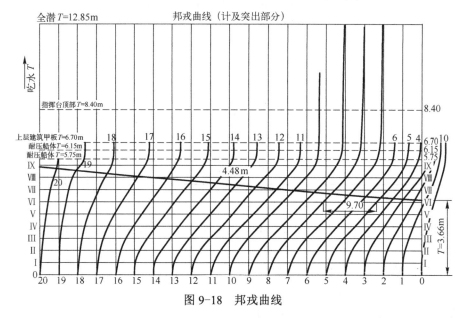

图 9-18 邦戎曲线

图中曲线的意义如图 9-19 所示，在每一站理论肋骨处，图线表示不同吃水时的肋骨面积 ω_i，即 $\omega_i = f(T)$。

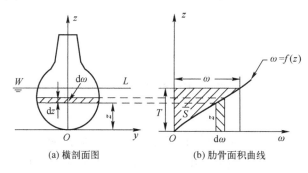

图 9-19 肋骨面积曲线

根据潜艇纵倾平衡水线的艏、艉吃水 T_b，T_s，应用邦戎曲线可得该水线下的排水量 V 和浮心纵向坐标 x_c 值，具体求法如下。

（1）根据潜艇的已知吃水 T_b，T_s 值，用相同缩尺比，在邦戎曲线图上作出纵倾平衡水线 $W_\varphi L_\varphi$（因为曲线图的横向和纵向缩尺比不同，所以不能用纵倾角 φ 来确定纵倾平衡水线）。

（2）根据 $W_\varphi L_\varphi$ 水线和各理论肋骨之交点（该交点即各肋骨处吃水），水平量取各肋骨之面积值 ω_i（$i = 0, 1, 2, \cdots, 20$）。

（3）应用梯形法则求 V 及 x_c

$$V = \Delta L \left(\frac{\omega_0}{2} + \omega_1 + \omega_2 + \cdots + \omega_{19} + \frac{\omega_{20}}{2} \right) \tag{9-36}$$

$$x_c = \frac{M_{xy}}{V} = \frac{(\Delta L)^2}{V} \left(\frac{10\omega_0}{2} + 9\omega_1 + \cdots + 0 - \omega_{11} - 2\omega_{12} \cdots -9\omega_{19} - \frac{10\omega_{20}}{2} \right) \tag{9-37}$$

式中：ΔL 为理论肋骨间距；M_{xy} 为排水容积对舯船面的容积静矩。

9.10.2 浮心曲线及其用法

纵倾状态的浮心坐标 z_c 是借助浮心曲线来求的，而稳心 m 点到基线高度 $z_m = z_c + r$ 值是借助稳心曲线来求的。这两种曲线前者绘为实线，后者绘为虚线，都画在类似于邦戎曲线的侧面图上。下面先介绍浮心曲线。

由 9.5 节已知，浮心坐标 z_c 的公式为

$$z_c = \frac{M_{xy}}{V} = \frac{1}{V} \int_0^v z \mathrm{d}v$$

其中：排水容积对基平面的静矩 M_{xy} 可写成

$$M_{xy} = \int_0^v z \mathrm{d}v = \int_{-L/2}^{L/2} z_\omega \cdot \omega \mathrm{d}x \tag{9-38}$$

式中：ω、z_ω 分别为某号理论肋骨在计算纵倾水线下的肋骨面积和该肋骨面积中心距基线的高度（图 9-19）。

由图可知，$z_\omega \cdot \omega$ 的几何意义相当于肋骨面积曲线下的一块面积。此面积可按下式计算：

$$z_\omega \cdot \omega = \int_0^\omega z \mathrm{d}\omega = \omega T - \overline{S} \tag{9-39}$$

面积 $\omega T - \overline{S} = f(T)$ 是吃水的曲线，称为浮心曲线。因此，浮心坐标 z_c 可改写成

$$z_c = \frac{1}{V} \int_{-L/2}^{L/2} z_\omega \cdot \omega \mathrm{d}x = \frac{1}{V} \int_{-L/2}^{L/2} (\omega T - \overline{S}) \, \mathrm{d}x \tag{9-40}$$

或用梯形法则写成

$$z_c = \frac{\Delta L}{V}\left[\frac{(\omega T - \bar{S})_0}{2} + (\omega T - \bar{S})_1 + \cdots + (\omega T - \bar{S})_{19} + \frac{(\omega T - \bar{S})_{20}}{2}\right]$$
$$= \frac{\Delta L}{V}\left[\sum_{i=0}^{20}(\omega T - \bar{S})_i - \frac{(\omega T - \bar{S})_0 + (\omega T - \bar{S})_{20}}{2}\right] \tag{9-41}$$

式中：$(\omega T - \bar{S})_i$ 可查浮心曲线图，量取方法和邦戎曲线相同。

9.10.3 稳心曲线及其应用

由前已知稳心 m 点在基线以上的高度为

$$z_m = z_c + r = z_c + \frac{I_x}{V}$$

式中：I_x 为纵倾水线面积对 x 轴的惯性矩，并可表示为

$$I_x = \frac{2}{3}\int_{-L/2}^{L/2} y^3 \mathrm{d}x$$

考虑到式（9-40），稳心高 z_m 的计算公式可改写成

$$z_m = z_c + r = \frac{1}{V}\int_{-L/2}^{L/2}(\omega T - \bar{S})\mathrm{d}x + \frac{1}{V}\cdot\frac{2}{3}\int_{-L/2}^{L/2} y^3 \mathrm{d}x$$
$$= \frac{1}{V}\int_{-L/2}^{L/2}\left[(\omega T - \bar{S}) + \frac{2}{3}y^3\right]\mathrm{d}x \tag{9-42}$$

用梯形法则近似积分得

$$z_m = \frac{\Delta L}{V}\left\{\sum_{i=0}^{20}\left[(\omega T - \bar{S})_i + \frac{2}{3}y_i^3\right] - \frac{\left[(\omega T - \bar{S}) + \frac{2}{3}y^3\right]_0 + \left[(\omega T - \bar{S}) + \frac{2}{3}y^3\right]_{20}}{2}\right\} \tag{9-43}$$

式（9-43）括号中数值 $\left[(\omega T - \bar{S}) + \frac{2}{3}y^3\right]$ 同样是随吃水变化的函数，故可视作

$$\left[(\omega T - \bar{S}) + \frac{2}{3}y^3\right] = f(T)$$

的曲线，称为稳心曲线（图9-20），该曲线的用法与浮心曲线相同。

由上介绍可知，任意纵倾状态下的 V，x_c，z_c 及 z_m 的计算较为麻烦，通常列表进行或编程计算。潜艇管理人员在日常处理大纵倾问题时，一般根据纵倾条令执行。特殊纵倾方案的计算，还可借助第12章介绍的万能曲线图进行。

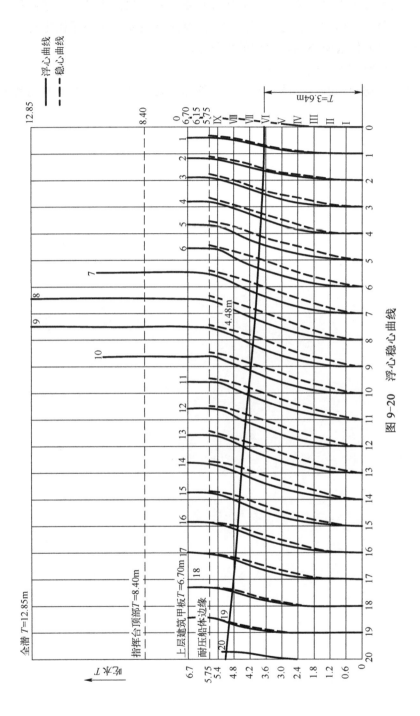

图 9-20 浮心稳心曲线

思考题：

（1）建立潜艇水下平衡方程可分为增加重量法和损失浮力法，思考两种方法的根本差别所在，并分别写出按两种方法得出的正浮状态下潜艇的水下平衡方程。

（2）试简要分析潜艇下潜、上浮的力学原理。

（3）为什么要实施潜艇的均衡？

（4）潜艇的均衡水舱包括哪些？它们一般布置在什么位置？在潜艇均衡时如何发挥作用？

第 10 章 潜艇的初稳性

潜艇在满足平衡条件后是否一定能保持既定的浮态？在各种外力（如增减、移动载荷、风浪等）的作用下潜艇会不会翻？新的平衡位置在哪里？等等，为此需研究潜艇的另一个十分重要的航海性能——稳性。

本章将研究如下问题：什么是潜艇的稳性？判断、表示和计算潜艇稳度的基本方法、一般公式和常用算法，影响稳度的主要因素（在各种外力作用下潜艇的浮态、稳度的变化规律），潜艇水下稳度的计算，潜艇在下潜与上浮过程中稳性的变化。

本章学习思路：

潜艇的稳性问题与水面舰艇类似，其物理根源也是一对由重力与浮力组成的力偶及其相互关系。潜艇稳性问题的解决关键在于对这对力偶的分析，其实质为力偶臂大小的获取，即浮心移动轨迹与新的浮心位置。与水面舰艇不同之处在于，除了需考虑由于倾斜等问题造成浮心移动，还需重点关注潜艇下潜与上浮过程中重力与浮力这对力偶的变化（力的大小与作用位置的变化）所引起的稳性改变。

本章内容可归结为以下核心内容。

1．水下稳度的计算

采用增载法和失浮法两种方法计算水下状态潜艇的稳性问题，其核心是对压载水舱中水采用了不同的处理方法。

2．不同使用状态时潜艇稳度的变化

潜艇在不同使用状态时（如潜坐海底等）的稳性问题，其核心都是计算重力与浮力这对力偶的变化及其对浮态和稳性的影响。

3．潜艇下潜与上浮过程中稳性变化问题

采用潜艇潜浮稳度曲线图来分析下潜与上浮过程中，重力与浮力、重心与浮心变化所引起的稳性改变。

本章难点：

（1）潜艇水下稳度的计算；

（2）不同使用状态时潜艇稳度的变化；

（3）潜艇潜浮稳度曲线图。

本章关键词：

稳性；初稳性；稳心；初稳心高；水下稳度；潜艇潜浮稳度曲线图等。

10.1 潜艇稳性的基本概念

什么是潜艇的稳性？

潜艇在外力作用下，偏离其平衡位置，当外力去除，能自行重新回到原来位置的能力（也称复原能力）叫作稳性。

由此可见，稳性是针对潜艇的某一个平衡位置（浮态）而言的，稳性是平衡位置的固有特性，也是用于描述不同平衡位置间区别的特征量。不是平衡位置，不能谈稳性。当处于某个平衡位置的潜艇具有上述复原能力时，则称该平衡位置是稳定的，否则是不稳定的。有无上述复原能力是稳或不稳的问题，而复原能力的大小是稳定的程度问题。前者是质的不同，后者则是量的差别。稳性包含稳不稳及稳度多大这两方面的概念。

按潜艇的航行状态，稳性可分为水上稳性、水下稳性和潜浮稳性；按潜艇偏离其平衡位置的方向，稳性可分为横稳性和纵稳性；按潜艇偏离其平稳位置的大小，稳性可分为初稳性和大角稳性；按外力作用的特点，稳性可分为静稳性和动稳性。

10.1.1 横稳性与纵稳性

潜艇在瞬时外力作用下，发生相对原平衡位置的偏离，可能有各种情况，但概括起来，无非是沿坐标轴的平移或绕坐标轴的转动。

对处于水面状态的潜艇，当艇沿铅垂轴（z 轴）上下平移时，将发生吃水改变，从而引起浮力的变化。但当外力去掉后，或因重量大于浮力，或浮力大于重量，潜艇总会自行重新回到原来的平衡位置。因此对于这种偏离来说，潜艇的平衡总是稳定的。当潜艇沿水平轴做前后（x 轴）左右（y 轴）的平移，或绕铅垂轴（z 轴）转动时，潜艇的平衡是显然的。这类偏离就研究潜艇安全而言是没有什么实际意义的。最有实际意义的是潜艇绕水平轴的转动，这时潜艇与水表面（或水平面）的相对位置改变了，而且这种偏离，潜艇的平衡绝不总是稳定的，其中尤其是水面状态绕 x 轴的转动（横倾）和水下状态绕 y 轴的俯仰（纵倾）。因为水面状态的翻艇通常总是发生在横向，而水下状态的危险通常总是来自纵倾。

按偏离的方向区分，把研究横倾条件下潜艇的复原能力叫作横稳性，而把研究纵倾条件下潜艇的复原能力叫作纵稳性。

10.1.2 初稳性与大角稳性

根据潜艇偏离其平衡位置的大小不同，还把稳性分为初稳性（小角稳性）和大角稳性。潜艇水面初稳性是指倾斜倾差角较小（$\theta < \pm 15°$，$\varphi < \pm 0.5°$）时恢复平衡位置的能力，超过此值则属于大角稳性问题。通常情况下，舰船在水面状态时受扰引起的大角度仅在横倾时发生，所以大角稳性只研究横稳性，但对于潜艇来说，在其服役期间有时需面对大纵倾，为此需研究大角度纵倾状态的浮性和稳性。

上述区分，为的是在倾角较小时，可作出某些假设使复原能力用简单的数学方程来表求，从而使整个研究简化并得出方便实用的结果。初稳性表示受到外界小扰动情况下潜艇的稳性，全面表征潜艇某一平衡位置的横稳性应是大角稳性。但在处理许多实际问题时，往往只要知道潜艇的初稳性就足够了。

另外，稳性还可以根据外力作用的特点来划分。当外力作用产生的使潜艇倾斜的力矩（倾斜力矩）是缓慢地加在潜艇上的，潜艇的倾斜角速度和角加速度很小，可忽略不计，则这种情况下的稳性称为静稳性。如燃油或均衡水在导移过程中所造成的力矩、长时间连续吹拂的风力等作用于潜艇时，潜艇的稳性就具有静稳性的特点。如果外力作用的倾斜力矩是突然作用在艇上的，使潜艇有较快的倾斜角速度及角加速度，则这种情况下的稳性称为动稳性。如潜艇破损大量海水突然灌入或突起的阵风等构成的力矩作用于潜艇时，潜艇的稳性具有动稳性的特点。

10.2 潜艇稳定中心高及其计算

10.2.1 潜艇稳定中心高及其表示式

潜艇稳定中心高与水面舰船的相类似，即稳定中心在重心之上的高度叫稳定中心高：
横稳定中心在重心之上的高度 $\overline{Gm}$ 叫横稳定中心高，以 h 表示；
纵稳定中心在重心之上的高度 $\overline{GM}$ 叫纵稳定中心高，以 H 表示。
由图 10-1 可见：

$$h = z_c + r - z_g \tag{10-1}$$

$$H = z_c + R - z_g \tag{10-2}$$

式中：z_c 为浮心高度；z_g 为重心高度；r，R 分别为横、纵稳定中心半径。

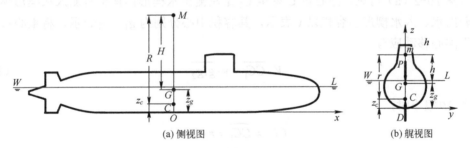

图 10-1 潜艇稳定中心高

由平衡稳定条件得知，当 $h>0$（或 $z_c+r>z_g$）及 $H>0$（或 $z_c+R>z_g$），分别表示横稳定中心 m 点与纵稳定中心点 M 在重心 G 以上，所以平衡稳定条件可用稳定中心高来表示。即 $h>0$，潜艇横稳定；$H>0$，潜艇纵稳定。

由式（10-1）、式（10-2）可知，要计算 h、H 值关键在于确定稳定中心半径 r、R 值，因为 z_g 和 z_c 的计算已在上一章中解决了。

10.2.2 计算稳定中心半径的公式

研究结果表明，稳定中心半径可用下式表示：

$$r = \frac{I_x}{V} \tag{10-3}$$

$$R = \frac{I_{yf}}{V} \quad (10\text{-}4)$$

式中：V 为潜艇容积排水量；I_x 为水线面积对纵向中心轴 ox 的惯性矩；I_{yf} 为水线面积对横向中心轴。

以式（10-3）为例推导如下：

设潜艇漂浮于水线 WL 时，容积排水量为 V，等体积倾斜小角度 θ 而到达水线 W_1L_1，浮心由 C 点移至 C_1 点，二浮力作用线之交点为 m，横稳定中心半径为 r（图 10-2）。

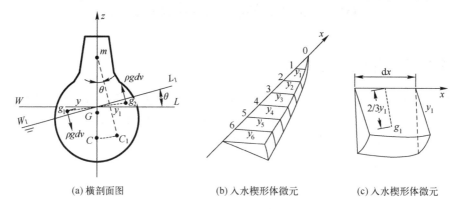

(a) 横剖面图　　(b) 入水楔形体微元　　(c) 入水楔形体微元

图 10-2　稳定中心半径 r 的计算

由图 10-2（a）可见，浮心自 C 移至 C_1 是左侧出水楔形体移至右侧入水楔形体的结果。若出水、入水楔形小容积以 v 表示，其容积中心分别为 g_1，g_2 表示，将重心移动定量用于浮心移动应有

$$V \cdot \overline{CC_1} = v \cdot \overline{g_1 g_2} \quad (10\text{-}5)$$

当 $\mathrm{d}\theta$ 很小时：

$$\overline{CC_1} \approx \overparen{CC_1} = r \cdot \mathrm{d}\theta$$

于是

$$V \cdot r \mathrm{d}\theta = v \cdot \overline{g_1 g_2}$$

所以

$$r = \frac{v \cdot \overline{g_1 g_2}}{V \cdot \mathrm{d}\theta} \quad (10\text{-}6)$$

欲计算 r 值必须求出 $V \cdot \overline{g_1 g_2}$，它是由楔形小容积移动所产生的容积矩，为此先沿艇长取微元容积：

$$\mathrm{d}v = \frac{1}{2} y^2 \mathrm{d}\theta \cdot \mathrm{d}x$$

$\mathrm{d}v$ 搬动距离：

$$\overline{g_1 g_2} = 2 \cdot \frac{2}{3} y$$

$\mathrm{d}v$ 对 ox 轴的矩：

$$\frac{2}{3}y \cdot dv \tag{10-7}$$

则入水、出水楔形小容积 v 对 ox 轴之矩为

$$\begin{aligned} v \cdot \overline{g_1 g_2} &= 2\int \frac{2}{3}y \cdot dv = 2\int \frac{2}{3}y \cdot \frac{1}{2}y^2 d\theta dx \\ &= \frac{2}{3}\int y^3 \cdot \frac{1}{2}y^2 d\theta dx \\ &= I_x \cdot d\theta \end{aligned} \tag{10-8}$$

因此，由式（10-6）可得

$$r = \frac{I_x}{V}$$

同理可以得到计算纵稳定中心半径 R 的公式。

10.2.3 关于潜艇稳定中心高的说明

1．潜艇的水上横稳定中心高 h 的数值比水上纵稳定中心高 H 小得多

比较式（10-1）与式（10-2）、式（10-3）与式（10-4）不难看出，二者之区别在于水线面积惯性矩 I_x 和 I_{yf} 不同。由于水线面的形状是狭长的，其长方向的尺度远大于横方向的尺度，$I_{yf} \gg I_x$，即 $r \ll R$。一般潜艇的稳定中心高为

$$h = 0.15 \sim 0.65 \text{m}$$
$$H = (0.80 \sim 1.5)L \text{m}$$

式中：L 为潜艇水密长度。

潜艇在水面状态时，只要横稳定中心高 h 为正，且达到一定量值（一般要求 $h > 0.15 \sim 0.25$m 为安全稳度），则潜艇的水面平衡位置是稳定的，至于水面纵稳性通常总是有保证的。同时考虑到 R 相对 $(z_c - z_g)$ 大得多，故取 $H = R$。

2．由稳定中心高的计算公式可知，h、H 的大小取决于重心高低和艇体形状

潜艇重心高度 z_g 是稳度好坏的重要因素，而 z_g 的大小取决于潜艇载荷高度的分布情况。因此，关于重量、重心位置的控制，是潜艇设计中的一个重要问题，有时甚至成为潜艇设计中的颠覆性难题；在潜艇服役期间也须十分注意重心升高问题，尤其是低位大量卸载，如卸去底部舱柜的燃油而不加补重水，或卸电池组等都会使重心升高，甚至使 $h < 0$，从而发生潜艇倾覆事故。

艇体排水容积形状和水线面积形状是影响稳度的另一个重要因素，它们将导致 z_b、r、R 的改变，所以稳定中心高将随潜艇的吃水和装载状态而改变。尤其是当潜艇的储备浮力较小且在水面航行时，波浪从后面盖过来，使艇的有效水线面积损失较多，造成在一段时间里横稳性的严重降低，从而产生令人吃惊的横倾。

3．横稳定中心高 h 的大致量值

各类舰艇的横稳定中心高 h 有其合适的数值，大致是 $0.04 \sim 0.06D$，D 为潜艇直径。

从静稳性的角度来看，较大的 h 值有利于改善不沉性能和保持稳性。但过大的 h 值，舰艇在风浪中航行时容易产生剧烈的摇摆，对舰艇安全、工作与生活及使用武器都是不

利的。因此，在舰艇的设计和改装时应考虑舰艇具有较合适的横稳定中心高。潜艇在水面状态时，h 在 0.25～0.65 范围内；水下状态时，h 在 0.15～0.50 范围内。

4．潜艇稳定中心高的计算实例

对于一定的潜艇，可根据前面章节介绍的方法，应用静水力曲线来查找正浮状态某一吃水 T 时的 z_c，r，R，再代入已知的重心高度 z_g 值，即可计算出潜艇水面正浮状态的稳定中心高 h 和 H。

例 10-1 某艇水面巡航状态 T=4.59m，P=1319.36t，z_g=3.00m，试根据静水力曲线计算 h、H。

解：由 T=4.59m，查"浮力与初稳度曲线"可得

$$z_c+r=3.34\text{m}$$

$$R=84.6\text{m}$$

$$h = z_c + r - z_g = 3.34 - 3.00 = 0.34\text{（m）}$$

$$H = z_c + R - z_g = R = 84.6\text{m}$$

10.3 潜艇水下状态的稳性

10.3.1 潜艇水下稳定平衡条件

和研究潜艇水上稳性一样，给处于平衡状态水下潜艇一个瞬时干扰，使其再产生横倾（或纵倾），如图 10-3 所示。

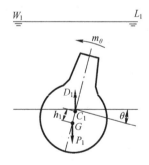

图 10-3 潜艇水下稳定平衡条件

由于潜艇在水下状态时，无论倾角多大，其排水容积和形状不变，所以水下排水量 $V_↓$ 和对应的水下浮心 $C_↓$ 位置也不变。另外，认为潜艇在水下倾斜过程中艇上载荷没有增减和移动，故潜艇水下重量 $P_↓$ 和重心 $G_↓$ 也不变，因此，当浮心 $C_↓$ 位于重心 $G_↓$ 之上时，重力 $P_↓$ 与浮力 $D_↓$（或 $\rho V_↓$）将不作用在同一条铅垂线上，而形成力偶，力偶的矩就称为水下复原力矩。

此时它的方向和倾斜方向相反，促使潜艇复原到原来位置。反之，当浮心 $C_↓$ 位于重心 $C_↓$ 之下时，形成的复原力矩起倾覆作用，潜艇继续倾斜，而不会回到原来的位置。

可见潜艇水下稳定平衡条件是：浮心 $C_\downarrow$ 在重心 $G_\downarrow$ 之上（$z_{c\downarrow} > z_{g\downarrow}$）时，复原力矩的方向与倾斜方向相反，潜艇是稳定的；反之潜艇是不稳定的。这时的潜艇犹如一个悬吊的摆锤，只要重心在浮心之下潜艇就是稳定的。实际上，潜艇在水下状态时，有效水线面积为 0，所以水线面积惯性矩 $I_x = I_{yf} = 0$，即稳定中心半径 $r = R = 0$。也就是说，潜艇在水下状态时，浮心 $C_\downarrow$ 就是横稳定中心 $m_\downarrow$，也是纵稳定中心 $M_\downarrow$，此时三心重合一点（也可根据稳定中心的定义得出上述结论）。可见，当不考虑液体载荷的自由液面影响时，潜艇水下的纵稳度与横稳度相等。

所以潜艇水下稳定条件，与水上稳定条件相似，即稳心 $m_\downarrow$（或 $M_\downarrow$ 或 $C_\downarrow$）在重心 $C_\downarrow$ 之上时，潜艇既是横稳定的也是纵稳定的。

10.3.2 水下稳度的计算

潜艇水下稳度常用水下稳定中心高和水下复原力矩度量。

1. 水下稳定中心高

如图 10-4 所示，且考虑到水下纵、横稳心高相等，则有

$$H_\downarrow = h_\downarrow = z_{c\downarrow} - z_{g\downarrow} \tag{10-9}$$

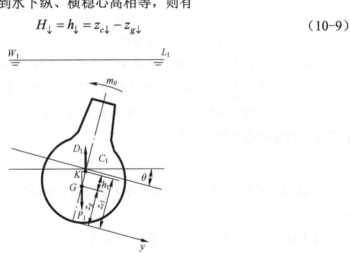

图 10-4 潜艇水下稳度

2. 水下复原力矩

$$m_{\theta\downarrow} = P_\downarrow (z_{c\downarrow} - z_{g\downarrow}) \sin\theta \tag{10-10a}$$

$$M_{\varphi\downarrow} = P_\downarrow (z_{c\downarrow} - z_{g\downarrow}) \sin\varphi \tag{10-10b}$$

当纵倾角与横倾角相等时，其复原力矩也相等。

同时，因为水下状态的浮心 $C_\downarrow$ 不随倾角而改变，所以式（10-10）在任一倾角 θ（或 φ）下都适用，无小角稳性与大角稳性的区别。

3. 计算水下稳度的两种观点

水下稳定中心高 $h_\downarrow$ 或 $H_\downarrow$ 是用重心与浮心之间的距离来度量的，但对潜艇水下重量 $P_\downarrow$ 有两种不同的观点——增载法和失浮法，从而将使水下重心 $G_\downarrow$、水下浮力 $D_\downarrow$ 和水下浮心 $C_\downarrow$ 也有两种量值，因此所得水下稳定中心高的量值也不同。

(1) 增载法：将主压载水舱注水看成潜艇增加载重。所以有

潜艇水下重量　　　$P_\downarrow = P_\uparrow + \rho \sum v_m$

潜艇水下重心高　　$z_{g\downarrow} = (P_\uparrow \cdot z_{g\uparrow} + \rho \sum v_m \cdot z_v) / P_\downarrow$

潜艇水下浮力　　　$D_\downarrow = \rho V_\uparrow + \rho V_{rb} = \rho V_\downarrow$ （10-11）

潜艇水下浮心高　　$z_{c\downarrow} = (\rho V_\uparrow \cdot z_{c\uparrow} + \rho V_{rb} \cdot z_{rb}) / D_\downarrow$

式中：$\sum v_m$ 为潜艇主压载水舱总容积（m^3）；z_v 为潜艇主压载水舱总容积中心高度（m）；V_{rb} 为潜艇储备浮容积（m^3）；z_{rb} 为潜艇储备浮容积中心高度（m）。

因此，按增载法计算水下稳定中心高度的公式为

$$H_\downarrow = h_\downarrow = z_{c\downarrow} - z_{g\downarrow} \tag{10-12}$$

例 10-2　按增载法某艇有 $P_\downarrow$ =1712.780t，$z_{g\downarrow}$ =3.08m，$z_{c\downarrow}$ =3.26m。

此时的水下稳定中心高为

$$H_\downarrow = h_\downarrow = z_{c\downarrow} - z_{g\downarrow} = 3.26 - 3.08 = 0.18 \text{（m）}$$

(2) 失浮法（固定浮容积法）：将主压载水舱注水看成潜艇失去浮力（艇上载荷不变），并由大小相等的潜艇储备浮力予以补偿。

由此可知，潜艇水上和水下重量不变（$P_\uparrow = P_\downarrow$），重心高也不变（$z_{g\uparrow} = z_{g\downarrow}$）。艇的浮力不变，因为 $\rho \sum v_m = \rho V_{rb}$。但排水容积形状由水上的 $V_\uparrow$ 变成了水下的固定浮容积 V_0，所以浮心高向坐标由水上的 $z_{c\uparrow}$ 变成水下的固定浮容积中心高 z_{c0}。因此，按失浮法计算水下稳定中心高的公式为

$$H'_\downarrow = h'_\downarrow = z_{c0} - z_{g\uparrow} \tag{10-13}$$

例 10-3　已知某艇固定浮容积浮力 ρV_0 =1319.360t，z_{c0} =3.24m，水上重心高 $z_{g\uparrow}$ =3.00m。

按失浮法计算该艇的水下稳定中心高为

$$H'_\downarrow = h'_\downarrow = z_{c0} - z_{g\uparrow} = 0.24 \text{（m）}$$

由此可知，潜艇水下稳定中心高的量值，随计算观点不同而不同，在使用时必须明确是哪种观点的、是针对哪个排水量的稳定中心高。通常在"浮性与初稳性"技术文件中给出的潜艇水下稳定中心高的量值，是按不变排水量观点即失浮法求得的（潜艇船体规范也是这样要求的）。

需要指出的是，分别采用增载法和失浮法计算所得的稳定中心高数值虽然不同，但对潜艇稳性的最终结果应是一致的。实际上，用两种观点算得的复原力矩和稳定系数的数值相同，某一平衡位置只对应着唯一的确定的稳性，不因计算方法的不同而改变平衡位置的这种属性，故有

$$P_\downarrow h_\downarrow \sin\theta = P_\uparrow h'_\downarrow \sin\theta \tag{10-14}$$

$$P_\downarrow h_\downarrow = P_\uparrow h'_\downarrow \text{ 或 } \rho V_\downarrow h_\downarrow = \rho V_0 h'_\downarrow \tag{10-15}$$

式中：$P_↓$ 为增载法的潜艇水下重量，$P_↓ = \rho V_↑ + \rho \sum v_m = \rho V_↓$；$P_↑$ 为失浮法的潜艇水下重量，$P_↑ = \rho V_↑ = \rho V_0$。

由式（10-15）可得如下稳心高的换算公式：

$$\begin{cases} h_↓ = \dfrac{V_0}{V_↓} h'_↓ \\ h'_↓ = \dfrac{V_↓}{V_0} h_↓ \end{cases} \quad (10\text{-}16)$$

例如，按上式换算某艇的水下稳心高 $h_↓$ 与 $h'_↓$ 则为

$$h_↓ = \frac{V_0}{V_↓} h'_↓ = \frac{1319.36}{1712.78} \times 0.24 = 0.18 \, (\text{m})$$

10.4　潜艇潜坐海底与增加液体载荷时的稳性

10.4.1　潜艇潜坐海底时的稳性

潜艇由于战术上或修复破损艇体装置、设备等，需要潜坐海底。潜坐海底的通常方法是浮力调整水舱内注入一定数量的舷外水形成剩余负浮力，使潜艇稳坐海底，具体操艇方法将在《潜艇操纵》中研究，这里仅就潜坐海底后对潜艇稳性的影响进行研究。

假设潜艇潜坐海底，浮力调整水舱注水为 q，其重心作用点为 K。则海底反作用力 $F = q$，作用点为 A。两力平衡，潜艇静坐于海底，当外界有干扰时使艇产生倾角 φ（图 10-5），则潜艇复原力矩为

$$m_\varphi = P_↓ h_↓ \varphi - q \cdot \overline{AK} \cdot \varphi = P_↓ \left(h_↓ - \frac{q}{P_↓} \overline{AK} \right) \varphi$$

则潜艇潜在海底时横稳定中心高为

$$h_{1↓} = h_↓ - \frac{q}{P_↓} \overline{AK} \quad (10\text{-}17)$$

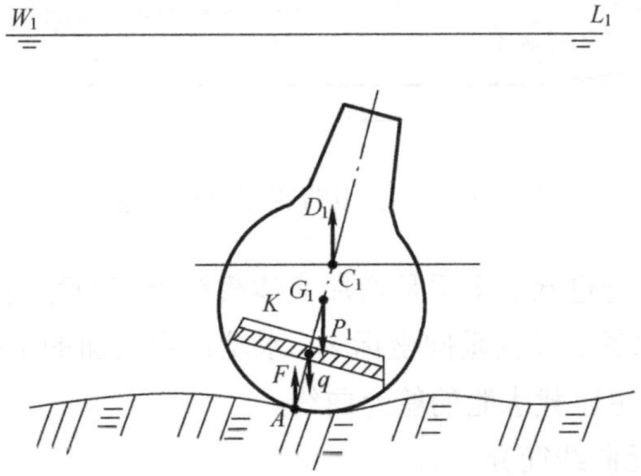

图 10-5　潜坐海底时的稳性

由上式可知，潜坐海底时，稳度减小，减小的量值取决于注入舷外水的重量和高度位置，假如稳度丧失过大，或出现负初稳度情况，潜艇可能出现失事横倾，横倾角的大小还与潜艇舷侧凸出部分及海底形状有关。为了保证潜艇潜坐海底的稳度，注水量不宜过大。如某艇一般为 2～5t 负浮力，在此情况下，稳度减少甚小，对现实影响可忽略。

10.4.2 增加液体载荷时潜艇稳定中心高的计算

主压载舱进水属增加液体载荷，增加液体载荷时，稳定中心高的计算必须计及增加载荷和自由液面的双重影响。

（1）先设想载荷为固体，由于增加载荷 q 则有

$$\delta h_1 = \frac{q}{P+q}\left(T + \frac{\delta T}{2} - h - z_q\right)$$

（2）再计及自由液面存在的修正

$$\delta h_2 = -\frac{\rho_1 i_x}{\rho(V + \delta V)}$$

$$\delta V = \frac{q}{\rho}$$

增加液体载荷后潜艇的稳定中心高为

$$\begin{aligned}h_1 &= h + \delta h_1 + \delta h_2 \\ &= h + \frac{q}{p+q}\left(T + \frac{\delta T}{2} - h - z_q\right) - \frac{\rho_1 i_x}{\rho(V + \delta V)}\end{aligned} \quad (10-18)$$

例 10-4 某艇在水面航行时 10 号主压载水舱两舷通风阀损坏进水，求艇的初稳度和浮态（图 10-6）。

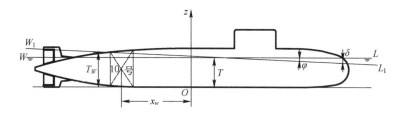

图 10-6 某艇 10 号主压载水舱进水

解：10 号主压载水舱进水。实质是增加液体载荷求艇的稳度和浮态。故首先要求出 10 号主压载水舱的进水量 v 及其垂向坐标 z_v，水舱自由液面的中心轴惯性矩 i_x 等舱元要素，为此首先简要介绍主压载水舱的舱元曲线。

1．主压载水舱舱元曲线简介

主压载水舱是为了实现潜艇的潜浮而设置的。为确定潜艇的潜浮性能，设计部门计

算了主压载水舱的舱元要素,并绘制成随吃水而变的曲线,即主压载水舱的舱元曲线,每个主压载水舱的舱元曲线可在"浮力与初稳度技术条令"中查到,它由如下三条曲线组成(图10-7)。

(1)净容积曲线 $v_m=f(T)$ 主压载水舱净容积随舱内水位而变化的曲线。净容积是指从主压载水舱容积中扣除了构件等所占空间的容积;

(2)主压载水舱容积中心垂向坐标曲线 $z_p=f(T)$;

(3)主压载水舱自由液面对潜艇纵向中心线(对称面)的总惯性矩 $I=f(T)$ 曲线。

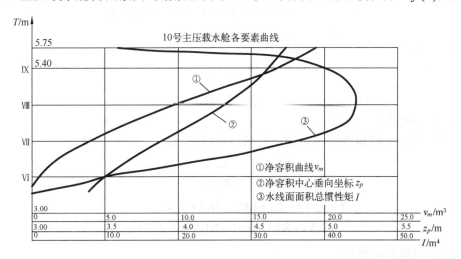

图10-7 舱元曲线

2. 求10号主压载水舱进水量及其他要素

如图10-7所示,10号主压载水舱处的吃水 T_{10} 可用下式计算:

$$T_{10} = T_{标} - l + x_{10} \tan\varphi$$

式中:$T_{标}$ 为艇的实际舯船吃水,即标志吃水,$T_{标}$=4.98m;l 为声呐导流罩下边缘到基线距离,l=0.37m;x_{10} 为10号主压载水舱容心到舯船的距离,x_{10}=-24.65m;φ 为纵倾仪上显示的艇纵倾刻度(注 $1°$=60′),φ=-43.7′。

由此可算得到10号水舱的水位 T_{10} 为

$$T_{10}=4.92\text{m}$$

由 T_{10}=4.92m 查10号水舱舱元曲线得

$$v_{10} = 10.9\text{m}^3$$

$$z_p = 4.36\text{m}$$

$$I_{10} = 44\text{m}^4$$

3. 增加液体载荷时求潜艇的稳度和浮态

(1)求潜艇新的重量和重心,如下表所示。

名称	重量		垂向		纵向	
	P_i/t	z_i/m	$P_i z_i$/(t·m)	x_i/m	$P_i x_i$/(t·m)	
正常载荷	1319.36	3.00	3958.08	0.76	1002.7	
10号主压载水舱进水量	10.9	4.36	47.52	−24.65	−268.7	
总计	1330.26	3.01	4005.60	0.55	734.0	

（2）求稳度、浮态要素。

$$V_\uparrow = \frac{P_\uparrow}{\rho} = \frac{1330.26}{1} = 1330.26 \, (\text{m}^3) \, (取 \rho=1)$$

由 $V_\uparrow$ 值查"浮力与初稳度曲线"得

$$T = 4.61 \text{m}$$
$$z_c + r = 3.34 \text{m}$$

（3）求潜艇稳定中心高。

10号主压载水舱进水后自由液面对稳度的降低值：

$$\Delta r_{10} = -\frac{\rho I_{10}}{\rho V_\uparrow} = -\frac{44}{1330.26} = -0.033 \, (\text{m})$$

所以
$$h = z_c + r - z_g + (\Delta r_1 + \Delta r_3) + \Delta r_{10}$$
$$= 3.34 + 3.01 - 0.02 - 0.033 = 0.277 \, (\text{m})$$

（4）求艏艉实际吃水。

由图10-7可知

$$\delta T = \frac{L}{2} \tan \varphi = 34.2 \times (-\tan 43.7°)$$
$$= 34.2 \times (-0.0127) = -0.43 \, (\text{m})$$

所以
$$T_b = T + \delta T + l = 4.61 - 0.43 + 0.37 = 4.55 \, (\text{m})$$
$$T_s = T - \delta T + l = 4.61 + 0.43 + 0.37 = 5.41 \, (\text{m})$$

10.5 潜艇下潜和上浮时的稳度

潜艇不仅要求在水面和水下状态是平衡稳定的，而且还要求在下潜和上浮的全过程中是稳定的。

潜艇从水面巡航状态转为水下状态或由水下转为水上，都是靠主压载水舱的注排水来实现的。潜艇的潜浮可分两种方式进行，即一次潜浮和两次潜浮（见9.1节）。不管采用哪种方式潜浮，求潜浮过程中某一位置的初稳度，其实质是增减载荷求初稳度。对于潜艇管理人员来说，可用设计部门已绘制好的"下潜与上浮初稳度曲线"来查找潜浮过程中的稳度（图10-8）。

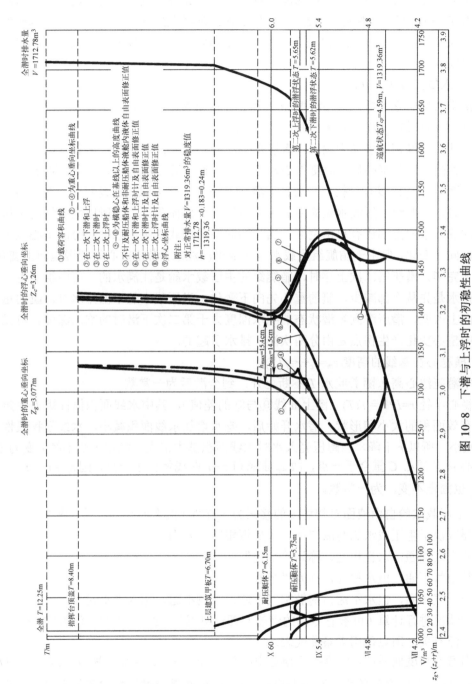

图 10-8 下潜与上浮时的初稳性曲线
(正常燃油储备情况下)

10.5.1 潜浮稳度曲线图

潜艇下潜时，若把主压载水舱的注水看成艇上增加液体载荷。由前述可知，增载后艇的吃水 T、排水量 V、稳心高（z_c+r）、重心高 z_g 都将发生变化，而且主压载水舱的自由液面对稳度的修正值 Δr 也随之改变。以上各量值均已作成随吃水而变的曲线，组成潜浮稳度曲线图。

1. 排水量曲线 $V=f(T)$

潜艇排水量随吃水增大而逐渐增加，至全潜后变成一定值。

2. 重心高曲线 $z_g=f(T)$（图上曲线②、③、④）

下潜开始，最初海水注于舱底，潜艇重心下降；随着注水增加，压载水的重心不断升高，当其高过潜艇重心后，潜艇重心开始升高，到全潜后新重心高不变，即 z_g 为一常数。两次潜浮时 z_g 曲线有一拐点，而且下潜和上浮时并不按同一曲线变化。这是因为第二次下潜时，艏艉组主压载水舱先注的水不能抵消全部储备浮力，所以艏艉组的主压载水舱未注满，水舱上部还有自由空间；当开始向中组压载水舱注水时，艇的重心似乎应先向下再向上变化，但由于艏艉组压载水舱上部再次注水，潜艇重心是缓慢地向上变化，直到注水完毕。潜艇第二次上浮时，艏艉组的主压载水舱是注满水的，而中组的主压载水舱的排水是先从上部减少，艇的重心先向下变化，当压载水舱下部排水时，艇的重心又开始向上改变，潜艇浮到半潜状态的吃水深度大于第二次下潜时的吃水深度。可见潜浮过程中重心变化产生拐点是由分两次注、排水引起的。

3. 横稳心在基线的高度 $z_m=z_c+r=f(T)$

其中潜艇浮心高 z_c 随着吃水 T 不断上升，到全潜后为一常数。

横稳心半径 $r=I_x/V=f(T)$（图上曲线⑨与⑤的差值），其中水线面积惯性矩 I_x 决定于水线面有效面积的大小和形状。潜水开始后，吃水增加水线面积减小，水线面积惯性矩 I_x 随之减小，所以 r 下降。当耐压壳入水时水线面积基本消失，稳定中心半径 r 变为零，稳定中心 m 与浮心 C 重合于一点，故 z_c 曲线和 z_c+r 曲线相交于一点，则 $z_c+r=z_{c\downarrow}$，到全潜 $z_{c\downarrow}$ 也固定不变，为一常数。

4. 主压载水舱自由液面对初稳度的修正 $\Delta r=f(T)$（图上曲线⑥、⑦、⑧）

主要取决于主压载水舱两舷空气、水是否相通，分为：

两舷空气相通，水也相通，称为"全通"。

两舷空气不通，但水相通，称为"半通"。

两舷空气相通，但水不通；两舷空气不通，水也不通，称为"不通"。

三种情况进行计算（可参看专门的潜艇原理计算书）。此外，还与潜浮方式——一次或两次潜浮有关，所以需用多条曲线表示。

根据潜浮稳度曲线图，考虑到横稳定中心高 $h=z_c+r-z_g+\Delta r$，所以曲线 $z_g=f(T)$ 和 $z_c+r+\Delta r=f(T)$ 之间的水平距离即横向初稳度 h 在潜浮过程中的变化规律。当原始装载不同时，即正常载荷和超载情况，稳度曲线也不同，所以分别绘制成两张潜浮稳度曲线图。因此，潜浮稳度曲线图比较全面地反映了潜艇在不同装载情况下的水上、水下及中间过渡状态时的初稳度，是一种重要的稳性资料。

10.5.2 潜浮稳度的"颈"区

由潜浮稳度曲线图可知，无论一次潜浮还是两次潜浮，潜艇在潜浮过程中都存在一个稳度最小区域，称作稳度 h 的"颈"区，记为 $h_{\min}$。

例如，A 艇的颈区为：

一次潜浮时：T=6.10m，$h_{\min}$=0.154m；

两次潜浮时：T=6.05m，$h_{\min}$=0.146m。

而 B 艇的颈区为：

一次潜浮时：T=6.05m，$h_{\min}$=0.171m；

两次潜浮时：T=5.59m，$h_{\min}$=0.138m。

造成这种现象的原因是：耐压船体入水，水线面面积基本消失，稳定中心半径 r=0，而浮心 z_c 和重心 z_g 都不断上升，使 h 迅速降低。另外，在此期间，主压载舱内尚有自由液面，对初稳度有较大的修正。

考虑到这种情况，在大风浪天实施潜浮时，为确保潜艇的安全应加速潜浮，以缩短在颈区的过渡时间。另外，应选择有利的航向，减少风浪对艇体的冲击，以免造成大横倾。由此可见，掌握潜艇在潜浮过程中初稳度的变化规律，对操纵潜艇具有重要的实际意义。

思考题：

（1）潜艇水下状态平衡稳定的条件是什么？

（2）分别采用增载法和失浮法分析潜艇的稳性时，所得稳定中心高和扶正力矩是否相同？

（3）潜艇的水面状态是否必须要求浮心在重心之上时才能满足稳定条件？

（4）试分析潜艇在下潜和上浮过程中，何时最危险，可采取哪些应对措施？（从稳心高变化角度来考虑。）

第 11 章 潜艇的大角稳性

潜艇在小倾斜时的稳性即初稳性问题,但潜艇在服役过程中绝不只限于发生小倾斜。如一舷主压载水舱通气阀失灵注水,潜艇在水面遭遇大的风浪或发射武器时,会受到较大的外力作用,其倾斜角可能会超过小倾角的范围,在这种情况下,潜艇是否有足够的稳度?能否保证安全?这无疑是个重要问题。要解决这类问题必须研究潜艇在大倾斜($>15°$)时的稳性规律,这时初稳度的概念和公式 $m_\theta = Ph\sin\theta$ 已经不适用了,浮心移动曲线不再是圆弧,稳定中心的位置也将随倾角而改变。

大角稳性就是潜艇某一平衡位置(通常都是指正浮状态)在大倾斜条件下的稳性。基本问题是确定复原力矩和倾角之间的关系及变化规律。关于大角稳度的计算将从略(可参见有关设计计算书),本章着重介绍大倾角的复原力矩的表示和规律性,以及如何利用这些规律解决一些实际问题。尤其是各种外力矩作用下潜艇的倾斜问题。

潜艇在水面状态的大角稳性只讨论横稳性,因纵倾通常是不大的,水面状态的纵稳性也是有保障的。另外,随着现代潜艇更重视水下航行性能,水面航行时间较少,潜艇大角稳性的重要性有所降低。

本章目的:

本章阐述潜艇的大角稳性问题,讨论大角稳性的研究思路、评估,并预报潜艇在受到静倾斜力矩与动倾斜力矩作用下的最大倾斜角。

本章学习思路:

潜艇大角稳性的基本问题是借助静稳性曲线和动稳度曲线描述复原力矩和倾角之间的关系及变化规律,解决在外力作用下潜艇稳性的判定与衡量。

本章内容可归结为以下核心内容。

1. 静稳性曲线

静稳性曲线的物理含义,即静稳性曲线为潜艇回复力矩相对于横倾角的变化曲线;静稳性曲线的相关特征量及其意义。

2. 静倾斜力矩作用

考虑初始横倾的静倾斜力矩作用下的潜艇静倾角的预报,潜艇所能承受的极限静倾斜力矩及其静倾角。

3. 动倾斜力矩作用

考虑初始横倾的动倾斜力矩作用下的潜艇动倾角的预报,潜艇所能承受的极限动倾斜力矩及其动倾角。

4. 大纵倾问题概述

在人为制造的大纵倾条件下潜艇的稳性问题。

本章难点:

(1)静稳性曲线与动稳性曲线的物理意义与对应关系;

（2）利用静稳性曲线作图分别预报舰船在受到静倾力矩与动倾力矩作用下的静倾角与动倾角；

（3）利用动稳性曲线作图预报舰船在受到动倾力矩作用下的动倾角。

本章关键词：

大角稳性；静倾力矩；动倾力矩；船形稳性力臂；耐风性计算；大纵倾等。

11.1 复原力矩及其力臂的表示式

设潜艇从平衡位置 WL 水线等体积倾斜一大角度 θ 而到达水线 $W_\theta L_\theta$（图 11-1）。与小倾斜相比，有如下两点不同：一是水线 $W_\theta L_\theta$ 和水线 WL 的交点通常都不再通过 WL 水线的面积中心 F 点；二是浮心自 C 移至 C_θ。CC_θ 通常也不能再被认为是一段圆弧，从而新的浮力作用线 $\overline{C_\theta K_\theta}$ 通常也不再通过水线 WL 时的稳定中心 m 点。于是在大横倾角情况下复原力矩不能再用 $m_\theta = Ph\sin\theta$ 表示。

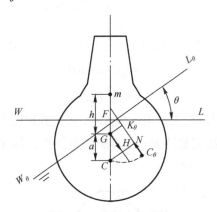

图 11-1 潜艇大角稳性

由图（11-1）可以看出，大横倾角的复原力臂为

$$\overline{GK_\theta} = \overline{CN} - \overline{CH} = \overline{CN} - a \cdot \sin\theta \tag{11-1}$$

式中：a 为正浮状态时重心 G 在浮心以上的高度；$\overline{CN}$ 为浮心 C 到新的浮力作用线（$C_\theta K_\theta$）的距离。于是，复原力矩为

$$\begin{aligned} m_\theta &= P \cdot \overline{GK_\theta} = P(\overline{CN} - a \cdot \sin\theta) \\ &= P \cdot \overline{CN} - Pa\sin\theta \end{aligned} \tag{11-2}$$

由式（11-1）、式（11-2）可知，复原力臂或复原力矩均由两项组成。

$\overline{CN}$ 取决于浮心移动，与船形有关，故叫船形稳度力臂，用 $l_{\varphi\theta}$ 表示。$P\overline{CN}$ 叫船形稳度力矩，用 $m_{\varphi\theta}$ 表示。若将重心移动定理用于浮心移动，不难从图 11-2 中看出：

$$m_{\varphi\theta} = \rho V \cdot \overline{CN} = \rho v_\theta d_\theta \tag{11-3}$$

式中：v_θ 为楔形容积，d_θ 为出水和入水两块楔形容积的中心之间的距离。所以船形稳度力矩 $m_{\varphi\theta}$ 实质上是由楔形容积的搬运形成的，并且其作用总是扶正潜艇，这与初稳度时的船形稳度力矩的特性完全相同，不同的只是$\overline{CN}$不再能用稳定中心半径"r"表示。

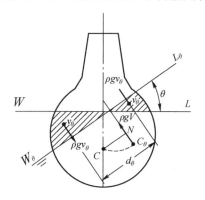

图 11-2 船形稳度力矩的构成

对于$-a\sin\theta$项，当排水量一定时，z_c为常数，a的大小取决于重心位置的高低，故称为重量稳度力臂，且只要重心在浮心之上，即a为正，则其力矩（$-Pa\sin\theta$）总是使潜艇继续倾斜。

若用l_θ表示复原力臂，则式（11-1）、式（11-2）可分别写为

$$l_\theta = l_{\varphi\theta} - a\sin\theta \tag{11-4}$$

$$m_\theta = Pl_\theta \tag{11-5}$$

把复原力矩或力臂与倾角的关系用曲线表示，得到静稳性曲线$m_\theta = f(\theta)$或$l_\theta = f(\theta)$，如图11-3所示。静稳性曲线完整地表示了潜艇的横稳性，具有很大的实用价值。

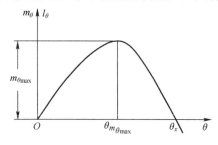

图 11-3 静稳性曲线

11.2 静稳性曲线及其应用

11.2.1 潜艇静稳性曲线的特性

与水面舰船相类似，潜艇静稳性（力臂）曲线$m_\theta = f(\theta)$或$l_\theta = f(\theta)$是复原力矩（或力臂）与倾角的关系曲线，是根据式（11-5）与式（11-4）计算的，且对应于一定的载重状态（通常是正常排水量和对应的重心高度）。须注意的是，力矩和力臂通常用同一条曲线表示，因为它们之间只相差一个常数倍数——排水量P，所以只要对其坐标采用不同的比例尺即可。

由图 11-3 可知，静稳性的一般变化规律是：随着倾角的增大，复原力矩从零逐渐加大，在某个倾角时达到极大值，以后就逐渐减小，又变为零，并最终变为负值。对应于复原力矩最大值的倾角称最大稳度角，用 $\theta_{m_{\theta\max}}$ 表示，对应于曲线下降段上复原力矩重新又变为零的角度则称稳度消失角，用 θ_x 表示。

规定：向右舷横倾时倾角 θ 为正，反之为负；从艇尾向艇首看，使潜艇绕 x 轴做逆时针转动时，复原力矩 m_θ 为正，反之为负。

考虑到船形及重量分布通常应是左右对称的，潜艇无论向右舷还是左舷倾斜时其稳性都是相同的，所以一般只需要画出曲线的右半部分就够用了，整体的静稳性曲线如图 11-4 所示。

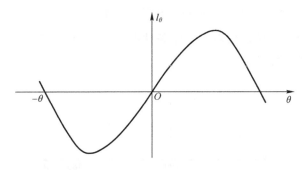

图 11-4 完整的静稳性曲线

静稳性曲线的基本用处在于：
（1）确定潜艇在各种外力作用下的大倾角；
（2）全面衡量潜艇在一定载重状态下稳性的好坏。

同时也是估算潜艇耐风浪性的基本资料之一。

如果排水量和重心高度改变了，静稳性曲线就不同。此时，可用图 11-5 所示的船形稳度臂插值曲线，应用已知的排水量静水力曲线得新的浮心坐标 z_c，然后按改变后的重心高度 z_g 计算得到新的 $a=z_g-z_c$，从而求得新的重量稳度臂 $a\sin\theta$，最后按稳度臂式（11-4）计算。

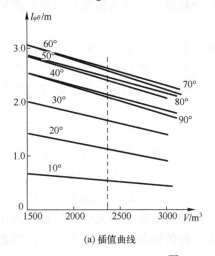

(a) 插值曲线

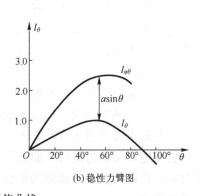

(b) 稳性力臂图

图 11-5 船形稳度臂插值曲线

11.2.2 水下状态静稳性曲线

潜艇在水下状态时，有效水线面积消失，浮心不变，船形稳度力臂为零。水下稳性仅由重量稳度力矩来确定，故水下复原力矩 $m_{\theta\downarrow}$ 及 $l_{\theta\downarrow}$ 为

$$m_{\theta\downarrow} = \rho V_{\downarrow}(z_{c\downarrow} - z_{g\downarrow})\sin\theta = P_{\downarrow}h_{\downarrow}\sin\theta \tag{11-6}$$

$$l_{\theta\downarrow} = (z_{c\downarrow} - z_{g\downarrow})\sin\theta \tag{11-7}$$

当不考虑自由液面影响的修正时，潜艇水下静稳曲线是一条正弦曲线（图 11-6），即水下稳度计算公式不受初稳度条件的限制。此时最大稳度角 $\theta_{m_{\theta\max\downarrow}} = 90°$，稳度消失角 $\theta_{x\downarrow} = 180°$。这样的静稳性曲线应该是较理想的，但实际潜艇在水下是不允许出现大的横倾，因为它受到人员、机械、仪表等工作条件的限制。如潜艇向一侧横倾超过 $45°$，电解液就要溢出，这是不允许的。

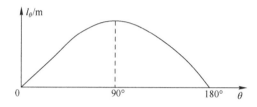

图 11-6 潜艇水下静稳性曲线

11.2.3 两种力矩作用下潜艇的倾斜

研究稳性的基本目的是判断潜艇在外力作用下会不会发生倾覆。要作出这种判断必须解决两个问题：

（1）在一定外力作用下，潜艇会产生多大的倾斜角 θ；

（2）潜艇能承受多大的外力才不致引起危险。

根据外力的性质可以把其区分为静倾斜力矩和动倾斜力矩（又称突加力矩）两种。

1. 静倾斜力矩

所谓静倾斜力矩 m_{kp}，是指从零逐渐地增加到某个值的力矩。潜艇在这样的力矩作用下其倾斜也将逐渐地增大，在倾斜过程中可以认为不产生角加速度及角速度，而是无限个平衡状态的继续。如燃油或均衡水在导移过程中所造成的力矩、长时间连续吹拂的风力等就具有静倾斜力矩的作用特点。

2. 动倾斜力矩

若外力矩是突然施加到潜艇上的，力矩的数值一下子就达到某个值，潜艇在倾斜过程中将产生角加速度及角速度，这样的力矩叫动倾斜力矩（或称突加力矩）m_{kpd}。如潜艇破损大量海水突然灌入或突起的阵风等构成的力矩就相当于这种突加力矩的作用。

综上所述，倾斜力矩对潜艇的作用不仅取决于倾斜力矩数值的大小，还要视其作用方式而定。在同样大小的倾斜力矩作用下，二者所引起的倾斜效果会很不一样，后者情况要严重得多。

为了使用上的方便，把倾斜力矩与潜艇静稳性曲线所用排水量之比称为倾斜力臂，即

$$l_{kp} = \frac{m_{kp}}{P} \tag{11-8}$$

式中：P 为正常排水量或超载排水量，应与静稳性曲线所表示的装载状态一致。

静倾斜力矩与动倾斜力矩作用下潜艇的倾斜与水面舰船的情况相类似，可参照前面的相应章节。

11.2.4 潜艇动稳度（臂）曲线及应用

动稳度 T_θ 或动稳度臂 $l_{D\theta}$ 随倾角 θ 而变化的曲线叫作动稳度（臂）曲线，动稳度（臂）曲线是相应的静稳度（臂）曲线的积分曲线，如图 11-7 所示。

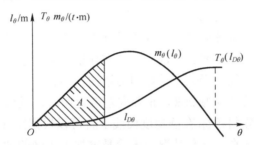

图 11-7　潜艇静稳度曲线和动稳度曲线

潜艇动稳度曲线的应用与水面舰船相类似。

1. 确定潜艇的动倾斜角

1）潜艇在正浮状态受到突加力矩作用

如果利用静稳性曲线来求 θ_D，存在的问题是准确判别图中两块类似三角形的面积大小比较困难，所以实际上确定动力倾斜角 θ_D 时一般都用动稳度曲线。

确定 θ_D 的条件是

$$m_{kpd} \cdot \theta_D = \int_0^{\theta_0} m_\theta d\theta = T_{\theta D} \tag{11-9}$$

所以用动稳度曲线来求 θ_D 时，关键在于把表示突加力矩 m_{kpd} 所做的功和倾角 θ 的关系曲线作出来，它和动稳度曲线的交点所对应的角度就是 θ_D 了。因为两曲线交点对应的角度处倾斜力矩做的功与复原力矩做的功相等。

由 $T_1 = m_{kpd} \cdot \theta$ 突加力矩所做的功 T_1 和倾角 θ 的关系显然是一条直线，因此只要任取直线上的两点即可作出 $T_1 = f(\theta)$ 的 m_{kpd} 做功线了。一般取以下两个特征点：

取 $\theta=0$ 时，有 $T_1=0$；

取 $\theta=57.3°=1$ 弧度时，有 $T_1 = m_{kpd}$，此时突加力矩做的功在数量上等于力矩本身的大小。

具体做法如图 11-8 所示，只要在横坐标 θ 等于 1 弧度（57.3°）处引垂线，并在此垂线上以动稳度的比例量取一段长度 $\overline{AC} = m_{kpd} \cdot 1$。将所得 A 点与坐标原点相连，直线 $\overline{OA}$

就是动倾斜力矩所做的功与倾角的关系曲线了。直线 $\overline{OA}$ 和曲线 T_θ 之交点 e 所对应的角度就是动倾斜角 θ_D。

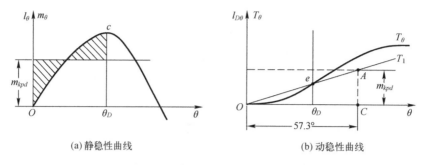

(a) 静稳性曲线 (b) 动稳性曲线

图 11-8　动稳度曲线来求动倾斜问题

2）潜艇有瞬间初倾斜受到突加力矩作用

所谓瞬间初倾斜，是指该倾斜位置并不是静力平衡位置，潜艇在该处仅做瞬间的停留，即角速度为零。例如，潜艇在波浪中间一舷摇摆至最大摆幅正要返回的一瞬间，突然受到舷向阵风的作用（相当于某个动倾斜力矩的作用）。

先假定潜艇有向右舷的初倾斜 θ_0，正要向左舷返回时，受到使潜艇向右舷倾斜的突加力矩作用，这时动力倾斜角 θ_D 在静稳度曲线上就可以根据图 11-9 上两块类似三角形面积相等的条件确定。注意，这种情况下无论是突加力矩做的功还是复原力矩做的功均应从 θ_0 开始计算。用动稳度曲线来求，如图 11-9 所示。

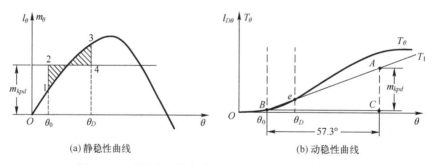

(a) 静稳性曲线 (b) 动稳性曲线

图 11-9　动稳度曲线来求有初始右倾斜的动倾斜问题

由动稳度曲线上相当于倾斜为 θ_0 的 B 点作平行于 θ 轴且等于一弧度长的线段 $\overline{BC}$，由此线段的端点 C 以动稳度 T_θ 的比例在垂向量取 $\overline{AC}=m_{kpd}$ 而得 A 点，连结 A、B 两点到得 $\overline{BA}$ 线，它在 BC 线以上的纵坐标就表示突加力矩从 θ_0 起所做的功 T_1 和倾角 θ 间的变化关系，于是直线 $\overline{AB}$ 和曲线 T_θ 之交点 e 所对应的倾角就是动力倾斜角 θ_D。因为就直线 $\overline{AB}$ 而言，纵坐标 $\overline{ef}$ 正好相当于图 11-9（a）中的矩形面积 $\theta_0 2 4 \theta_D$；就曲线 T_θ 而言，纵坐标 $\overline{e\theta}$ 代表面积 $o13\theta_D$，$\overline{ef} = \overline{e\theta_D} - \overline{f\theta_D}$，而 $\overline{f\theta_D} = \dfrac{D}{B\theta_0}$ 相当于图 11-9（a）中的面积 $o1\theta_0$，因此线段 $\overline{ef}$ 正好相当于图 11-9（a）中的面积 $\theta_0 1 3 \theta_D$。而面积 $\theta_0 1 3 \theta_D$ 和面积 $\theta_0 2 4 \theta_D$ 是相等的。这就证明了突加力矩和复原力矩从 θ_0 起至 θ_D 做的功相等。

如果瞬间初倾斜是向左舷的，潜艇正要向右舷返回时，受到使舰船向右舷倾斜的突加力矩作用，那么动力倾斜角的方法将如图 11-10 所示。关于图 11-10（a）和图 11-10（b）中坐标线段和图形面积的对应关系读者可自行分析。

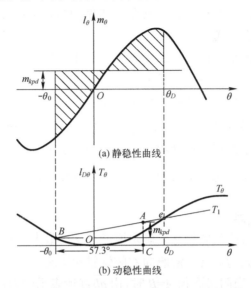

图 11-10 动稳度曲线来求有初始左倾斜的动倾斜问题

显然，这种情况下，动力倾斜角的值要比上一种情况大得多，这是因为在从（$-\theta_0$）到 0 的角度间隔上复原力矩所做的功和突加力矩所做的功符号相同。

2. 确定潜艇所能承受的最大动倾斜力矩

1）潜艇处于正浮状态

从静稳度曲线上看，如图 11-11 所示，当面积 A 等于面积 B 时，直线 $\overline{ab}$ 所表示的动倾斜力矩就是潜艇所能承受的最大动倾斜力矩，以 $m_{kpd\,max}$ 表示；相应的动力倾斜角也称最大动力倾斜角，以 $\theta_{D\,max}$ 表示。

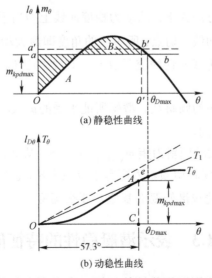

图 11-11 用动稳度曲线求有最大动倾斜力矩问题

因为只要动力倾斜力矩的值稍微再增大一点，如图11-11（a）中虚线$\overline{ab}$所表示的那样，那么倾斜力矩所做的功就将永远大于复原力矩做的功，直到潜艇倾斜到θ'时动能不会为零，还将继续倾斜，并且过了θ'后倾斜力矩做的功将更加大于复原力矩所做的功，角速度将越来越大，直至倾覆。

若利用动稳度曲线求，只要从坐标原点向T_θ曲线作切线，由切点e所对应角度就是最大动力倾斜角$\theta_{D\max}$，而自57.3°处作垂线和切线交于A点，用T_θ的比例量取的线段$\overline{AC}$就是潜艇所能承受的最大动倾斜力矩$m_{kpd\max}$。

因为切线$\overline{oe}$代表最大动倾斜力矩$m_{kpd\max}$所做的功和倾角θ的关系，而切点e意味着倾斜力矩做的功能够等于复原力矩做的功的最后一个机会，当动倾斜力矩比$m_{kpd\max}$稍微再增大一点时，如增至A'，那么动倾斜力矩做的功就将永远大于复原力矩做的功，潜艇就要倾覆了。

2）潜艇有瞬间初倾斜

设潜艇有向左舷的瞬间初倾斜θ_0，确定所能承受的最大倾斜力矩显然应从最严重的受力情况来考虑，即动倾力矩将使潜艇向右舷倾斜的情况。

从静稳度曲线上看，当阴影面积$A=B$时，由$\overline{ab}$线所表示的力矩即$m_{kpd\max}$，如图11-12所示，该力矩也叫最小倾覆力矩。

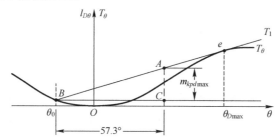

图11-12　有瞬间初倾斜时求有最大动倾斜力矩问题

用动稳度曲线来求，方法如下：从动力稳度曲线上相当于倾斜为θ_0的B点作水平线$\overline{BC}$，并自B向T_θ曲线引切线，切点e所对应的角度即最大动力倾斜角$\theta_{D\max}$，自B点量取57.3°得C点，自C作垂线与切线交于A点，以T_θ的比例量取$\overline{AC}$的长度即得所要求的最大动倾斜力矩$m_{kpd\max}$。

显然，对于不同的瞬间初倾斜θ_0，潜艇所能承受的最大动倾斜力矩$m_{kpd\max}$和相应的最大动力倾斜角$\theta_{D\max}$也不同。

还应指出，潜艇在最大动倾斜力矩$m_{KPD\max}$作用下，从理论上说应当停留在最大动力倾斜角$\theta_{D\max}$，因为在该角度时动倾斜力矩等于复原力矩，但实际上那是一个不稳定的平衡位置。根据外界干扰的情况潜艇要么复原，要么倾覆。

11.3　表示潜艇稳性的特征值

为了通过静稳度曲线鉴别潜艇稳性的好坏，为了研究各种因素对大角稳性的影响，必须考察稳度曲线上一些具有特定含义的特征值。

11.3.1 稳度臂 l_θ 曲线的初切线的斜率

静稳度臂 l_θ 曲线的初切线（在原点处的切线）的斜率等于潜艇正浮状态的横稳定中心高 h。证明如下。

如图 11-13 所示，在 θ 较小的范围内切线与曲线重合。设切线与 θ 轴之夹角为 α，则切线的斜率应为

$$\tan\alpha = \frac{l_\theta}{\theta}$$

根据初稳度的复原力矩公式应有

$$m_\theta = Ph\theta，则 l_\theta = h\theta$$

代入上式可得

$$\tan\alpha = \frac{h\theta}{\theta} = h \tag{11-10}$$

应用这个道理可从静稳度曲线上求得稳定中心高 h。为此，如图 11-13 所示，只要在 θ 等于 1 弧度（57.3°）处作 θ 轴的垂线交切线于 A' 点，用 l_θ 的比例量取 $\overline{AB}$ 即得 h。但需注意，由于从曲线的原点作切线不易做得准确，用此法求出的 h 也是不很精确的。

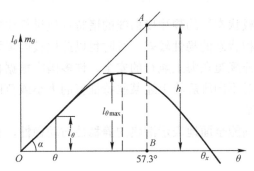

图 11-13 潜艇稳性的特征值

显然，曲线的初段越陡，意味着稳定中心高越大。

11.3.2 最大稳度臂 $l_{\theta\max}$（最大复原力矩 $m_{\theta\max}$）

$l_{\theta\max}$ 的大小意味着潜艇所能承受的最大静倾斜力矩的大小。由于 $l_{\theta\max}$ 和 $\theta_{m.\max}$ 两者结合在一起对静稳度曲线的形状和面积有很大影响；加之考虑到在破损条件下，或在随浪（顺浪）波峰上航行时稳度臂的可能降低，$l_{\theta\max}$ 当然是大一些好。

11.3.3 最大稳度角 $\theta_{m_\theta\max}$

$\theta_{m_\theta\max}$ 表示潜艇在静倾斜力矩作用下所能达到的极限倾角，超过这一角度，潜艇就要倾覆，这一角度显然大些好。

11.3.4 稳度消失角 θ_x

从正浮状态产生大倾斜时,只要倾斜角不超过稳度消失角 θ_x,当去掉外力,且潜艇在倾斜位置上没有角速度时,潜艇都能重新回到原来的平衡位置,所以从 $\theta=0$ 到 $\theta=\theta_x$ 这一范围叫稳定范围。若超过这一角度,即使去掉外力,潜艇也将在负的复原力矩的作用下翻掉。通常要求军舰的稳度消失角 θ_x 在 60°~90°。

11.3.5 静稳度曲线包围的面积

面积 A 意味着使潜艇从 0 倾斜到消失角 θ_x 所需做的最小功。所以面积 A 越大,说明潜艇承受动倾斜力矩的能力越大。面积 A 也称潜艇正浮状态的动稳度贮量(图 11-14)。

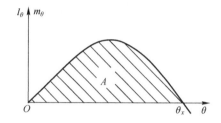

图 11-14 潜艇正浮时的动稳度贮量

将同一潜艇不同装载状态下的静稳度曲线的诸特征值进行比较,就可以知道哪一种状态的稳性较好,哪一种状态的稳性较差。有时也以此比较同类型舰艇在设计状态稳性的优劣。同时,为了保证舰艇在海上航行的安全,许多国家根据自己海区水文气象特点和航海实践的经验,针对不同舰艇将上述某些特征值的大小或范围作了明确的规定,从而形成了所谓的稳性规范。

可见,静稳性曲线确能全面地表示潜艇的静稳性与动稳性,在研究稳性保持上很有实用价值。

11.4 潜艇耐风性计算

11.4.1 潜艇的抗风能力

对于正常排水量 $D_\uparrow \geqslant 600\mathrm{t}$ 的中、大型潜艇,按"规范"应核算 12 级风作用下的水上稳性衡准数 K,且要求

$$K = \frac{M_c}{M_v} \geqslant 1 \quad \text{或} \quad K = \frac{l_c}{l_v} \geqslant 1 \qquad (11-11)$$

式中:K 为水上稳性衡准数;M_c,M_v 分别为最小倾覆力矩与风压倾侧力矩,kN·m;l_c,l_v 分别为最小倾覆力臂与风压倾侧力臂,m。

由前所述,最小倾覆力矩(或力臂)可用动稳性曲线或静稳性曲线来确定。但需计及潜艇的瞬间初倾斜最严重的情况,如取向左舷的初倾斜时,则取潜艇要向右舷返回时,

又受使潜艇向右舷倾斜的突风作用。按规范要求初倾斜角取定值$\theta_0=25°$。

风压倾侧力矩（或力臂）用下式计算：

$$M_v = 1.0 \times 10^{-3} pA_v(z_v - z_g) \quad (11-12)$$

或
$$l_v = 1.02 \times 10^{-4} pA_v(z_v - z_g)/D \quad (11-13)$$

式中：p 为计算风压（Pa）；A_v 为潜艇的等效受风面积（m²）；z_v 为潜艇的等效受风面积中心垂向坐标（m）；z_g 为潜艇的重心垂向坐标（m）；D 为潜艇的正常排水量（t）。

其中计算风压 p 视核算要求，可取突风风压或平均风压，平均风压相当于静作用，突风风压相当于动作用，并可按核算风级数查表 11-1（潜艇计算风压表）。

海上风力的大小，是随距离海面的高度不同而变化的。目前通用的蒲福氏（Beaufort）风级表，分 1926 年维也纳国际气象会议推荐表和 1946 年巴黎会议推荐表，前者测量标准高度是海面以上 6m 而后者是 10m。

表 11-1　潜艇计算风压表（单位：Pa）

风　级	1	2	3	4	5	6
平均风压	1.8	8.7	23.2	49.7	91.3	151.6
突风风压	4.6	22.4	58.9	126.4	232.8	388.9
风　级	7	8	9	10	11	12
平均风压	232.8	341.2	474.6	642.2	846.2	1084.2
突风风压	521.8	765.2	1066.6	1261.3	1655.7	2128.3

注：相当于水平面以上 10m 高度处的风压值。

例如，气象部门使用 1946 年风级表，该表只给出了平均风速 V（m/s）和平均风压 p（Pa），可表示成

$$p = C_y \frac{\rho g}{2} V^2 \quad (11-14)$$

如果式中空气密度 ρ 取 $t=0$℃时的值 1.294kg/m³，而风阻系数 $C_y=1.186$，于是可写成
$$p = 0.764 V^2 \quad (11-15)$$

由于 1946 年风级表未给出突风风速，为此可用所谓突风度来决定。因为

$$突风度 = V_{突}/V_{平均} = 1.3 \sim 1.5 \quad (11-16)$$

将式（11-16）算得的 $V_{突}$ 代入式（11-15），即得某一风级下的突风风速值。

等效受风面积 A_v 及其面积中心垂向坐标 z_v，可按下式计算：

$$A_v = \sum A_i f_i K_i K_{pi} \quad (11-17)$$

$$z_v = \frac{\sum A_i f_i K_i K_{pi} z_i}{A_v} \quad (11-18)$$

式中：A_i 为潜艇巡航水线以上各部分在对称面上的侧投影面积（m²）；f_i 为受风面的满实系数，一般取 $f_i=1$，对于特殊部件，其满实系数参照 CB/Z 32—77《受风面积计算》取定；K_i 为受风面的导流系数，按其形状可取 $K_i=0.6 \sim 1.0$；z_i 为潜艇各部分受风面积形心

的垂向坐标（m）；K_{pi} 为受风面的风压衰减系数，可依各受风面积形心在巡航水线上的高度 z_{vi} 查表 11-2 差值求取，而且

$$z_{vi} = z - T_M \tag{11-19}$$

其中：T_M 为正常排水量时潜艇的平均吃水，当 $z_{vi} \leq 0.5$ m 时，取 K_{pi}=0.45。

表 11-2 风压衰减系数

z_{vi}	1	2	3	4	5	6	7	8	9	10	11
K_{pi}	0.56	0.68	0.76	0.81	0.86	0.89	0.92	0.95	0.98	1.0	1.02

对于半潜状态来说，核算该状态的稳性衡准数的原理和方法与水上状态相同，但在要求上有以下区别：

（1）式（11-12）中的 p 用规定风级的突风风压；
（2）取瞬间初倾斜角 θ_0=15°；
（3）横倾限制角 θ_f=45°。静稳性曲线到此横倾角时应终止；
（4）核算风级由设计任务书规定。

11.4.2 实例

例 11-1 核算某艇的抗风能力

已知某艇正常排水量 $D_\downarrow$=1319.36t；正常排水量的重心高度 z_g=3.00m；受风面积 A_v=199m²；受风面积中心距基线高度 z_v=6.32m；潜艇航向与风向的夹角 α=60°。试计算某艇能否抗 12 级突风的作用？

解：

（1）查表 11-1 得知，12 级突风风压强度，计及航向影响时为

$$p=217.2\times\sin 60° 217.2\times 0.866 \text{（kg/m}^2\text{）}$$

（2）计算风压倾侧力矩及力臂

$$\begin{aligned} M_v &= \frac{1}{1000} p \sin\alpha A_v (z_v - z_g) \\ &= \frac{1}{1000} \times 217.2 \times 0.866 \times 199 \times (6.32 - 3.00) \\ &= 124.3 (\text{t}\cdot\text{m}) \end{aligned}$$

$$\begin{aligned} l_v &= \frac{1}{1000} p \sin\alpha A_v (z_v - z_g)/D \\ &= \frac{1}{1000} \times 217.2 \times 0.866 \times 199 \times (6.32 - 3.00)/1319.36 \\ &= 0.0942 (\text{m}) \end{aligned}$$

（3）由于最小倾覆力矩（或力臂）数值上等于艇的最大复原力矩 $m_{\theta\max}$。查静稳性曲线得知

$$m_{\theta\max} = 240.04 \text{t}\cdot\text{m}$$

$$l_{\theta\max} = 0.1819 \text{m}$$

(4) 核算稳性衡准数 K

$$K = \frac{M_e}{M_v} = \frac{m_{\theta\max}}{M_v} = \frac{240.04}{124.3} = 1.93 > 1$$

可见，某艇能抗 12 级突风的作用。查静稳性曲线还可知，相应于 12 级突风作用下的动力倾斜角 $\theta_D = 33°$。

11.5 大纵倾概述

11.5.1 形成纵倾的一般方法

潜艇在服役过程中，有时需要在水面造成大纵倾，以便修理巡航水线以下的各种装置，如舵、舵轴毂和螺旋桨等；或直接从发射管中装载鱼雷也需形成较大纵倾。潜艇是可以利用艇上的主压载水舱及其他液舱，采用注排水的办法使潜艇平衡在水上状态和水下状态之间的任一状态，并形成所要求的倾值。但随着大纵倾的形成，潜艇的浮态趋近水下状态，其纵稳性大大减小。为此必须研究潜艇大纵倾下的浮性和初稳性，并要求此时的纵、横稳性都应有足够的稳度。

潜艇利用本身设备形成大纵倾的一般方法有：
（1）向相应的主压载水舱注排水；
（2）向相应的辅助水舱（如鱼雷补重水舱、速潜水舱、环形间隙水舱、调整水舱、艏艉纵倾平衡水舱等）注排水或调水；
（3）卸去部分载荷（如鱼雷、油、水等）；
（4）艇员移至端部舱室内。

潜艇大纵倾的形成是通过大量增减、移动载荷来实现的。由于增减移动载荷的重量与重心位置是可知的，潜艇的大纵倾问题，也就是在已知潜艇重量、重心的条件下，确定潜艇的浮态与稳度。

11.5.2 纵倾状态下的平衡方程和初稳定中心高公式

潜艇纵倾状态下的平衡方程式：

$$\begin{cases} P = \rho V \\ \tan\varphi = \dfrac{x_g - x_c}{z_c - z_g} \\ y_g = y_c = 0 \end{cases}$$

其中第二式可改写成

$$x_g = x_c + (z_c - z_g)\tan\varphi \tag{11-20}$$

当纵倾角 $\varphi < 9°$ 时，$\tan\varphi < 0.158$，同时 $(z_c - z_g)$ 的量值较小，因此把 $(z_c - z_g)\tan\varphi$ 项忽略，将使问题大大简化，而不致于带来较大误差。所以当 $\varphi < 9°$ 时，纵倾平衡方程

式改用下式表示：

$$\begin{cases} P = \rho V \\ x_g = x_c \\ y_g = y_c = 0 \end{cases} \quad (11-21)$$

当潜艇以大纵倾状态漂浮时，浮心和有效水线面积都有很大变化，因而横稳定中心 m 点也随之而变（不再是正浮状态时的 m 点）。但是根据初横稳定中心高的定义，大纵倾状态下的 h，还应该是潜艇纵倾状态时之重心 G 到该状态的横稳定中心 m 之间的距离，如图 11-15 所示。

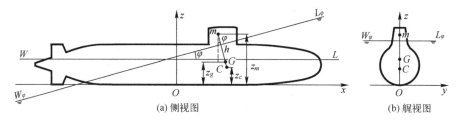

图 11-15 大纵倾时的稳心高

由图 11-15 可知，纵倾状态时的横稳定中心高为

$$h = \frac{z_m - z_g}{\cos \varphi} \quad (11-22)$$

纵倾角 $\varphi < 9°$ 时，$\quad \cos \varphi = 1, h = z_m - z_g \quad (11-23)$

式中：z_m 为纵倾状态时横稳心高到基线的距离；z_g 为纵倾状态时重心垂向坐标。

同理，纵倾状态的纵稳定中心高 H 也有很大减小。但由于水面纵倾状态时 $H \gg h$，所以当 h 有保证时，纵稳性也必有保证，故对纵稳性问题可以不予讨论。

一般在大纵倾状态下潜艇初稳性 h 应不小于正常排水量水下稳定中心高 h 的 60%，其数值不得小于 0.10m。

思考题：

（1）设想有一潜艇，其外形简化为圆柱形，如图 11-16 所示，半径为 R，长为 $L > 2R$，吃水 $T < R$，重量排水量为 P，中心坐标为 $(0, 0, T)$，试结合潜艇大角稳性的分析方法，写出该潜艇横稳性的静稳度曲线函数表达式，并分析其横稳性随横倾角变化的特点。

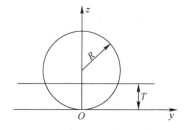

图 11-16 浮筒示意图

（2）某潜艇因部分舱室破损后造成一定角度的右倾（$\theta \approx 3°$），准备由西向东水面航行返回基地，此时海面上有持续的西南风，该潜艇可供选择的基地有两个，一个位于现位置的南部，另一个位于现位置的北部，请从航行安全的角度分析这时潜艇应回到哪个基地，并分析返航过程中应采取哪些措施以保障返航过程中的安全（从稳性保持、抗风能力方面考虑）。

（3）某潜艇遭受敌方攻击后左舷主压载水舱破损进水，潜艇浮出水面等待救援，此时潜艇左倾约 5°，横稳性高已为负值，请问应采取哪些紧急措施来保持潜艇的稳性防止倾覆（从载荷的移动与增减等方面考虑）。

第12章 潜艇的不沉性

本章目的：
简要介绍潜艇的不沉性问题，包括水面不沉性和水下不沉性。
本章学习思路：
借助与水面舰艇类似的方法研究潜艇的不沉性问题，了解潜艇水面和水下抗沉的基本措施。
本章内容可归结为以下核心内容。
1．潜艇的水面不沉性
根据不同倾角大小分别处理，小倾角时可借助静水力曲线来分析潜艇的浮态与稳性的变化；大倾角时，须借助水上抗沉图解和浮力与稳度万能图解确定潜艇的排水量和重心位置，其他要素确定则与小倾角情况相同。
2．潜艇的水下不沉性
仅需了解潜艇水下抗沉时的基本措施。
本章难点：
（1）水上抗沉图解和浮力与稳度万能图解；
（2）潜艇水下抗沉时的基本措施。
本章关键词：
潜艇的水面不沉性；潜艇的水下不沉性；水上抗沉图解；浮力与稳度万能图解等。

12.1 潜艇水面不沉性

潜艇在一定的破损情况下，例如，一个耐压隔舱及其相邻的一个或两个主压载水舱破损进水后，仍然具有足够的浮性和稳性及其他航海性能的能力，称为其水面不沉性。
潜艇破损进水后，必将引起吃水增大，储备浮力减小，造成纵倾和横倾，导致艇的稳性减小及浮态的变化。

12.1.1 失事潜艇的浮态和稳性的计算

1．当失事潜艇横倾角不大时
对于失事潜艇，当其横倾角和纵倾角不大时（$\theta<10°$，$\varphi<0.5°$），可以利用潜艇的静水力曲线计算其进水后的浮态和稳性。
假设进水破损的隔舱和相邻主压载水舱的水的体积为 $\sum v_i$，形心在（x_i, y_i, z_i）处，则可以按下述步骤进行计算。
（1）确定失事潜艇的排水量：

$$\rho \nabla_1 = \rho \nabla + \rho \sum v_i$$

（2）计算潜艇新的重心坐标：

$$x_{g1} = \frac{\nabla x_g + \sum v_i x_i}{\nabla_1}, y_{g1} = \frac{\nabla y_g + \sum v_i y_i}{\nabla_1}, z_{g1} = \frac{\nabla z_g + \sum v_i z_i}{\nabla_1}$$

实际计算中，上述两步计算可以列成载荷计算表实施计算，如表 12-1 所示。

表 12-1　失事潜艇载荷计算表

载荷名称	容积/m³	纵向		垂向		横向	
		力臂/m	力矩/(N·m)	力臂/m	力矩/(N·m)	力臂/m	力矩/(N·m)
正常载荷							
破损进水隔舱 No:							
淹没的主压载水舱 No:							
No:							
共计	∇_1	x_{g1}	M_{zq}	z_{g1}	M_{chq}	y_{g1}	M_{hq}

（3）潜艇的储备浮力：

储备浮容积为

$$\delta\nabla = \nabla_\downarrow - \nabla_1$$

储备浮力占排水量的百分比为

$$\frac{\nabla_\downarrow - \nabla_1}{\nabla_1} \times 100\%$$

式中：$\nabla_\downarrow$ 为潜艇的水下排水体积。

（4）静水力曲线图中相关数据

根据潜艇进水后的排水量，查找静水力曲线图中的相关数据，得出平均吃水 T_1、浮心垂向坐标 z_{c1}、横稳心半径 r_1 和纵稳心半径 R_1 的值。

（5）计算潜艇的横稳心高 h_1 和纵稳心高 H_1：

$$h_1 = z_{c1} + r_1 - z_{g1} - \delta h \tag{12-1}$$

$$H_1 = z_{c1} + R_1 - z_{g1} - \delta H \tag{12-2}$$

式中：δh，δH 分别为自由液面对横稳心高和纵稳心高的影响。

（6）确定潜艇的横倾角和纵倾角：

$$\theta = 57.3 \frac{M_{hq}}{\rho \nabla_1 g h_1}, \quad \varphi = 57.3 \frac{M_{zq}}{\rho \nabla_1 g H_1}$$

（7）计算潜艇的艏、艉吃水：

$$T_b = T_1 + \left(\frac{L}{2} - x_f\right)\tan\varphi, \quad T_s = T_1 + \left(\frac{L}{2} + x_f\right)\tan\varphi$$

2. 当失事潜艇的横倾角小，而纵倾角较大时

当失事潜艇的横倾角处于小倾角范围内，而纵倾角较大（$0.5° < \varphi < 90°$）时，可根据型线图和包括凸体在内的横剖面面积曲线、计算得出的水上抗沉图解（图 12-1）和浮力与稳度万能图解（图 12-2）来计算潜艇进水后的浮态和稳性。

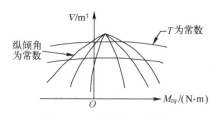

图 12-1 水上抗沉图解

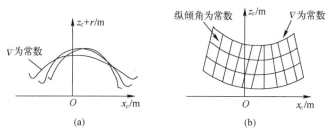

图 12-2 浮力与稳度万能图解

水上抗沉性图解是在以纵倾力矩 M_{zq} 为横坐标、排水体积 ∇ 为纵坐标的直角坐标系内，绘制的平均吃水 T 和纵倾角 φ 的等值曲线。图解上每一点给出在一定排水体积 ∇ 和纵倾力矩 M_{zq} 数值下，艇的平均吃水和纵倾角 φ 值。

浮力与稳度万能图解由两个曲线图组成：一个曲线图是绘制在以浮心的纵向坐标 x_c 为横坐标、浮心的垂向坐标 z_c 为纵坐标的直角坐标系内的排水体积 ∇ 和纵倾角 φ 的等值曲线，图上每一点给出在一定的浮心位置 x_c, z_c 的数值下，潜艇的排水体积 ∇ 和纵倾角 φ 的值；另一个曲线图是在以浮心的纵向坐标 x_c 为横坐标、z_c+r 为纵坐标的直角坐标系内绘制的排水体积 ∇ 的等值线，曲线上的点给出一定的浮心位置 x_c 和 z_c+r 数值下的排水体积 ∇ 的值。

利用水上抗沉性图解和浮力与稳度万能图解确定失事潜艇的浮态和稳度的方法如下。

（1）确定失事潜艇的排水量和重心位置。同样，由表 12-1 计算潜艇进水后的排水体积 ∇_1 和纵倾力矩 M_{zq}。在水上抗沉性图解上可内插求得平均吃水 T 和纵倾角 φ。由已知的 ∇_1, φ 值在浮力与稳度万能图解的图 12-2（b）中插值得到 x_c, z_c，然后，由求得到 x_c，∇_1 值在浮力与稳度万能图解的图 12-2（a）中求得 z_c+r 值。

（2）失事潜艇其他要素的计算。潜艇进水后其他有关浮性和稳性的参数，仍可参照上面当失事潜艇横倾角不大时的相关计算公式进行计算。

12.1.2 失事潜艇的扶正

对失事潜艇，必须尽可能地堵住破口和排空失事隔舱，并采取措施进行扶正，以使潜艇在失事后，最大限度地恢复其原有的航海性能。一般地，当失事潜艇的纵倾角大于 0.5°～1°、横倾角大于 2.5°～3°时，则需要对失事潜艇进行扶正，即把纵倾角和横倾角尽可能减小。通常采用下面三种扶正方法或这三种扶正方法的组合。

（1）在潜艇内部移动载荷；
（2）排出一些载荷；

（3）向未破损的主压载水舱注水。

第 1 种方法不消耗潜艇的储备浮力；第 2 种方法会使储备浮力有所增加。但这两种方法占用的时间较长，且因艇内可移动或排除的载荷是有限的，因此很少采用。第 3 种方法是事先假设有代表性的失事情况进行扶正计算，向未破损的主压载水舱注水，使造成的纵倾和横倾与失事造成的纵倾和横倾方向相反，这样艇的储备浮力会进一步减小，但是，可以改善艇的稳性、操纵性、快速性和摇摆等水上航行性能。扶正后，潜艇的储备浮力应足以保证安全航行，其稳性应不小于潜势状态的稳性值。由于事先进行了有针对性的扶正计算，在潜艇失事时，可以立即采取相应措施，在较短时间内扶正潜艇。

在设计中，通常将水面不沉性计算结果编制成水面不沉性表，供潜艇航行中参考使用，如表 12-2 所示。这里的不沉性是指采取抗损措施后所得的特性。

表 12-2 水面不沉性表

情况	方案	1	2	3	4	5	6
破损后	破损舱名称						
	排水量						
	储备浮力						
	艏吃水						
	艉吃水						
	横倾角						
	纵倾角						
	横稳性高						
	纵稳性高						
	横倾 1° 力矩						
	纵倾 1° 力矩						
扶正后	破损舱名称						
	排水量						
	储备浮力						
	艏吃水						
	艉吃水						
	横倾角						
	纵倾角						
	横稳性高						
	纵稳性高						
	横倾 1° 力矩						
	纵倾 1° 力矩						

12.2 潜艇水下不沉性

与水面不沉性类似，当耐压隔舱及其相邻的一个或两个主压载水舱破损进水后，在采取一定措施后，潜艇仍具有上浮、下潜和水下操纵航行的能力称为水下不沉性。

在潜艇设计阶段就应采取措施保证潜艇的水下不沉性，这些措施包括：使潜艇壳体具有足够的坚固性和水密性、设置耐压的水密舱壁将耐压艇体分成数个水密舱段、主压载水舱沿艇长合理分布、保证具有足够的高压空气的储备量及有效的主压载水舱吹除系统、具有足够的横稳性和纵稳性、装备有效的疏水设备等。

12.2.1 潜艇水下抗沉的基本措施

潜艇在水下破损进水后，其后果是迅速产生负浮力和纵倾力矩，使破损潜艇碰撞海底或超越极限深度而沉没；如果艇内还存在大面积自由液面，则可能会使破损潜艇因丧失稳度而倾覆。为此，潜艇水下抗沉的主要措施：迅速进行堵漏、封舱和支顶、排水和平衡潜艇4项抗沉活动，以阻止艇内进水，限制进水在艇内漫延，消除负浮力和纵倾力矩，恢复潜艇战斗力和生命力，这就是人们通常所说的潜艇水下的静力抗沉。

如果潜艇在水下破损进水后，首先利用车、舵、气，再结合上述4项抗沉措施，操纵潜艇迅速建立起正浮力和纵向复原力矩，以消除负浮力和纵倾力矩，挽救潜艇免遭沉没的危险，这就是人们通常所说的潜艇水下的动力抗沉。

潜艇水下抗沉涉及的内容较多，其中包括堵漏、封舱和支顶、排水和平衡潜艇的相关计算和具体措施、高压气在抗沉中的应用计算、潜艇水下破损进水后可以上浮（或下潜）最大深度的确定、破损潜艇从水下自行上浮的条件等很多内容。考虑到本书的篇幅有限，本书只对潜艇从水下自行上浮的条件作简要介绍。

12.2.2 潜艇从水下自行上浮的条件

1. 必须设置耐压隔舱，增加水下抗沉的允许深度

根据不沉性要求，将耐压艇体各舱段的隔舱壁做成耐压的水密隔壁，限制耐压艇体破损时的进水范围。当潜艇的水密舱段在水下破损时，其水密舱壁也要与耐压壳体承受同样大小的深水压力，如水密舱壁与耐压壳体是等强度的，则在极限深度以内，壳体破损后水密舱壁是安全的，但由于多种原因，潜艇耐压舱壁的强度一般比耐压壳体强度低，因而限制了水下不沉性的允许深度。为了增加水下不沉性的允许深度，一旦当某一耐压舱段破损进水时，可以采用向相邻舱段输入高压空气的办法，提高相邻舱段内的空气压力，以支撑破损舱段的水密舱壁。充气压力的大小，视耐压水密舱壁的强度，以及空气隔舱中艇员生理上对压缩空气适应的程度而定。如耐压水密舱壁的可承受压力为p_1，潜艇所处水深为h，则破损舱的水密舱壁所承受的压力为

$$P = P_a + 0.1\rho gh \tag{12-3}$$

相邻舱段内的空气压力P_d应满足的关系：

$$P_d \geqslant P_a + 0.1\rho gh - P_1 \tag{12-4}$$

同时，它应在舱中艇员所能承受的范围之内。

2. 保证失事潜艇自行上浮所需的浮力

失事潜艇要能从水下自行上浮，必须有足够的克服破损舱段中灌进的水的重力，以及坐沉海底时泥浆对艇体的吸力（在极限深度内）。这个升力是靠压缩空气吹除必要的未

破损的主压载水舱的水来获得的。该升力 F_L 应大于进水破损舱段的水的重力 $\rho v g$、海底吸力 F_1 及潜艇失事前的剩余浮力 ΔQ 的和，即

$$F_L > \rho v g + F_1 + \Delta Q$$

海底吸力与海底的物理性质，潜艇坐沉海底的姿态，即倾角大小及剩余浮力的大小、进水量等有关，一般可按下式估算：

$$F_1 = K(\Delta Q + \rho v g)$$

式中：K 为吸力系数，由表 12-3 给出。

表 12-3　海底吸力系数

海底	吸力系数	海底	吸力系数
岩石带有鹅卵石和砂	0～0.05	淤泥下面有软的黏土	0.15～0.2
大砂	0.05～0.1	淤泥带有黏稠的黏土	0.2～0.25
鹅卵石带细砂	0.1～0.15	黏稠的黏土带有砂或贝壳	0.25～0.45
细砂	0.15～0.20		

3．无纵倾或小纵倾上浮

潜艇的水下纵稳心高与横稳心高相等，耐压壳体破损进水造成的纵倾角可能远大于横倾角，所以对潜艇水下纵稳性必须予以高度重视，而要求潜艇自水下能无纵倾或小纵倾上浮，就必须在潜艇克服下沉力，脱离海底上浮之前，先迅速进行均衡，使吹除主压载水舱造成的纵倾力矩与破损进水造成的纵倾力矩能全部或部分抵消，尽可能减小纵倾角。

思考题：

（1）试简述潜艇静力抗沉和动力抗沉的基本措施。
（2）试简述失事潜艇的浮态和稳性的计算方法。

第13章 舰艇静力学性能计算软件及应用方法介绍

本章以 Maxsurf 软件为例,介绍了舰艇设计及性能计算软件的组成模块和各模块可实现的基本功能;然后从 Maxsurf 的实际应用出发,较为详细地叙述了其建模模块 Maxsurf Pro 的使用流程,船体三维建模后,就可以此为基础进行舰艇性能的计算;最后根据舰艇静力学性能所包括的初稳性和大角稳性的相关内容,分别演示了舰艇静水力曲线、静稳性曲线的计算方法。

本章学习思路:

本章的内容围绕 Maxsurf 软件及其在舰艇静力学性能方面的计算应用而展开,基本的学习思路:

(1) 掌握 Maxsurf 软件计算舰艇静力学性能的流程;
(2) 掌握根据船体型线图和型值表运用 Maxsurf 软件模块建船体模型的方法;
(3) 掌握运用 Hydromax 软件模块计算舰艇静水力曲线和静稳性曲线的方法。

本章难点:

(1) Maxsurf 软件模块船体建模功能的使用;
(2) Hydromax 软件模块计算舰艇静力学性能的方法。

本章关键词:

Maxsurf;静水力曲线计算;静稳性曲线计算;不沉性计算等。

13.1 Maxsurf 软件简介

13.1.1 Maxsurf 软件特点

Maxsurf 软件因其功能强大、简单易学而被国内诸多船厂应用。部分特色功能如下。
(1) 简单易学;
(2) 无限量的 NURBS 曲面;
(3) 可展开面的定义、圆锥面的定义;
(4) 根据参数的船体形状自动调整;
(5) 曲面(Surface)修剪功能;
(6) 曲面(Surface)的机动性定义;
(7) 曲面(Surface)的移动、反转、回转及复制功能;
(8) 曲率以及高斯(Gaussian)曲率表示、曲率半径表示;
(9) 控制点的移动、集体化、标识点(Markers)数值编辑;
(10) 曲面等比例、非等比例缩放;

(11) 站线、纵剖线、水线表示；

(12) 曲面（Surface）之间交叉线的表示；

(13) 使用背景画像的建模；

(14) 三维渲染；

(15) 动画；

(16) 水动力计算、表面面积计算等；

(17) 行业标准 DXF 及 IGES 形式输入与导出；

(18) 与犀牛（Rhinoceros）等软件三维曲面无缝兼容。

总体而言，Maxsurf 软件是一款简单易学、功能强大的船舶三维设计、建模、性能计算软件，其构架与设计上的特点主要有如下几个。

1）共通数据库

所有的数据（线型模型、排水量计算结果、构造零部件数据）保存在合并的共通数据库、无须在各模块重新输入数据。

2）图形接口

Maxsurf 就是为图形用户环境开发的程序，无须熟悉的键盘操作，设计者可在短时间内记住操作。所有的程序拥有共通的接口，所以也可简单使用。

3）曲率评价

Maxsurf 有许多工具来评价船体形状的曲率性。其中包括曲率表示针、侧面的压缩表示、曲率展开面及凹凸的颜色表示等。

4）修剪

在船体形状打基础螺栓管子孔或为精确设计 Bull Work 设了修剪功能。变更 Trim Surface 即可自动重新计算修剪并表示出来。

5）支持行业标准数据形式

可简单地将 Maxsurf 数据与其他 CAD 程序数据进行交换。

6）自动控制机能

通过宏编程调动 Maxsurf 程序自动进行相应目标参数的设计和计算。

13.1.2 Maxsurf 在船舶设计与性能计算中的应用

目前，Maxsurf 软件在小型船厂、高校、研究所等单位中被广泛应用。其应用的主要方面包括：

(1) 船体三维建模；

(2) 船型三维设计；

(3) 静水力计算与校核；

(4) 快速性估算；

(5) 耐波性估算。

该软件分教学版与企业版，它的基本版本是免费的，大家可通过官方网站申请免费试用。每个软件均有其优缺点，Maxsurf 也一样，其中的一些功能是可靠的，某些功能所得的结果是粗糙的。一般而言，主要使用它的三维建模功能能与静水力计算功能，其快速性与耐波性模块所得结果可作参考。

Maxsurf软件在以下工作中的应用意义重大。

（1）多型舰船的三维建模；

（2）多型现役船舶的静水力审图复算；

（3）估算设计船型的快速性与耐波性。

基本的使用模式如图13-1所示。

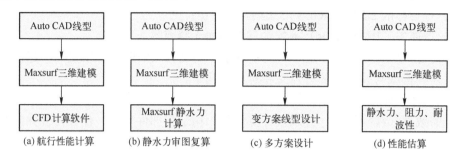

图13-1　Maxsurf在船舶设计中的主要应用模式

其中应用较多且十分成功的使用模式为三维建模与多方案设计、静水力计算。

13.1.3　Maxsurf软件构架与功能模块

Maxsurf软件系统在构架上采用多个功能模块集成的方式，主要包括8个功能模块，每个功能模块的作用如下。

1）MAXSURF模块（动态三维船体模型生成模块）

MAXSURF模块在Maxsruf 20 V8i版本后改名为Modeler模块。该模块是Maxsurf软件包的核心部分。MAXSURF模块包括一整套用一个或多个真正的三维NURBS曲面（而非二维NURBS曲线），进行三维船体建模的工具，可使船舶设计师快速、精确地设计并优化出各种船舶的主船体、上层建筑和附体型线。

MAXSURF模块采用实时交互式控制方法，备有多种方法可对船体曲面和线型进行修改。设计者可在多窗口图形显示界面环境下，用鼠标拖放控制点进行数值修改，或从数据输入框直接输入数值进行修改，也可以通过一系列的自动光顺命令进行控制。设计者可根据具体设计船型及实际生产情况，确定建立模型所使用NURBS曲面的数量、特性及相互间的组织关系等。

MAXSURF模块独特的曲面修整功能使设计者建立复杂的曲面边缘变得格外的简便。MAXSURF模块交互式地显示表面之间的交线，使设计者可以设计出复杂的船舶及附体线型，如各种折角线型、全可展简易线型、流线型上层建筑、大型货舱罐、烟囱、桅杆、护舷、挡浪板、球鼻艏、球艉、双尾和双尾鳍、涡艉和不对称艉、舷弧、梁拱、艉封板、隧道和半隧道、锚穴、锚链筒、滚筒、尾鳍、舵、舵球、电力推进包、侧推器、导管、轴包套、轴支架、减摇鳍、水翼等。根据各单个曲面设计的修改，修整曲面形状可以自动更新，这使设计者可以把精力完全集中到各单个曲面的优化设计上。MAXSURF

模块的这一功能还能很好地应用到特种船型和海洋结构工程物的设计领域，如单体、双体、多体高速船、水翼艇、气垫船、小水线面、半小水线面双体船、穿浪船、潜艇及其他水下兵器、浮船坞、浮标、半潜式海洋石油平台等。

鉴于船体外形的光顺精度对优化船舶性能和满足施工建造的重要性，MAXSURF模块提供了多角度、多层次、严谨的船体光顺性检验工具。这些工具包括：横剖面面积曲线检验图、圆滑度检验云图、高斯曲率检验云图、纵向曲率检验云图、横向曲率检验云图、凹凸度检验云图等。设计者通过运用这些检验工具，可以充分体现自己的设计思想，保证船体外形设计的质量。

MAXSURF模块还具备独特的自动搜索和仿射变换功能，即计算机辅助母型船改造功能。一种情况，设计者根据船东要求建立初步的总体设计方案和MAXSURF模型后，需要进行多方案比较，即对重要的性能参数，如船舶的最大横剖面位置、平行中体长度、水线长度、船宽、吃水、排水量、方形系数、棱形系数、浮心和漂心的纵向坐标等，进行小范围内的进一步研究和优化，这就需要设计者快速、准确地建立与初步设计方案特征基本相似的方案模型系列。

MAXSURF模块的自动搜索和仿射变换功能，就是解决上述问题的有效工具。设计者只要相应地一次或多次输入与母方案的性能参数差异不大的指标，MAXSURF模块就能自动搜索出与设计者预想相符的新方案。应用上述功能所生成的系列模型，再结合HULLSPEED、HYDROMAX、WORKSHOP、SEAKEEPER、PREFIT、SPAN等模块，设计者就能非常方便地研究单个和多个参数的变化对船舶性能的影响，事半功倍地找到最优设计方案。另一种情况，在船舶设计的后续阶段，一旦发现前阶段的设计需要做小幅调整，为了保证设计的继承和稳定性，设计者也需要在短时间内对原设计进行必要的修改。MAXSURF模块的自动搜索和仿射变换功能就能大大减少设计者的修改和返工时间，提高设计效率。

所有MAXSURF模块的设计都储存在一个集成数据库内，该数据库可方便地被其他模块调用，进行进一步的性能分析和评估。MAXSURF模块支持一系列的工业数据格式，可方便地与Microsoft Excel进行数据文件的交换，并可以DXF和IGES格式输入和输出，与其他CAD/CAM软件进行数据文件的交换。

总之，MAXSURF模块能使优秀的船舶设计者既可以很好地继承经典的船舶设计原理和思想，又能充分体现自己的设计风格和创造性，作出一流的总体设计方案。

2）HYDROMAX模块（船舶水动力性能计算分析模块）

HYDROMAX在Maxsruf 20 V8i版本后改名为Stability模块，该模块是一个功能强大的完整稳性分析和破损情况下的稳性分析模块。其主要分析计算功能包括各种载况下的重量重心数据统计计算、平衡浮态计算、特种工况（下水、进坞、搁浅等）计算、舱室定义和划分、舱容计算、静水力计算、稳性插值曲线计算、标准稳性校核、大倾角稳性校核、破舱稳性校核、极限重心高度计算、总纵强度校核等。

HYDROMAX可直接应用MAXSURF中的裸船体和全附体三维模型。设计者根据设计船特征和所入船级和规范，灵活划分并定义各种装载舱室，选择计算标准。HYDROMAX模块可以支持多种标准，如IMO、HSC Monohull、HSC Multihull、Marpol

73、US Navy、USL 等。设计者还可对一些关键的参数，如货物的物理特性、局部集中载荷、船舶浮态、波浪特性、舱室的渗透率、稳性曲线特征等进行定义。

HYDROMAX 的计算结果可以自动生成各种表格和图线及完整的用户报告。这些报告可以被直接用作计算说明书、完工交船和送船级社审查的证件和资料。

3）HULLSPEED 模块（船舶阻力及有效马力计算模块）

HULLSPEED 模块在 Maxsruf 20 V8i 版本后改名为 Resisitance 模块，该模块是估算机动船舶阻力和有效马力的计算程序。HULLSPEED 模块通过自动量取 MAXSURF 模型中所选择的测量实体，测得计算阻力所需的各种性能参数，同时提供给设计者多种可以选择的船体浮态、理论计算方法、推进系统效率、航速、船壳粗糙度、水特性、空气、附体阻力等参数，设计者可根据具体情况对这些参数进行调整，使计算结果更加准确和可控。

HULLSPEED 模块可以应用 Delft series、Holtrop、Lahtiharju、Savitsky(Planing)、Savitsky(Pre-planing)、Series 60、van Oortmerssen 等理论计算方法，进行帆船、散货船、杂货船、集装箱船等大型单桨运输船、渔船、拖船、护卫舰、游艇、滑行艇、工程船等船型的阻力估算。在选择理论计算方法时，HULLSPEED 模块还具备自动报警功能，提醒设计者检查设计船主尺度比和系数与所选计算方法之间的适用性，并对设计船可能存在的不理想的主尺度比和系数等关键性能参数提出修改和优化方向。在进行船舶推进性能分析时，设计者如果能够结合应用 Navcad、PropExpert、PropCad 等船体、主机和螺旋桨综合分析设计软件，则 HULLSPEED 模块的应用效果会更佳。

HULLSPEED 模块还能进行虚拟估算，即在没有设计船精确模型实体的条件下，设计者可从 MAXSURF 模型库中选取相近船型的模型，进行简单的变换后，把比较相近的测量数据更换为设计船的性能参数，就可以对设计船的快速性进行初步的预报。

HULLSPEED 模块的计算结果可以用自动表格和图线输出。其中根据计算结果自动绘制出的总阻力-傅汝德数图线，可使设计者直观地看出船舶运营工况点的技术经济性能特性。经大量模型水池实验的验证，HULLSPEED 模块的计算结果证明具有足够的工程精度，可为各种船舶的快速性预报和研究提供可靠的依据。HULLSPEED 模块由于具备上述强大功能，成为船舶设计者进行船型技术经济论证，确定机动船最佳运营方案不可缺少的重要工具。

4）SEAKEEPER 模块（船舶耐波性能分析模块）

SEAKEEPER 模块在 Maxsruf 20 V8i 版本后改名为 Motions 模块。该模块是一个综合的耐波性分析和运动预报模块。SEAKEEPER 模块运用标准的 Strip 理论预测船舶运动，可在规定海域，对船舶各种装载情况下船舶重心的典型运动进行预报计算。

SEAKEEPER 的主要功能有：船体操纵和耐波响应计算，规定海域附体阻力的计算和合成，规定载况下船舶重心运动速度、加速度的计算（绝对和相对运动），规定海域船舶典型运动的合成等。

SEAKEEPER 模块可以支持多种标准，如 ITTC、JONSWAP、Bretschneider 2-parameter、Bretschneider 1-parameter、DNV、Peirson Moskowitz 等。SEAKEEPER 的分析结果可自动生成数据表格和图线，这些数据可以被用作后续甲板浸湿概率、螺旋桨出水概率和抨

击概率、风浪储备裕度等分析的可靠依据。

5）WORKSHOP 模块（船体结构生产放样及 CAD 图形生成模块）

WORKSHOP 模块是进行船舶结构详细设计的模块。设计者可在模块中参数化地定义主船体、上层建筑及附体的船体外板和内部的肋骨、肋板、纵骨及扶强材等结构；结合数据库中的标准材料和节点库，WORKSHOP 模块能高精度、无余量地生成结构部件，包括桁材、骨材和板材的展开，以及这些部件的重量和重心位置，实际几何形状并建立分类及综合的统计数据库。

特别是 WORKSHOP 模块强大的外板展开功能，可以根据生产单位的具体建造方案和生产工艺，灵活地选择板材的边界、材质和展开方法，而且还能在板材上灵活地标注各种理论线、定位线等生产辅助线。WORKSHOP 模块还能计算肋骨围长，显示板材的面积和应变彩色云图，为实际生产提供前期的预测。

WORKSHOP 模块可根据 NURBS 曲面模型参数化地定义部件，这一点不仅意味着部件可与船体曲面相匹配，而且还可自动适应船体外形的变化进行修改。WORKSHOP 模块的这一功能使在船舶设计、分析和建造时可同时进行更多的并行工程，从而便于优化结构重量，减少详细设计的工作量。

WORKSHOP 模块的集成数据库可随时对定义的结构及计算结果包括部件的数量、位置、重量、重心及切割长度、面积等实时更新，并生成清单。这些清单是设计和生产单位进行总体性能校核、材料预估和采购等工作的重要参考依据。

WORKSHOP 模块的计算结果可以 DXF 文件输出到其他 CAD 软件做进一步的处理，或直接输入 NC 数控切割系统，实现无纸化设计与生产，降低成本。WORKSHOP 还能有选择性地输出三维立体分段结构图。

6）PREFIT 模块（空间实体自动拟合模块）

PREFIT 模块提供给设计者一系列的样条和曲面拟合及精确的边界约束工具，可使拟合过程更加快捷和精确。该模块内置的型值表编辑器可以让设计者预览并修改型值，以便进行拟合工作。对于船舶修造企业而言，既可根据船东和设计单位的新造船设计，精确地生成新船整体的三维立体模型，又可根据待修船的实际破损情况，生成局部的修补方案模型。

PREFIT 模块还提供了一个非常简便的办法，即借用 MAXSURF 模块的自动仿射变换功能，方便地将已输入的标准系列船型和优秀母型船线型自动变换为相关的设计方案。这一功能不仅对实际船舶的设计和生产，而且对科研院所和学校进行船型的理论研究和开发及教学，都有非常重要的意义。

7）SPAN 模块（帆船性能分析模块）

SPAN 模块是专门用于帆船性能分析和预报的模块。帆船由于其在船体线型、航态、推进和操纵方式等方面与其他机动船的差异，这使得适用于它的分析方法也比较特殊。SPAN 模块应用类似于 IMS VPP 的计算理论，根据风的方向及速度，自动搜索计算出帆船相对于不同角度顺风和逆风的平衡运动状态，包括水阻力与风动力的平衡、航速和横倾角等。SPAN 模块的分析结果最后自动生成数据表格并绘制出航速-风的极坐标图线。

8）HYDROLINK 模块（数据转换模块）

HYDROLINK 模块是可实现 MAXSURF 模块与其他分析系统相互进行静水力计算和分析数据传输的模块。通过 HYDROLINK 模块，可与 MAXSURF 模块之间进行数据相互传输的系统有 SHCP、MHCP、IMS VPP、BMT、Micro ship、USNA、IMSA NURBS、DXF、IGES 等。

13.1.4 应用 Maxsurf 软件设计船舶的一般流程

应用 Maxsurf 进行船舶设计与性能计算的流程与其功能模块相匹配，如图 13-2 所示。

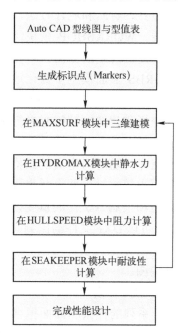

图 13-2 Maxsurf 进行船舶性能设计的一般流程

首先根据提供的母型线型图及型值表，生成标识船体三维曲面的标识点（Markers）三维坐标（长、宽、高），并按站线进行排列。将 Markers 导入 MAXSURF 模块（Modeler 模块）进行三维建模；建模完成后导入静水力计算模块 HYDROMAX 模块中进行完整稳性、破损稳性计算，所得结果满足设计要求则将模型导入 HULLSPEED 模块进行阻力计算；然后再将模型导入 SEAKEEPER 模块中进行耐波性计算。在计算过程中，如果某一步骤不满足设计要求，则返回 MAXSURF 模块，对三维模型进行修改；如果满足要求，则进行下一步计算，直至满足设计需求为止。

13.1.5 Maxsurf 软件界面

Maxsurf 软件不同模块的界面不同，但风格一致，如图 13-3～图 13-6 分别给出了 Maxsurf 三维建模、静水力计算、阻力计算、耐波性计算等模块的界面，软件版本为在 Maxsruf 20 V8i 版本。

界面的一般布局形式为屏幕主窗口为模型的三视图,包括纵剖线视图(Profile)、横剖线视图(Body Plan)、水线面视图(Plan)、三维视图(Perspective)。上方的菜单栏与命令按钮;左侧为树状图,可对曲面进行管理。对于性能计算模块,主窗口还可显示一些主要的数据表格与曲线。所有窗口的显示与关闭均可在菜单栏 Windows 下拉菜单中进行选择。

其他模块的界面与上述界面风格类似,不再一一介绍。

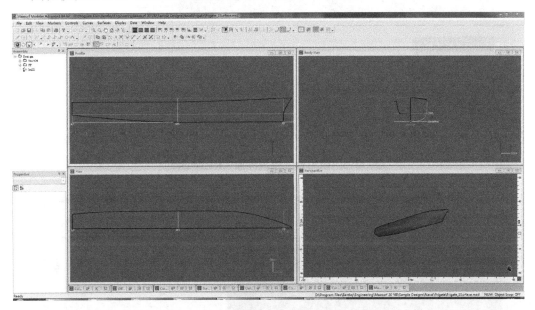

图 13-3 三维建模模块界面(Modeler)

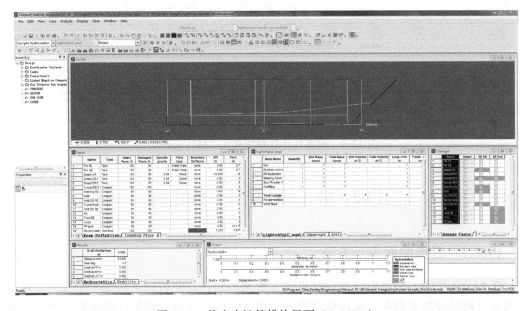

图 13-4 静水力计算模块界面(Stability)

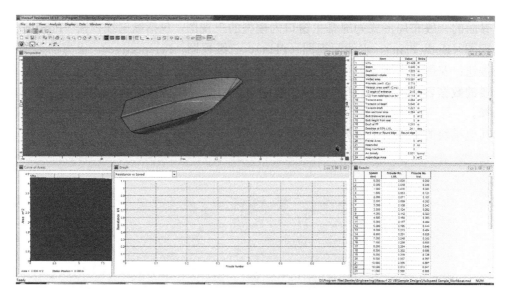

图 13-5　阻力计算模块界面（Resistance）

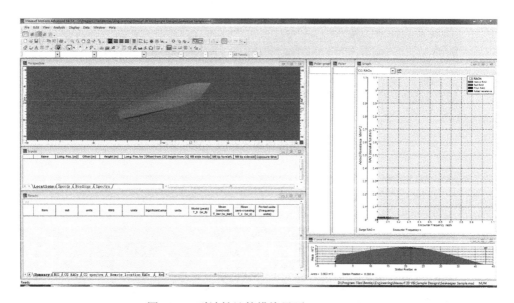

图 13-6　耐波性计算模块界面（Motions）

13.2　Maxsurf 船体三维建模

13.2.1　三维曲面表示方法

在 Maxsurf 中，曲面由一些控制点的位置来限定，这些控制点组成一个控制点网。可以通过移动控制点得到所需的曲面形状。用 Maxsurf 开展建模设计的中心环节是深刻理解怎样通过改变控制点来得到所需的曲面形状。下面的例子更详细地说明了这一点。

1. 样条和弹簧

设计者用弹性样条画光顺的二维曲线，先固定样条两端，再在其上若干个点加载荷，生成一条曲线，该曲线的光顺度取决于样条的柔韧和载荷的准确位置。但只要遵守几条简单的规则，所得曲线即足够光顺。

使样条线初始状态在画图板上处于直线状态，如图13-7所示。

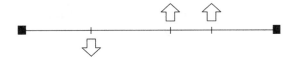

图13-7　样条线初始直线状态

移动几个点并加载荷固定后，样条的自然韧性即使其形成曲线，如图13-8所示。

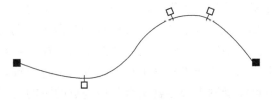

图13-8　样条线变为曲线

2. Maxsurf曲面原理

Maxsurf运用与这个例子相似的原理。通过一个B样条曲线的数学方程来创建曲线，曲线草图由端点位置、控制点的位置和数量及样条的韧性决定。与在样条上挂一排重物不同的是，Maxsurf的曲线通过控制点成形，这就像在样条上挂了许多弹簧一样。当控制点移动时，样条的韧性和弹簧的弹性共同作用，使曲线变得光滑。显然，这时控制点并不依赖创建的曲线，相反，曲线被控制点拉向自己的位置。这样，一根平直的样条被一组控制点拉伸为曲线形状，只有首尾末端两个控制点在生成的光顺曲线上（图13-9）。

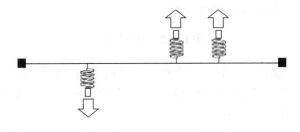

图13-9　弹簧控制点

通过移动控制点，可得到给定的曲线形状，曲线的曲率不会因弹簧的弹性和样条的韧性不规则而受影响，但如果样条变软或变硬，曲率则会相应地增大或减小。

这仅是一个二维的例子，Maxsurf用相似的原理创建三维曲线以形成曲面。正如一排二维控制点能定义一条二维曲线，一组网状的三维控制点能完全定义一个三维曲面（图13-10）。

当考虑一组网状三维控制点时，可以认为样条能沿网的方向和穿过网的方向拉伸，从而形成曲面，Maxsurf 用一组三维控制点创建曲面（图 13-11）。

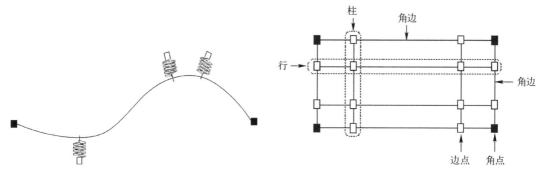

图 13-10 弹簧控制弯曲   图 13-11 三维控制点

这个网由排列成行和列的控制点组成，有四个角和四条边，控制点共可有 16 行和 16 列，具体数字取决于曲面的复杂程度。曲面的行和列两个方向可有不同的韧度。一个曲面即样条按网的控制点的控制在三维空间演变的结果。控制点对曲面的影响取决于它是角点、边点还是内点。曲面的角点与网上相应角点的位置一致。边点仅取决于网上的边控制点。曲面的内点可能受网上很多甚至全部控制点的影响（图 13-12）。

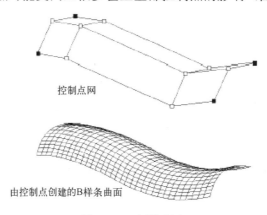

图 13-12 网控制点

Maxsurf 中的一个设计可用到若干个相互独立的曲面，它们各自有自己的控制点网，一个控制点网仅影响到它所在的那个曲面，当两个曲面相交于一条曲线时，这条曲线上的控制点将同时影响到两个曲面。

用 Maxsurf 时应该记住，您是在通过修改相应的控制点来修改曲面，Maxsurf 将重新计算并显示新的曲面。正如您在前面的"弹簧"例题中通过改变控制点来改变曲面，则不必直接改变曲面本身。

13.2.2 船体曲面建模基本流程

在 Maxsurf 模块（Modeler）中进行曲面建模的基本流程如图 13-13 所示。

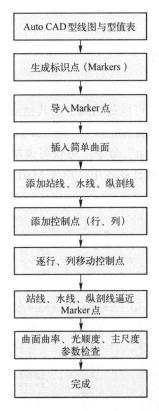

图 13-13　在 Maxsurf 模块中进行曲面建模的基本流程

在 Maxsurf 模块中进行船体三维曲面建模，首先根据提供的 CAD 型线图或型值表，生成标识船体曲面的 Marker 点。一般 Marker 点选在站线上，可根据需要在曲率较大的地方进行适当加密。将形成的 Marker 点导入 Maxsurf 中，然后插入一个简单曲面（如水线平面、纵向平面或横向平面）；然后添加站线、水线、纵剖线。根据曲面弯曲程度添加控制点（行、列），控制点在添加过程中逐渐增加，直到满足需要为止。设置曲面的刚度（样条线的阶次），然后逐站移动控制点，直至每一站的站线基本上均通过标识点（Markers）为止。然后检查水线、纵剖线是否通过标识点，如果偏差较大，则局部再继续移动控制点，直至满足要求为止。然后简单计算船舶主要参数（如主尺度及船形系数），是否与线型图中给出的参数相一致，如果偏差小于容许值，则完成建模。

13.2.3　曲面建模规划

上述给出了曲面建模的基本流程。在开始建模前，为了更好、更恰当、更快捷地完成建模，一般需要对船体曲面进行相应规划。建模规划的内容主要包括：

（1）对船体曲面的复杂度进行评估。
（2）是否可采用单一曲面进行建模，如果不行，则应该如何采用多个曲面进行拼接。
（3）对船艏部（如球鼻艏）进行建模规划。
（4）对船的尾部（如双尾鳍、球尾、方尾）进行建模规划。
（5）对甲板进行规划。

（6）对附体进行规划。

13.2.4 生成 Marker 点

Markers 可根据型值表与型线图获得，Marker 点可以是站线与水线，或站线与纵剖线的交点（根据型值表可获得），也可以是站线上的其他点。对于曲度较大的复杂船体，可在 AutoCAD 表达的型线图中，在横剖线图上，将坐标原点设置为基线与中纵剖线的交点，然后左键选择某一站线，输入"list"命令，可获得该站线上一系列点的坐标。然后将所有站线的长、宽、高坐标输入 Excel 列表中，形成 Marker 点数据，如图 13-14 所示。

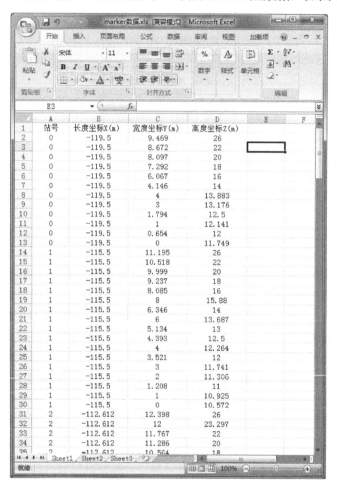

图 13-14 在 Excel 中录入 Marker 点数据

13.2.5 导入 Marker 点

运行 Maxsurf 模块（Modeler），如图 13-15 所示，新建一个设计。单击如图 13-16 所示的"Markers"按钮（图中箭头所指的按钮），打开 Markers 输入窗口，如图 13-17 所示。

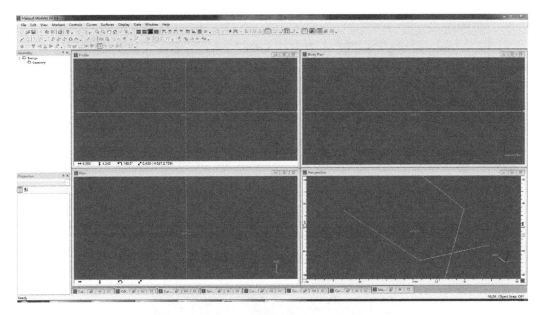

图 13-15　Modeler 打开的默认界面

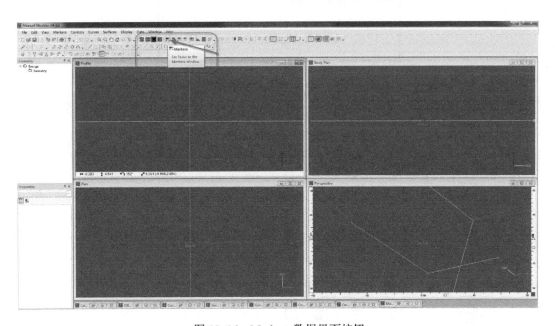

图 13-16　Markers 数据界面按钮

单击菜单栏"Markers"下的"Add Markers",弹出指定 Marker 点数量的窗口,如图 13-18,在对话框中输入需要的 Marker 点数,比如 150 个。此时,Marker 点的数据窗口中出现 150 个坐标均为(0,0,0)的标识点,如图 13-19 所示。然后将在 Excel 表中建立的 Markers 点数据,复制-粘贴到如图 13-19 所示的表格中,得到如图 13-20 所示的表格,此时 Marker 点数据导入完成,如图 13-21 所示。

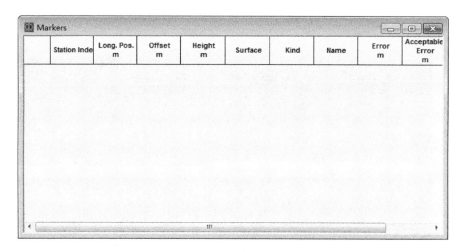

图 13-17 Markers 数据输入窗口

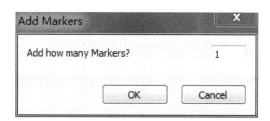

图 13-18 Markers 数量指定对话窗口

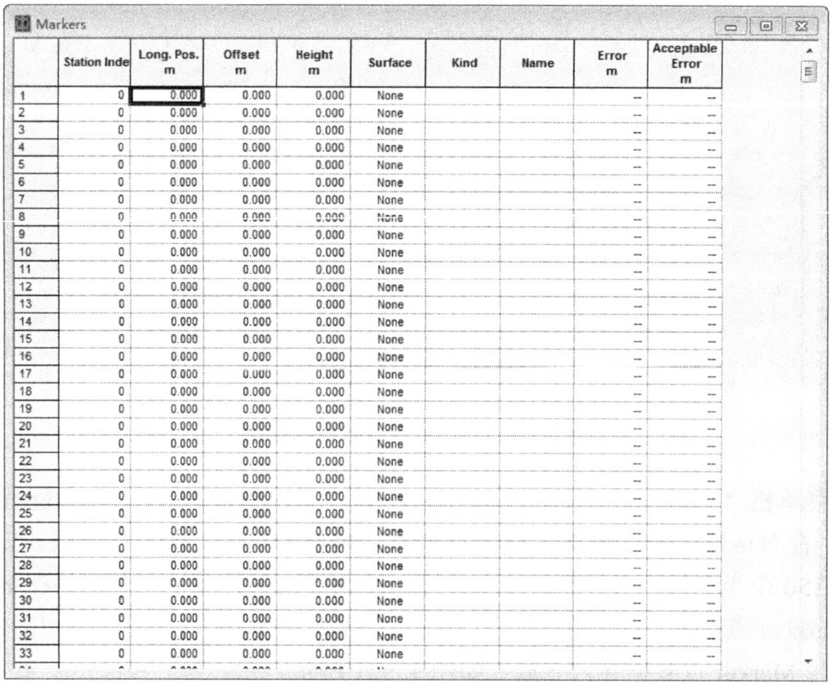

图 13-19 默认的 Markers 窗口

	Station Index	Long. Pos. m	Offset m	Height m	Surface	Kind	Name	Error m	Acceptable Error m
1	0	-119.500	9.469	26.000	尾板	Top｜Rig		--	0.00000
2	0	-119.500	8.672	22.000	None			--	--
3	0	-119.500	8.097	20.000	None			--	--
4	0	-119.500	7.292	18.000	None			--	--
5	0	-119.500	6.067	16.000	None			--	--
6	0	-119.500	4.146	14.000	None			--	--
7	0	-119.500	4.000	13.883	None			--	--
8	0	-119.500	3.000	13.176	None			--	--
9	0	-119.500	1.794	12.500	None			--	--
10	0	-119.500	1.000	12.141	None			--	--
11	0	-119.500	0.654	12.000	None			--	--
12	0	-119.500	0.000	11.749	尾板	Bottom｜		--	0.00000
13	1	-115.500	11.195	26.000	None			--	--
14	1	-115.500	10.518	22.000	None			--	--
15	1	-115.500	9.999	20.000	None			--	--
16	1	-115.500	9.237	18.000	None			--	--
17	1	-115.500	8.085	16.000	None			--	--
18	1	-115.500	8.000	15.880	None			--	--
19	1	-115.500	6.346	14.000	None			--	--
20	1	-115.500	6.000	13.687	None			--	--
21	1	-115.500	5.134	13.000	None			--	--
22	1	-115.500	4.393	12.500	None			--	--
23	1	-115.500	4.000	12.264	None			--	--
24	1	-115.500	3.521	12.000	None			--	--
25	1	-115.500	3.000	11.741	None			--	--
26	1	-115.500	2.000	11.306	None			--	--
27	1	-115.500	1.208	11.000	None			--	--
28	1	-115.500	1.000	10.925	None			--	--
29	1	-115.500	0.000	10.572	None			--	--
30	2	-112.612	12.398	26.000	None			--	--
31	2	-112.612	12.000	23.297	None			--	--
32	2	-112.612	11.767	22.000	None			--	--
33	2	-112.612	11.286	20.000	None			--	--
34	2	-112.612	10.564	18.000	None			--	--
35	2	-112.612	9.462	16.000	None			--	--
36	2	-112.612	8.000	14.150	None			--	--
37	2	-112.612	7.858	14.000	None			--	--
38	2	-112.612	6.789	13.000	None			--	--

图 13-20　将 Markers 点粘贴到表格中

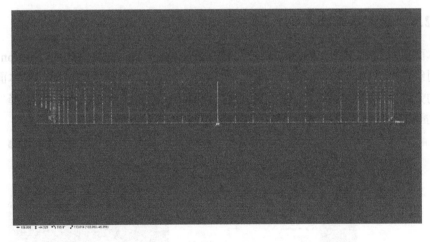

图 13-21　Marker 点导入后在图形窗口中的显示

在图形窗口中可少量添加 Marker 点，比如想要在船首部或船尾部增加一两个标识点，则可在图形窗口添加，如图 13-22 所示。单击工具栏中的 "Add Markers" 按钮，然后在图形窗口适当位置单击，即可添加一个 "Marker" 点。如果需要对 Marker 点的坐标进行修改，则只需要在图形窗口中双击该 Marker 点，弹出 Marker 点的属性对话框，如图 13-23 所示，然后在对话框中修改即可。

图 13-22　添加 Marker 点按钮

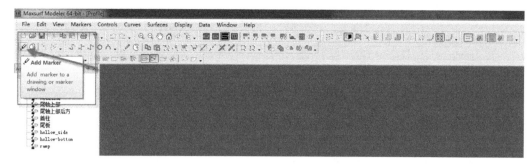

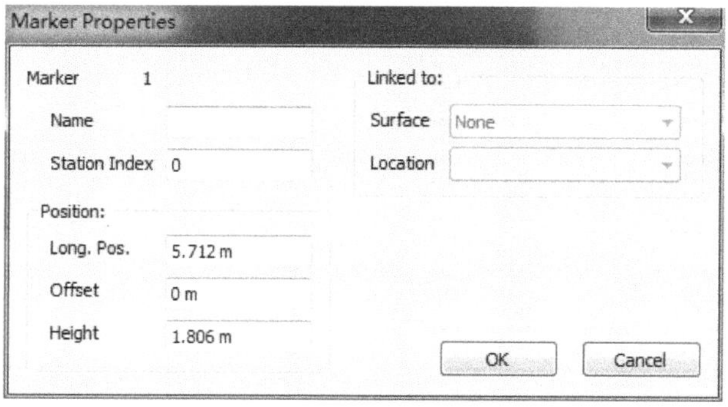

图 13-23　标识点的属性对话框

13.2.6　插入基本面

基本面可以是水平面（Water plane）、纵向面（Buttock plane）或横向面（Section plane），一般采用纵向面（Buttock plane）或水平面（Water plane）作为船体曲面的基本面。插入基本面的方法如图 13-24 所示，单击菜单栏"Surface"下的"Add Surface"，选择"Buttock plane"。插入的纵向面在三维视图中的效果如图 13-25 所示。

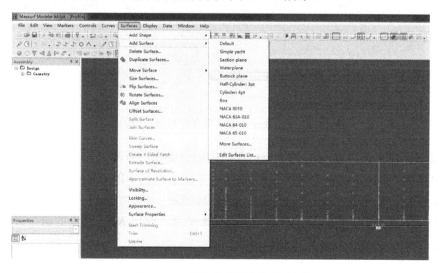

图 13-24　插入纵向面作为基本面

282

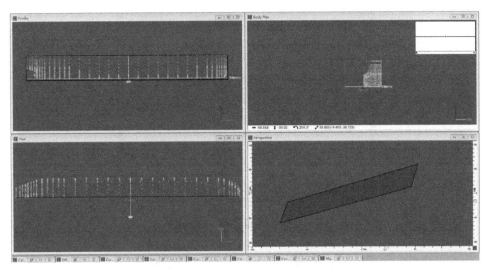

图 13-25　插入完成的纵向面

13.2.7　添加站线、水线与纵剖线

为了便于观察和调节船体曲面，一般需要添加水线、横剖线与纵剖线。在 Maxsurf 中添加这些特征线的方法如图 13-26～图 13-27 所示。单击菜单栏中的"Data"下的"Design Grid"，弹出添加特征线对话框，如图 13-27 所示。单击勾选对话框中的 Section、Buttocks 或 Waterline，然后单击"Add"，弹出如图 13-28 所示对话框，在对话框中输入需要添加的站线、水线或纵剖线数量，单击"OK"按钮即可。然后在左侧表格中输入站线纵向坐标、水线高度、纵剖线宽度等数据，即可获得需要的特征网格线，如图 13-29 和图 13-30 所示。如果船体曲面已经调整完成，则可显示出横剖线、纵剖线、水线，如图 13-31 所示。

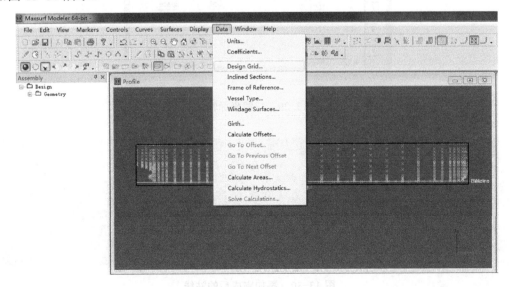

图 13-26　菜单栏中的 Design Grid

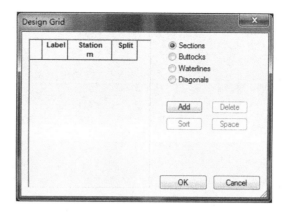

图 13-27 特征线添加对话框

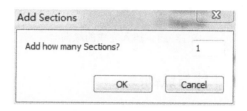

图 13-28 站线数量对话框

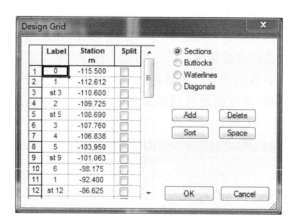

图 13-29 站线坐标输入

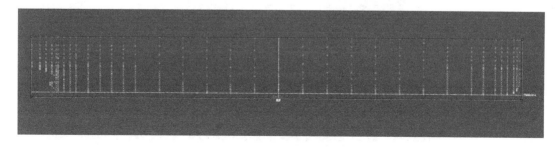

图 13-30 添加完成后的站线

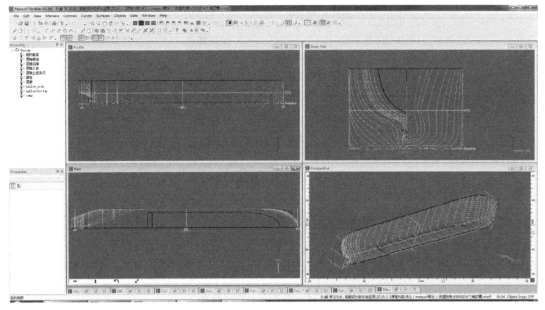

图 13-31 船体横剖线、总剖线与水线的显示

13.2.8 插入控制点

Maxsurf 中通过控制点控制曲面的形成,在插入控制点时,并非增加一个,而是增加一行或一列。在 Profile 视图、Plan 视图中增加控制点均为增加一列;在 Body Plan 视图中增加控制点为增加一行。

具体操作方法为如图 13-32~图 13-34 所示。首先切换到需要添加控制点的视图(如 Profile 视图),然后的单击 Controls 菜单下的 Add Column,或者是单击工具栏中的 ✎ 按钮。然后在图中适当位置单击一下,即可添加一列控制点,如图 13-34 所示。如果是在 Body Plan 视图中,则添加一行控制点。如果需要显示所有的控制点,则单击图 13-35 中指示的按钮,此时所有控制点均显示,且控制点之间通过直线连接形成网格。再次单击该按键,则关闭内部控制点,仅显示曲面边界上的控制点。

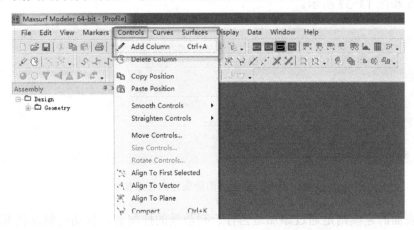

图 13-32 通过菜单栏添加一列控制点

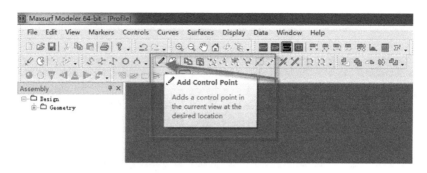

图 13-33　通过工具栏添加控制点

图 13-34　添加的一列控制点

图 13-35　控制点显示按钮

13.2.9　固定与移动控制点

移动控制点的位置，则可改变曲面的形状。控制点的移动方法有两种，一种方法是通过鼠标左键单击拖动，该方法可实现控制点的任意移动；另一种方法是双击控制点，弹出控制点属性对话框，在对话框中输入控制点坐标值，可实现控制点位置的精确控制，如图 13-36 和图 13-37 所示。

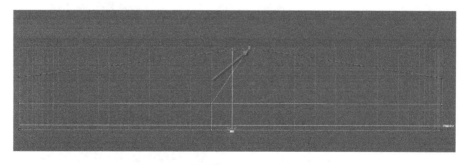

图 13-36　控制点沿箭头方向任意拖动

船体表面的建模则是通过添加适当行、列数量的控制点，移动控制点获得的，具体操作后续将详细讲解。通过控制点控制获得的散货船曲面如图 13-38 所示。

图 13-37　双击控制点弹出的属性框

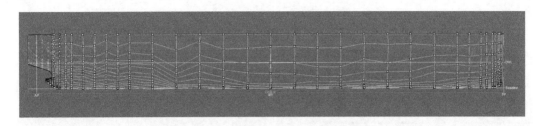

图 13-38　某型散货船的曲面控制点布局

13.2.10　球鼻艏的处理

在采用 Maxsurf 进行船体三维建模时，比较难处理的是球鼻艏。在建模过程中往往需要对球鼻艏处的控制点进行反复调整。对于该位置的处理方法是多种多样的，具体实施过程中，往往需要借助使用者的经验积累。图 13-39 给出了球鼻艏的一种控制点布局模式，可供参考。

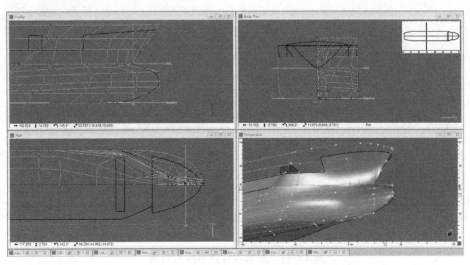

图 13-39　球鼻艏的控制点布局

13.2.11 折角线的处理

船体折角线的处理方法主要有两种：一种方法是采用两行（或三行）控制点合并，拟合出折角线；另一种方法是采用两个曲面，在折角线处进行缝合。

第一种方法的操作如图 13-40 和图 13-41 所示。

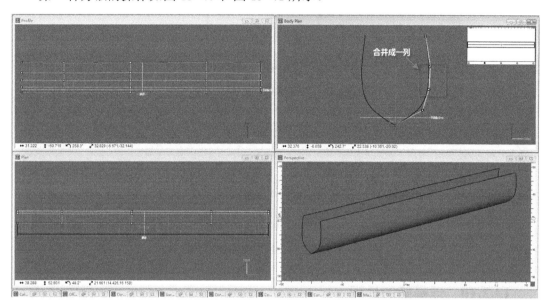

图 13-40　三列控制点合并

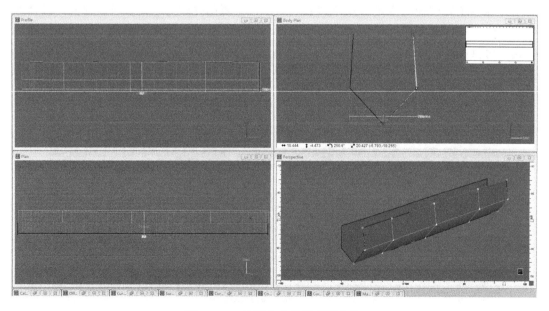

图 13-41　控制点合并形成折角线

第二种方法则需要两个曲面边界上的控制点数量相同，然后单击其中一个面边界上的任意一个控制点，然后按住 Ctrl 键，再单击第二个面边界上的任意一个控制点。之后，单击 Controls 菜单下的 Bond Edges 按钮，选择 No Tangency，如图 13-42 所示。然后第二个面的边界便会合并到第一个面的边界上，并且边界处形成折角。

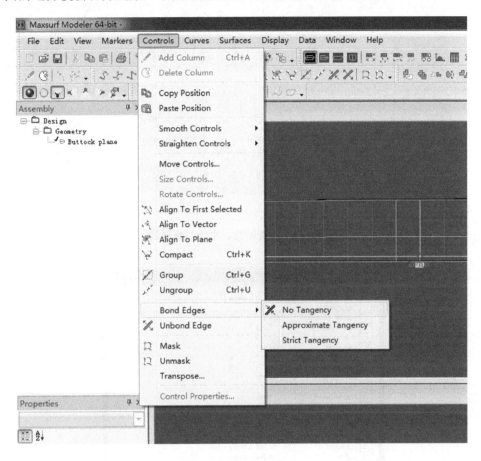

图 13-42　曲面边界缝合

13.2.12　建模精度检查

建模完成后，是否达到需要的精度，则必须通过检查与评估。检查建模精度的方法有多种，不同方法之间往往相互配合使用。

第一种方法是检查水线、站线、纵剖线是否光顺，而且通过或基本通过 Marker 点，如图 13-43 所示。

第二种方法是计算船体主要参数，比如总长、总宽、总高、排水量与排水量体积、方形系数、纵向棱形系数等，并与型线图或型值表中所给参数进行对比。单击 Data 菜单栏中的 Calculate Hydrostatics，弹出计算结果窗口，如图 13-44 所示。

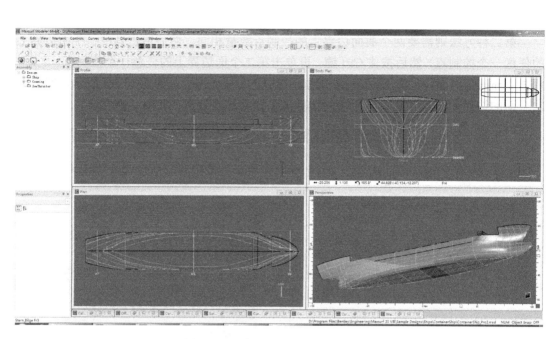

图 13-43　检查站线、水线与纵剖线

图 13-44　主尺度及船形系数计算

第三种方法是观察与显示曲面的曲率变化。切换到 Profile 视图，然后单击菜单栏中 Display 下的 Render，弹出 Render Selection 对话框，如图 13-45 所示。分别勾选 Gaussian Curvature Longitudinal Curvature Transverse Curvature 等选项，显示曲面的曲率变化，从而判断曲面的光顺程度。

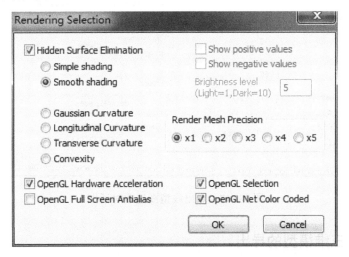

图 13-45　曲面渲染对话框

第四种方法是将在 Maxsurf 中形成的线型图导出，然后与 AutoCAD 中的线型图进行对比。导出方法如图 13-46 和图 13-47 所示。

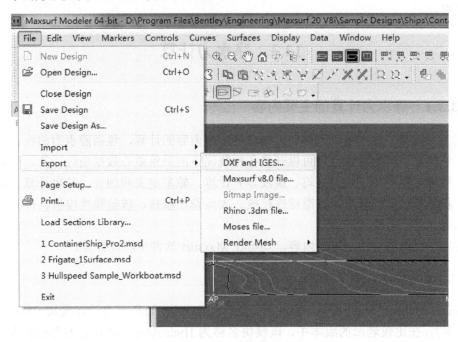

图 13-46　导出线型图的方法

291

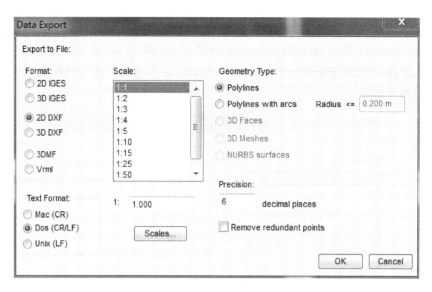

图 13-47 导出线型图选项对话框

13.2.13 三维模型的导出

建模完成后,还可将曲面导出到其他软件中使用。导出的方法如图 13-46 所示。单击菜单栏中的 File,选择 Export 中的"DXF and IGES"选项,打开对话框如图 13-47 所示。在 Format 中选择 3D IGES,单击"OK"按钮即可导出 IGES,然后导入其他软件中使用即可。

13.3 静水力计算

13.3.1 静水力计算的主要内容

在 Maxsurf 中几乎可以开展静力学中的所有内容的计算,包括静水力曲线、大角稳性、完整稳性及破损稳性,还可以开展各种载况下的重量重心数据统计计算、平衡浮态计算、特种工况(如下水、进坞、搁浅等)计算、舱室定义和划分、舱容计算、静水力计算、稳性插值曲线计算、标准稳性校核、大角稳性校核、破舱稳性校核、极限重心高度计算等。

总之,在静力学中学习的内容,均可在 Maxsurf 软件中实现计算。

13.3.2 静水力计算模块及界面

双击"Maxsurf Stability Advanced"可运行 Maxsurf 的静水力计算模块(Maxsurf 20 V8i 版本),在比较老旧的版本中,该模块名称为 HydroMax。运行后的界面如图 13-48 所示。

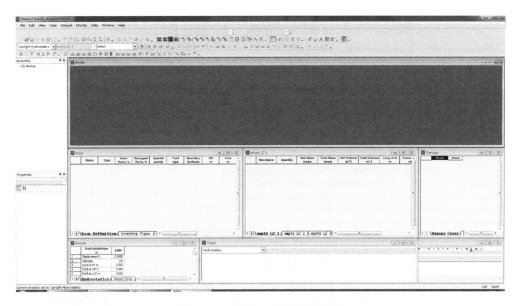

图 13-48　静水力计算模块界面

13.3.3　导入计算模型与剖面切分

单击菜单栏 File 下的 Open Design，如图 13-49 所示。然后浏览到 Maxsurf（Modeler）模块建好的三维模型，然后单击"Open"按钮，弹出如图 13-50 所示对话框。在 Surfcace Predsion 中选择曲面精度，如果建模非常精确，则可选择 Highest，一般选择 High 即可。在 Station 中选择积分剖面数量，如果船体表面纵向曲度变化较大，则采用较高的站数，一般选择 High Number of Stations(apx.200)，即积分总站数为 200 站。单击 OK 按钮即可导入。单击图 13-51 中的按钮可显示积分剖面的情况，如图 13-52 所示。

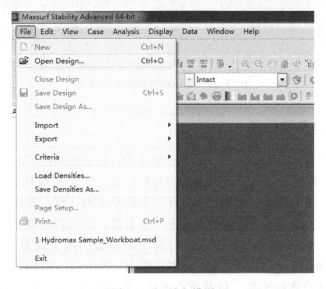

图 13-49　导入模型

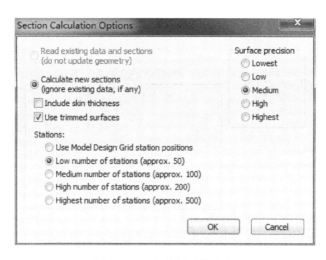

图 13-50 积分剖面数选择

图 13-51 显示积分剖面按钮

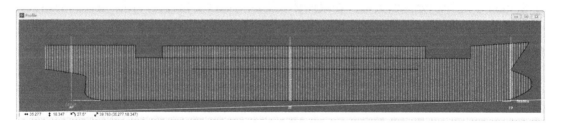

图 13-52 显示积分剖面布局情况

13.3.4 基本参数设置

单击界面左上角的下三角图标，可展开静水力计算的不同模式，如图 13-53 所示，其中有用于计算静水力曲线的"Uprigt Hydrostatics"及大角稳性的"Large Angle Stability"，选择不同的模式，可开展不同状况下的静水力计算。具体计算可根据需要进行选择，一般静水力曲线与大角稳性是最基本的计算。下面将主要介绍这两种计算。

单击"Uprigt Hydrostatics"则可进行静水力曲线的相关计算。单击菜单栏中的 Analysis 中的 Draft（图 13-54），弹出对话框如图 13-55 所示。在对话框中指定初始吃水、最大吃水、步长或吃水的个数，以及重心的纵向位置与垂向位置，然后单击 OK 按钮即可。

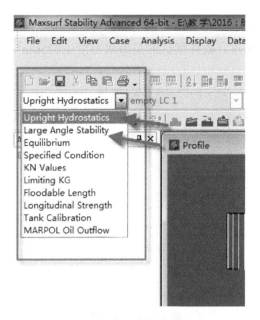

图 13-53　选择静水力计算模式

图 13-54　Analysis 下拉菜单

单击如图 13-54 所示的下拉菜单中的 Density，然后弹出如图 13-56 所示对话框，可在该对话框中修改流体密度，软件默认的是海水密度 1.025t/m^3，这是符合海船设计的一般情况的。

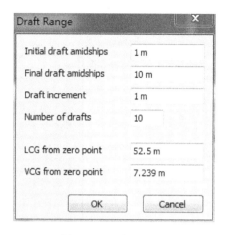

图 13-55　吃水设定

	Fluid	Code	Specific gravity	Density tonne/m^3	Density bbls/t	API Gravity	Co
1	Sea Water	S	1.0250	1.0250	6.1364		
2	Water Ballast	B	1.0250	1.0250	6.1364		
3	Fresh Water	W	1.0000	1.0000	6.2898		
4	Diesel	D	0.8400	0.8400	7.4879	36.95	
5	Fuel Oil	F	0.9443	0.9443	6.6608	18.35	
6	Lube Oil	L	0.9200	0.9200	6.8368	22.30	
7	ANS Crude	C	0.8883	0.8883	7.0807	27.79	
8	DMA (ISO 8217)	DMA	0.8900	0.8900	7.0672	27.49	
9	DMB (ISO 8217)	DMB	0.9000	0.9000	6.9887	25.72	
10	DMC (ISO 8217)	DMC	0.9200	0.9200	6.8368	22.30	
11	Gasoline leaded	G	0.7499	0.7499	8.3875	57.19	
12	Unlead. Gas.	U	0.7499	0.7499	8.3875	57.19	
13	JFA	J	0.8203	0.8203	7.6677	41.00	
14	MTBE	M	0.7471	0.7471	8.4190	57.90	
15	Gasoil	GO	0.8524	0.8524	7.3789	34.50	
16	Slops	SL	0.9130	0.9130	6.8892	23.48	
17	Custom 1	C1	1.0000	1.0000	6.2898	10.00	
18	Custom 2	C2	1.0000	1.0000	6.2898	10.00	

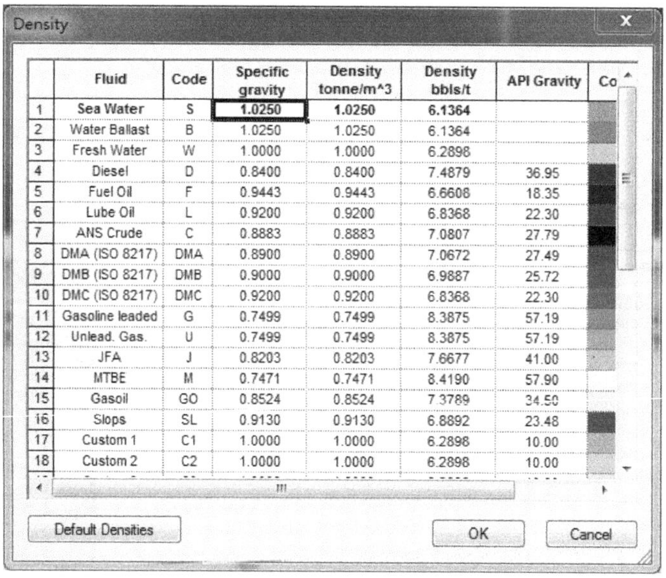

图 13-56　流体密度指定对话框

13.3.5　正浮下的静水力曲线计算

单击图 13-54 中的 Star Hydrostatics，计算正浮状态下的静水力，获得静水力曲线及船型基本参数数据。

单击 Windows 菜单下的 Results 中的 Upright Hydrostatics，如图 13-57 所示。即可切换到计算结果数据窗口，如图 13-58 所示。也可以在 Windows 菜单下的 Graphs 中选择 Hydrostatics，显示如图 13-59 所示的静水力曲线图形窗口。

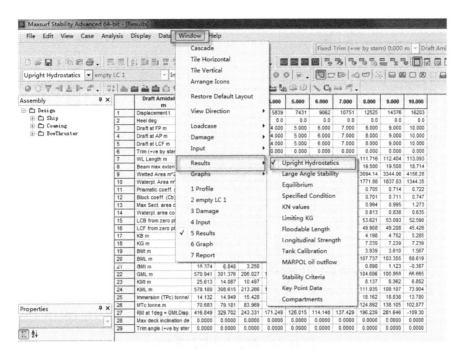

图 13-57 切换到结果窗口

	Draft Amidships m	1.000	2.000	3.000	4.000	5.000	6.000	7.000	8.000	9.000	10.000
1	Displacement t	1300	2759	4279	5839	7431	9062	10751	12525	14376	16203
2	Heel deg	0.0	0.0	0.0	0.0	0.0	0.0	0.0	0.0	0.0	0.0
3	Draft at FP m	1.000	2.000	3.000	4.000	5.000	6.000	7.000	8.000	9.000	10.000
4	Draft at AP m	1.000	2.000	3.000	4.000	5.000	6.000	7.000	8.000	9.000	10.000
5	Draft at LCF m	1.000	2.000	3.000	4.000	5.000	6.000	7.000	8.000	9.000	10.000
6	Trim (+ve by stern) m	0.000	0.000	0.000	0.000	0.000	0.000	0.000	0.000	0.000	0.000
7	WL Length m	102.491	105.120	106.371	106.600	106.163	106.254	109.841	111.716	112.404	113.093
8	Beam max extents on	19.359	19.500	19.500	19.500	19.500	19.500	19.500	19.500	19.500	18.714
9	Wetted Area m^2	1451.06	1682.69	1905.39	2123.58	2345.71	2577.25	2832.59	3094.14	3344.06	4156.28
10	Waterpl. Area m^2	1378.75	1458.44	1505.20	1536.92	1570.02	1615.18	1685.48	1771.88	1837.83	1344.35
11	Prismatic coeff. (Cp)	0.663	0.671	0.681	0.693	0.707	0.716	0.704	0.705	0.714	0.722
12	Block coeff. (Cb)	0.639	0.656	0.671	0.685	0.700	0.711	0.700	0.701	0.711	0.747
13	Max Sect. area coeff. (	0.964	0.978	0.985	0.989	0.991	0.993	0.994	0.994	0.995	1.273
14	Waterpl. area coeff. (C	0.695	0.711	0.726	0.739	0.758	0.780	0.787	0.813	0.838	0.635
15	LCB from zero pt. (+ve	53.352	53.750	54.158	54.460	54.561	54.452	54.128	53.621	53.093	52.590
16	LCF from zero pt. (+ve	53.679	54.514	55.210	55.244	54.527	53.290	51.431	49.908	49.208	45.428
17	KB m	0.519	1.040	1.560	2.079	2.598	3.120	3.652	4.198	4.752	5.285
18	KG m	7.239	7.239	7.239	7.239	7.239	7.239	7.239	7.239	7.239	7.239
19	BMt m	25.094	13.047	8.937	6.841	5.613	4.840	4.319	3.939	3.610	1.567
20	BML m	577.660	307.575	211.706	161.397	132.189	115.342	109.049	107.737	103.355	68.619
21	GMt m	18.374	6.848	3.258	1.680	0.972	0.722	0.732	0.898	1.123	-0.387
22	GML m	570.941	301.376	206.027	156.237	127.548	111.223	105.462	104.696	100.868	66.665
23	KMt m	25.613	14.087	10.497	8.919	8.211	7.961	7.971	8.137	8.362	6.852
24	KML m	578.180	308.615	213.266	163.476	134.787	118.462	112.701	111.935	108.107	73.904
25	Immersion (TPc) tonne/	14.132	14.949	15.428	15.754	16.093	16.556	17.276	18.162	18.838	13.780
26	MTc tonne.m	70.683	79.181	83.969	86.888	90.266	95.991	107.985	124.892	138.105	102.877
27	RM at 1deg = GMt.Disp.	416.849	329.702	243.331	171.249	126.015	114.148	137.429	196.239	281.646	-109.30
28	Max deck inclination de	0.0000	0.0000	0.0000	0.0000	0.0000	0.0000	0.0000	0.0000	0.0000	0.0000
29	Trim angle (+ve by ster	0.0000	0.0000	0.0000	0.0000	0.0000	0.0000	0.0000	0.0000	0.0000	0.0000

图 13-58 静水力计算结果数据窗口

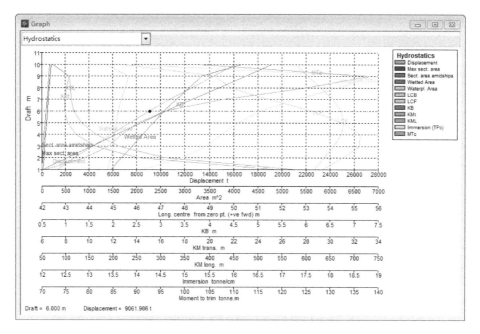

图 13-59　静水力计算图形窗口

13.3.6　初始倾角下的静水力曲线计算

如果需要计算具有初始纵倾角下的静水力情况，则只需要在图 13-54 所示的下拉菜单中（Analysis）选择 Trim，打开如图 13-60 所示对话框，在 Fixed Trim 中输入纵倾值（艏艉垂线吃水差），然后单击 OK 按钮，再计算即可，如图 13-61 所示。

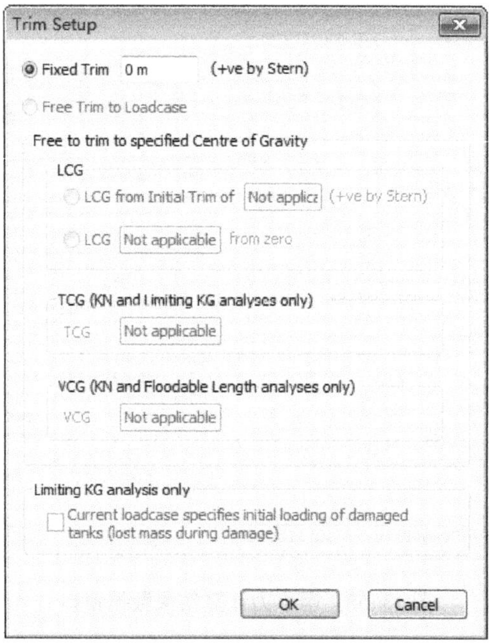

图 13-60　设置纵倾值

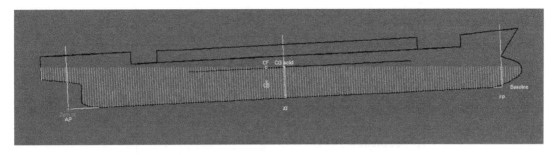

图 13-61　纵倾值 5m 时的船体状态

13.3.7　大角稳性曲线计算

在窗口左侧选择大角稳性计算模式,如图 13-62 所示。在下拉菜单中选择 Large Angle Stability,然后单击 Analysis 菜单中的 Heel（图 13-63）,弹出如图 13-64 所示对话框。在对话框中输入计算的横倾角的范围,以及计算步长。其他的设置与正浮状态下的静水力计算设置方法一致。

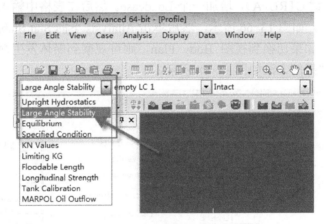

图 13-62　大角稳性计算模式

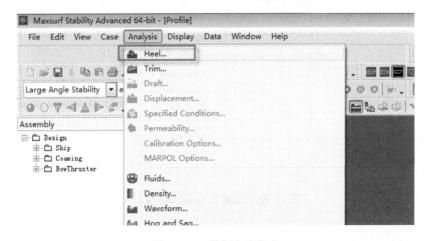

图 13-63　横倾角度指定

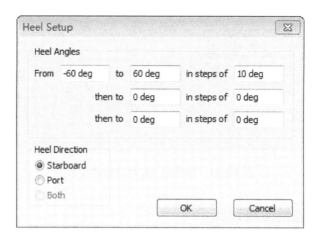

图 13-64　横倾角指定对话框

大角稳性计算还需指定船舶的重量、重心，单击 Windows 菜单栏下的 Loadcase，单击 Loadcase 1，切换到 Loadcase 输入窗口，如图 13-65 所示。单击 Edit 菜单栏下的 Add Loadcase（或组合键 CTRL+A），增加一个 Loadcase。然后在表格中输入船舶重量及重心的纵向、垂线位置，如图 13-66 所示。然后单击 Analysis 下的 Star Stability Analysis，运行大角稳性计算。如果切换到视图 Body Plan，则可观察到船体发生横倾，如图 13-67 所示。查看计算结果的方法如图 13-68 所示。

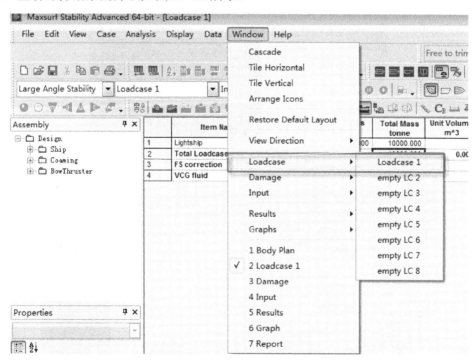

图 13-65　切换到 Loadcase 窗口

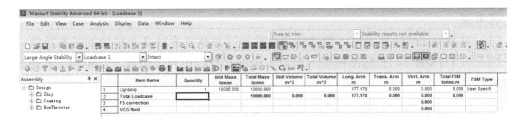

图 13-66 loadcase 输入窗口

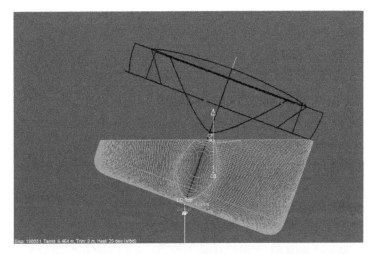

图 13-67 大角稳性计算过程中的船体横倾

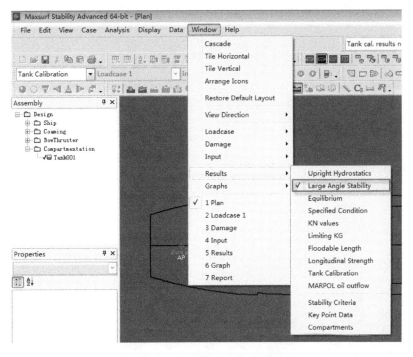

图 13-68 大角稳度计算结果查看

思考题：

（1）以 Maxsurf 软件为例，简述静力学性能计算软件系统各个模块的基本功能。

（2）以 DTMB 5415 标准模型为对象，根据其型线图和型值表，运用相关软件建立船体模型。

（3）基于建立的 DTMB 5415 船体模型，运用相应的软件模块计算其静水力曲线及其在设计吃水下的静稳性曲线。

参 考 文 献

[1] 盛振邦，刘应中．船舶原理：上册[M]．上海：上海交通大学出版社，2017．

[2] 刘志华，霍聪，黄政．舰艇静力学与快速性[M]．武汉：华中科技大学出版社，2019．

[3] 张宝吉．船舶静力学[M]．上海：上海交通大学出版社，2016．

[4] 苏玉民，庞永杰．潜艇原理[M]．哈尔滨：哈尔滨工程大学出版社，2005．

[5] ADRIAN B．Riran，Ruben Lopez-Pulido．Ship Hydrostatics and Stability：Second Edition[M]．The Netherlands:Elsevier Ltd.，2013．

[6] ERIC C. Tupper. Introduction to Naval Architecture: Fifth Edition [M]. The Netherlands: Elsevier Ltd.，2013．

[7] 邓波，王展智．舰船概论[M]．武汉：武汉大学出版社，2017．

[8] 朱军．舰艇静力学[M]．长沙：国防科技大学出版社，2002．

[9] 朱仁庆，杨松林，王志东．船舶流体力学[M]．北京：国防工业出版社，2015．

[10] 夏国泽．船舶流体力学[M]．武汉：华中科技大学出版社，2018．

[11] 牟金磊，彭飞，王展智，等．舰船总体技术[M]．武汉：华中科技大学出版社，2020．

[12] 施生达，王京齐，吕帮俊，等．潜艇操纵性[M]．北京：国防工业出版社，2021．